『十二五』高职高专体验互动式创新规划教材

MONI DIANZI JISHU

模拟电子技术

主审　田广东

主编　廖艳秋　陈金如

副主编　赵再琴　汤晓燕

编者　桂波　马安良　鞠雨霏

　　　李玮　刘彬　廖洁

哈尔滨工业大学出版社

内 容 简 介

全书共 7 个模块,内容包括:第 1 模块常用电子元器件及其特性、第 2 模块放大电路基础,这两个模块是本课程的基本内容,这一部分的教学可以使学生对模拟电子技术的基本概念、基本理论、基本分析方法及电子电路的测试有一个初步认识。第 3 模块集成运算放大电路,介绍了集成运算放大电路的线性和非线性应用。第 4 模块负反馈放大电路。第 5 模块波形产生电路,主要介绍正弦波振荡电路的工作原理及测试方法。第 6 模块功率放大器。第 7 模块直流稳压电源,主要介绍集成稳压电路的应用,本模块可以通过讲解及学生独立完成技能实训内容来进行教学。每个模块分别安排了与教学内容相对应的模拟电子技术技能训练和实训手册中的综合实训,以加强技能培养,适应工程实践的需求。

本书主要作为高职高专学校自动化类、仪器仪表类、电子技术类、机电技术类等电类专业的教学用书,也可供从事检测、控制技术等工程技术人员以及科研人员、自学人员作为参考用书。

图书在版编目(CIP)数据

模拟电子技术/廖艳秋,陈金如主编. —哈尔滨:哈尔滨
工业大学出版社,2013.1
ISBN 978-7-5603-3940-5

Ⅰ.①模…　Ⅱ.①廖…②陈…　Ⅲ.①模拟电路-电
子技术　Ⅳ.①TN710

中国版本图书馆 CIP 数据核字(2013)第 001041 号

责任编辑　李长波
封面设计　唐韵设计
出版发行　哈尔滨工业大学出版社
社　　址　哈尔滨市南岗区复华四道街 10 号　邮编 150006
传　　真　0451 - 86414749
网　　址　http://hitpress.hit.edu.cn
印　　刷　三河市玉星印刷装订厂
开　　本　850mm×1168mm　1/16　印张 14.75　字数 412 千字
版　　次　2013 年 1 月第 1 版　2013 年 1 月第 1 次印刷
书　　号　ISBN 978-7-5603-3940-5
定　　价　30.00 元

PREFACE 前言

本书是"十二五"高职高专"教与做1+1"体验互动式创新规划教材,是在多年教学改革与实践的基础上,根据教育部制定的高等职业教育培养目标和规定的有关文件精神及电子技术课程教学的基本要求,并结合现代电子技术系列课程的建设实际编写的。

本书体系是在多年教学改革与实践的基础上,采用"教·学·做1+1"体验互动式的编写思路,即"理论(1)+实践(1)"。其基本思路是:

(1)通过对实训手册中具体制作项目的互动体验,更好地掌握所学知识。

(2)本书采用梯度式、循序渐进的行动导向教学法,启发学生联想、想象,强调课程体系的针对性,注重理论与工程实践相结合,重在会用。

(3)各模块中列举大量应用实例,以加深学生对各个单元电路功能的理解。

(4)讲授内容与习题融为一体,每章习题中设置填空、选择以及计算题,以帮助学生总结内容,拓宽思路,提高分析问题和解决问题的能力。

本书特色

1.实训项目体现能力本位

本书以应用性职业岗位需求为中心,以学生能力培养、技能实训为本位,力主将实际工作内容与教材内容有机结合;以项目化实施的形式编写教材内容,通过实训手册中具体项目训练,增强学生动手能力培养;教材编写过程中力求"应用为目的,必需、够用为度",突出创新意识,强调动手能力。

2.注重理论与工程应用结合

将理论教学内容与实践教学内容合在一起编写,加强理论与工程应用的结合,注意理论教学素材与实践教学素材的分工与互补,形成理论与实践训练相结合的教学模式。每模块编写的技能实训项目,按最基本的测试、简单设计安装调试和复杂综合应用的次序循序渐进地安排。

3.完整的实践与训练体系

在实践环节主要通过技能训练和实训手册中的实训项目,使能力的培养贯穿整个教学过程,同时本书的附录中列出了电子测量的基本知识、电子仪器使用方法、半导体器件使用知识等内容,从而形成了完整的实践与训练体系。

本书内容

全书共 7 个模块,内容包括:第 1 模块为常用电子元器件及其特性、第 2 模块为放大电路基础,这两个模块是本课程的基本内容,这一部分的教学可以使学生对模拟电子技术的基本概念、基本理论、基本分析方法及电子电路的测试有一个初步认识。第 3 模块为集成运算放大电路,介绍了集成运算放大电路的线性和非线性应用。第 4 模块为负反馈放大电路。第 5 模块为波形产生电路,主要介绍正弦波振荡电路的工作原理及测试方法。第 6 模块为功率放大器。第 7 模块为直流稳压电源,主要介绍集成稳压电路的应用,本模块可以通过讲解及学生独立完成技能实训内容来进行教学。每章分别安排了与教学内容相对应的模拟电子技术技能训练和实训手册中的综合实训,以加强技能培养,适应工程实践的需求。

整体课时分配

模块	内容	建议课时	授课类型
模块 1	常用电子元器件及其特性	16 课时	讲授、实训
模块 2	放大电路基础	26 课时	讲授、实训
模块 3	集成运算放大电路	24 课时	讲授、实训
模块 4	负反馈放大电路	12 课时	讲授、实训
模块 5	波形产生电路	14 课时	讲授、实训
模块 6	功率放大器	12 课时	讲授、实训
模块 7	直流稳压电源	20 课时	讲授、实训

本书主要作为高职高专学校自动化类、仪器仪表类、电子技术类、机电技术类等电类专业的教学用书,也可供从事检测、控制技术等工程技术人员以及科研人员、自学人员作为参考用书。

由于编者水平有限,统稿时间仓促,书中疏漏和不足之处恳请读者给予批评指正,以便修订,使之成为日臻完善的高职高专教材。

编 者

目 录 Contents

模块 1

常用电子元器件及其特性

知识目标

◆ 了解常用电子元器件；

◆ 掌握二极管、三极管、场效应管、晶闸管、电阻器、电容器及电感器的种类、作用与标识方法；

◆ 掌握各种二极管、三极管、场效应管及晶闸管的特性和主要参数。

技能目标

◆ 能用目视法判断识别常用电子元器件的种类，能正确说出元器件的名称；

◆ 能正确识读元器件上标识的主要参数，并了解元器件的作用和用途；

◆ 掌握用万用表检测常用电子元器件的方法。

课时建议

16 课时

课堂随笔

1.1 半导体的基础知识

【知识导读】

常见的半导体材料是怎样导电的？本节将介绍半导体的特性及其导电机理。

自然界的物质，按导电能力的强弱可分为导体、绝缘体和半导体三类。物质的导电能力可以用电导率或电阻率来衡量，二者互为倒数。物质的导电能力越强，其电导率越大，电阻率越小。

导电能力很强的物质称为导体。金属一般都是导体，如银、铜、铝、铁等。

绝缘体是导电能力极弱的物质。如橡胶、塑料、陶瓷、石英等都是绝缘体。

多数现代电子器件是由性能介于导体与绝缘体之间的半导体材料制作而成的。常用的半导体材料有硅（Si）、锗（Ge）、砷化镓（GaAs）等，其中硅是目前最常用的一种半导体材料。

1.1.1 本征半导体

本征半导体是一种完全纯净的、结构完整的半导体晶体。在 $T=0$ K 和没有外界激发时，由于共价键的束缚，半导体无导电能力。在室温（300 K）下，被束缚的价电子会获得足够的能量挣脱共价键的束缚，成为自由电子，这种现象称为本征激发。

在电子器件中，用得最多的材料是硅和锗。图 1.1 所示为硅的简化原子模型，硅是四价元素，原子的最外层轨道上有 4 个电子，称为价电子。由于原子呈中性，故正离子用带圆圈的 +4 符号表示。

半导体具有晶体结构，它们的原子形成有序的排列，邻近原子之间由共价键连接，如图 1.2 所示为硅的晶体结构。

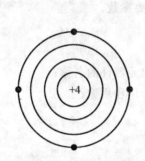

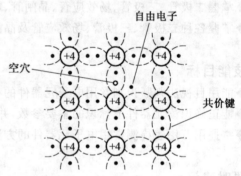

　　图 1.1　硅的简化原子模型　　　　　　　　　　图 1.2　硅的晶体结构

当电子挣脱共价键的束缚成为自由电子后，共价键中就留下一个空位，称空穴。由于共价键中出现了空位，在外加电场的作用下，邻近价电子可填补到这个空位上，这样使共价键中出现了一定的电荷迁移，就相当于空穴在移动。空穴是带正电的，价电子填充空穴的移动相当于正电荷（空穴）的移动。

本征半导体中的电子和空穴是成对产生的；当电子和空穴相遇"复合"时，也成对消失；带负电的自由电子和带正电的空穴都是载流子。温度越高，载流子产生率越高；载流子的浓度越高，晶体的导电能力越强，即本征半导体的导电能力随温度的增加而增加。

在外加电场的作用下，半导体中出现两部分电流：自由电子做定向移动而形成的电子电流和仍被原子核束缚的价电子递补空穴而形成的空穴电流。因此，自由电子和空穴都称为载流子。两种载流子同时参与导电是半导体导电方式的最大特点，也是半导体和金属在导电原理上的本质区别所在。

1.1.2 杂质半导体

本征半导体的导电能力很弱，但是在本征半导体中掺入微量的其他元素就会使半导体的导电性能发生显著变化。这些微量元素的原子称为杂质，掺入杂质的半导体称为杂质半导体，有 N 型和 P 型两类，其结构如图 1.3 和图 1.4 所示。

(1)P 型半导体

在硅的晶体内掺入少量三价元素杂质,比如硼,它与周围的硅原子组成共价键时,在晶体中会产生很多空穴。在 P 型半导体中,空穴数远大于自由电子数,空穴为多数载流子,自由电子为少数载流子。P 型半导体以空穴导电为主。

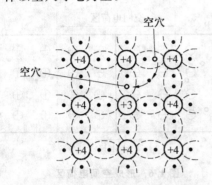

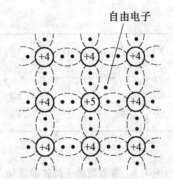

图 1.3　P 型半导体的共价键结构　　　　　图 1.4　N 型半导体的共价键结构

(2)N 型半导体

在硅的晶体内掺入少量五价元素杂质,比如磷,它与周围硅原子组成共价键时,在晶体中会产生很多自由电子。在 N 型半导体中,自由电子数远大于空穴数,自由电子为多数载流子,空穴为少数载流子。N 型半导体以自由电子导电为主。

在杂质半导体中,多数载流子的浓度主要决定于掺入杂质的浓度,少数载流子的浓度与温度有密切的关系。

技术提示:

无论是 P 型半导体还是 N 型半导体,总体对外仍保持电中性。

1.2 半导体二极管

【知识导读】

当 P 型半导体和 N 型半导体结合在一起会有什么现象? 本节将介绍半导体器件的基础——PN 结,并重点讨论二极管的基本应用及其分析方法。

1.2.1 基础知识

1. PN 结的形成

(1)半导体材料中载流子的运动

①漂移。若有外电场加到晶体上,则其内部载流子将受力做定向移动。对于空穴而言,其移动方向与电场方向相同,而电子则是逆着电场的方向移动。这种由于电场作用而导致的载流子运动称为漂移。

②扩散。在半导体内,若某一特定的区域内空穴或电子的浓度高于正常值,则基于浓度差异,载流子由高浓度区域向低浓度区域扩散,从而形成扩散电流。

(2)PN 结的形成

在半导体两个不同的区域分别掺入三价和五价杂质元素,便形成 P 型区和 N 型区。这样,在它们的交界处就出现了电子和空穴的浓度差异,N 型区内电子浓度很高,而 P 型区内空穴浓度很高。电子和空穴都要从浓度高的区域向浓度低的区域扩散,如图 1.5 所示。它们扩散的结果就使 P 区和 N 区的交界处原来呈现的电中性被破坏了。P 区一边失去空穴,留下了带负电的杂质离子(图 1.6 中用⊖表示);N 区一边失去电子,留下了带正电的杂质离子(图 1.6 中用⊕表示)。半导体中的离子不能任意移动,因此并不参与导电。这些不能移动的带电粒子集中在 P 区和 N 区交界面附近,形成了一个很薄的空间电荷区,这就是 PN 结。扩散越强,空间电荷区越宽。

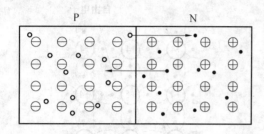
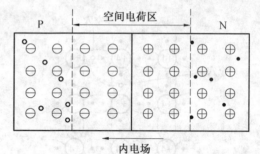

图 1.5　多数载流子的扩散运动　　　　　　　图 1.6　形成空间电荷区

在出现了空间电荷区以后,由于正负离子之间的相互作用,在空间电荷区中形成了一个电场,其方向是从带正电的 N 区指向带负电的 P 区。由于这个电场是在 PN 结内部形成的,而不是外加电压形成的,故称为内电场。这个内电场的方向是阻止载流子扩散运动的。

另一方面,这个内电场将使 N 区的少数载流子空穴向 P 区漂移,使 P 区的少数载流子电子向 N 区漂移,漂移运动的方向正好与扩散运动的方向相反。从 N 区漂移到 P 区的空穴补充了原来交界面上 P 区失去的空穴,而从 P 区漂移到 N 区的电子补充了原来交界面上 N 区所失去的电子,这就使空间电荷减少。因此,漂移运动的结果是使空间电荷区变窄,其作用正好与扩散运动相反。

由此可见,扩散使空间电荷区加宽,电场增强,对多数载流子扩散的阻力增大,但使少数载流子的漂移增强;而漂移使空间电荷区变窄,电场减弱,促进扩散。当漂移运动和扩散运动相等时,空间电荷区便处于动态平衡状态,如图 1.6 所示。

(3)PN 结的单向导电性

①PN 结外加正向电压。PN 结外加正向电压的接法是 P 区接电源的正极,N 区接电源的负极。这时外加电压形成电场的方向与内电场的方向相反,从而使空间电荷区变窄,扩散作用大于漂移作用,多数载流子向对方区域扩散形成正向电流 I,方向是从 P 区指向 N 区,如图 1.7 所示。这时的 PN 结呈现为低电阻状态,称为正向导通。正向导通压降很小,且随温度的上升而减小。

②PN 结外加反向电压。外加反向电压的接法与正向相反,即 P 区接电源的负极,N 区接电源的正极。此时的外加电压形成电场的方向与内电场的方向相同,从而使空间电荷区变宽,漂移作用大于扩散作用,少数载流子在电场的作用下,形成漂移电流,它的方向与正向电压的方向相反,如图 1.8 所示。因少数载流子浓度很低,反向电流远小于正向电流。当温度一定时,少数载流子浓度是一定的,反向电流几乎不随外加电压而变化,故称为反向饱和电流 I_S。此时,PN 结呈现的电阻为反向电阻,而且阻值很高,PN 结处于截止状态。

由此看来,PN 结加正向电压时,电阻值很小,PN 结导通;加反向电压时,电阻值很大,PN 结截止,这就是 PN 结的单向导电性。

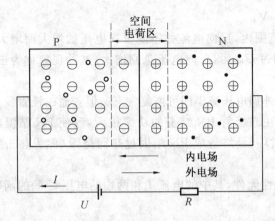

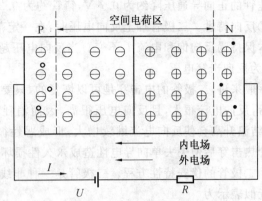

图 1.7　正向偏置的 PN 结　　　　　　图 1.8　反向偏置的 PN 结

2. 二极管

将 PN 结封装,引出两个电极,就构成了二极管。

(1)二极管的结构及类型

二极管的种类有很多,按照使用的半导体材料不同可分为硅管和锗管。根据用途的不同可分为检波二极管、整流二极管、稳压二极管、变容二极管、开关二极管、隔离二极管、快速关断二极管、肖特基二极管、发光二极管、硅功率开关二极管、旋转二极管等。按其结构的不同可分为面接触型、点接触型及平面型二极管三类。面接触型二极管的 PN 结面积大,可承受较大的电流,适用于整流电路。点接触型二极管的 PN 结面积小,不能承受高反向电压和大电流,适用于高频电路和数字电路。在集成电路中常见平面型二极管,其 PN 结面积可大可小,不仅能通过较大的电流,且性能稳定可靠,多用于大功率整流、开关及高频电路中。

常见二极管的外形如图 1.9(a)所示。图 1.9(b)所示为二极管的图形符号,其中阳极从 P 区引出,阴极从 N 区引出。

(a)常见半导体二极管的外形　　　　　(b)半导体二极管的符号

图 1.9　半导体二极管的外形及符号

(2)二极管的伏安特性

二极管的性能可用其伏安特性来描述,流过二极管的电流 I 与二极管两端的电压 U 之间的关系曲线为二极管的伏安特性,如图 1.10 所示。

①正向特性。当正向电压比较小时,正向电流几乎为零。只有当正向电压超过一定值时,正向电流才开始快速增长,二极管正向导通,这一电压值称为死区电压 U_{th}。死区电压的大小与二极管的材料及温度等因素有关,一般硅管的死区电压为 0.5 V 左右,锗管的死区电压为 0.1 V 左

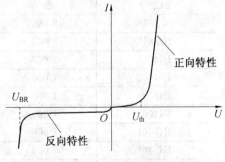

图 1.10　半导体二极管的伏安特性

右。硅管的正向导通压降约为 0.7 V,锗管约为 0.2 V。

②反向特性。二极管加上反向电压时,在一定范围内,反向电流并不随反向电压的增大而增大,而是基本保持为反向饱和电流 I_S 不变。当反向电压超过 U_{BR} 后,反向电流急剧增大,这种现象称为击穿,U_{BR} 称为反向击穿电压。

一般来讲,二极管的电击穿是可以恢复的,只要外加电压减小即可恢复常态。但普通二极管发生电击穿后,反向电流很大,且反向电压很高,因而消耗在二极管 PN 结上的功率很大,致使 PN 结温度升高,而结温升高会使反向电流继续增大,形成恶性循环,最终造成 PN 结因过热而烧毁(称为热击穿)。二极管热击穿后便失去单向导电性造成永久性损坏。

③二极管的伏安特性方程。二极管是一种非线性元件,其中的电流 I 和两端的电压 U 间的函数关系可近似表示为

$$I = I_S(e^{\frac{U}{U_T}} - 1) \tag{1.1}$$

式中,I_S 为反向饱和电流;U_T 为温度的电压当量,常温($T = 300$ K)时,U_T 为 26 mV;U 和 U_T 在式中采用同一单位。

式(1.1)称为半导体二极管的伏安特性方程。当二极管外加正向电压,且 $U \gg U_T$ 时,式中的 $e^{\frac{U}{U_T}} \gg 1$,故 1 可略去,即正向电压与电流近似为指数关系;当二极管外加反向电压时,U 为负,若 $|U| \gg U_T$,指数项接近于零,故 $I \approx I_S$,即二极管的反向电流基本上与电压无关。

(3)二极管的主要参数

电子器件的参数是其特性的定量描述,也是实际工作中选用器件的主要依据。

①最大整流电流 I_F。指二极管长期使用时,允许流过二极管的最大正向平均电流。使用时,二极管的平均电流不得超过此值,否则可能使二极管过热而损坏。

②最高反向工作电压 U_{RM}。工作时加在二极管两端的反向电压不得超过此值,否则二极管可能被击穿。U_{RM} 通常为击穿电压 U_{BR} 的一半。

③反向电流 I_R。反向电流指在室温条件下,在二极管两端加上规定的反向电压时,流过管子的反向电流。反向电流越小,说明二极管的单向导电性越好。此外,由于反向电流是由少子形成的,所以 I_R 受温度的影响很大。

④最高工作频率 f_M。最高工作频率指二极管不失去单向导电性的最高频率。f_M 主要取决于 PN 结结电容的大小,结电容越大,则二极管允许的最高工作频率越低。

一般半导体器件手册中会给出器件的参数。使用二极管时,应注意不要超过最大整流电流和最高反向工作电压,否则管子容易损坏。几种常见普通二极管的主要参数见表1.1。

表 1.1　几种常见普通二极管的主要参数

型号	I_F/mA	U_{RM}/V	$I_R/\mu A$	$t_j/℃$
2AP9	3	10	200	—
2CP18	100	400	1	—
2CZ56K	3 000	800	20	140
2CZ57D	5 000	200	20	140
IN4001	1 000	50	5	150
IN4002	1 000	100	5	150
IN4004	1 000	400	5	150
IN4007	1 000	700	5	150
IN5401	3 000	100	30	−65~175
IN5402	3 000	200	30	−65~175
IN5404	3 000	400	30	−65~175
IN5408	3 000	1 000	30	−65~175

(4)二极管电路的分析方法

我们一般可以将实际电路中的二极管作为理想二极管来处理,进行近似分析。理想二极管正向偏置时视其管压降为 0 V,而反向偏置时视其电阻为无穷大、电流为零。

分析二极管电路时,首先断开二极管,看管子两端的电位差,从而判断二极管两端加的是正向电压还是反向电压。若是反向电压,则说明二极管处于截止状态,类似开路;若是正向电压,说明二极管处于导通状态,类似短路。

【**例 1.1**】 电路如图 1.11 所示,求 U_{AB}。

解 (1)取 B 点做参考点,标注"⊥"符号。

(2)断开二极管,分析二极管阳极和阴极的电位关系

因为

$$U_{阳极} = -6\ \text{V}, \quad U_{阴极} = -12\ \text{V}$$

所以 $U_{阳极} > U_{阴极}$,二极管导通。

(3)视为理想二极管,则 $U_{AB} = -6\ \text{V}$;

(4)电路具有钳位功能。

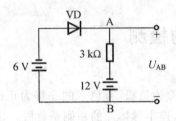

图 1.11 例 1.1 图

【**例 1.2**】 电路如图 1.12 所示,已知 $E_1 = 3\ \text{V}$、$E_2 = 4\ \text{V}$、$u_i = 10\sin \omega t\ \text{V}$,二极管是理想的,试画出 u_o 的波形。

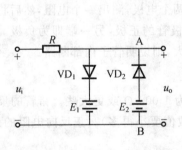
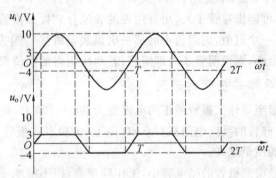

图 1.12 例 1.2 图

解 (1)取 B 点做参考点,标注"⊥"符号。

(2)断开二极管 VD_1、VD_2。

(3)分析二极管 VD_1 和 VD_2 阳极和阴极的电位关系

因为

$$V_{D1阳极} = u_i, \quad V_{D1阴极} = E_1 = 3\ \text{V}$$
$$V_{D2阴极} = u_i, \quad V_{D2阳极} = E_2 = -4\ \text{V}$$

所以 $u_i > 3\ \text{V}$ 时,二极管 VD_1 导通且 VD_2 截止,$u_o = E_1$;

$3\ \text{V} > u_i > -4\ \text{V}$ 时,二极管 VD_1 和 VD_2 均截止,$u_o = u_i$;

$-4\ \text{V} > u_i$ 时,二极管 VD_1 截止且 VD_2 导通,$u_o = -E_2$。

(4)得到 u_o 的波形。

(5)电路具有限幅功能。

在用上述方法判断的过程中,若出现两个以上二极管承受大小不等的正向电压,则应判定承受正向电压较大者优先导通,其两端电压视为零,然后再用上述方法判断其他二极管的工作状态。

(5)二极管的应用

二极管的应用范围非常广泛,利用它的单向导电性和正向导通、反向截止、反向击穿(稳压管)等工作状态,可以组成各种应用电路。

①整流电路。利用二极管的单向导电性可以将交流电转变为脉动的直流电,这种变换称为整流。

②钳位电路。利用二极管正向导通压降相对稳定且数值较小(有时可近似为零)的特点,来限制电路中某点的电位。

③隔离电路。利用二极管截止时,通过的电流近似为零,两极之间相当于断路的特点,来隔断电路或信号的联系。

④限幅电路。限幅电路用来限制输出电压的幅度,见例1.2。

⑤稳压电路。利用稳压管组成简单的稳压电路,使负载两端的电压基本稳定,在一定范围内不受U_I和R_L变化的影响,见例1.3。

1.2.2　二极管的检测

1.半导体二极管极性的判别

一般情况下,二极管有色环的一端为负极,有色点的一端为正极。如果是玻璃壳封装,可直接看出极性,即内部连接触丝的一侧是正极,连半导体片的一侧是负极。如果既无色点,又不是透明封装,则可以用万用表来判别其极性。

根据二极管正向导通时导通电阻小、反向截止时电阻大的特点,将万用表拨到欧姆挡(一般用$R \times 100$或$R \times 1$ k挡,不要用$R \times 1$或$R \times 10$ k挡,因为$R \times 1$挡的电流太大,容易烧毁管子,而$R \times 10$ k挡电压太高,可能击穿管子)。用万用表的表笔分别接二极管的两个电极,测出一个电阻,然后将两表笔对换,再测出一个阻值,则阻值小的那一次黑表笔所接一端为二极管的正极,另一端即为负极。若两次测得阻值都很小,则说明管子内部短路;若两次测得的阻值都很大,则说明管子内部断路。

2.半导体二极管的选用

通常锗半导体二极管的正向电阻值为$300 \sim 500$ Ω,硅管为$1\ 000$ Ω或更大些。锗管的反向电阻为几十千欧,硅管的反向电阻在500 kΩ以上(大功率二极管的数值要小得多)。正反向电阻的差值越大,说明管子的质量越好。

点接触型二极管的结电容小,工作频率高,但不能承受较高的电压和较大的电流,多用于检波、小电流整流和高频开关电路。面接触型二极管结面积大,能承受较大的电流和功耗,但结电容较大,一般用于整流、稳压、低频开关电路,而不适于高频电路。

选用二极管时,既要考虑正向电压,又要考虑反向饱和电流和最大反向电压。在实际应用中,应根据技术要求查阅有关半导体器件手册,进行合理的选用。

1.2.3　特殊半导体二极管

1.稳压二极管

如果二极管工作在反向击穿区,则当反向电流有一个较大的变化量ΔI时,管子两端相应的电压变化量ΔU却很小。利用这一特点,可以实现稳压功能。稳压管实质上是一种工作在反向击穿区的二极管,其反向击穿是可逆的,如图1.13(a)所示。图1.13(b)所示为稳压管的符号。

(1)稳压管的主要参数

①稳定电压 U_Z。指稳压管工作在反向击穿区时的工作电压,是选择稳压管的主要依据之一。

②稳定电流 I_Z。指稳压管正常工作时的参考电流。若工作电流低于 I_Z,则管子的稳压性能变差;若工作电流高于 I_Z,只要不超过额定功耗,稳压管可以正常工作。一般来说,工作电流大时稳压性能较好。

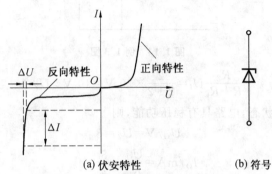

(a) 伏安特性　　　　　　　(b) 符号

图 1.13　稳压二极管的伏安特性和符号

③动态内阻 r_z。指稳压管两端电压和电流的变化量之比,即

$$r_z = \frac{\Delta U_z}{\Delta I_z} \qquad (1.2)$$

显然,稳压管的 r_z 值越小,稳压的性能越好。

④额定功耗 P_Z。稳压管两端加电压 U_Z,管子中流过电流,会消耗一定的功率。这部分功耗转化为热能,使稳压管发热。额定功耗 P_Z 决定稳压管允许的温升。

⑤电压的温度系数 α_U。指稳压管的电流保持不变时,环境温度每变化 1 ℃时所引起的稳定电压的相对变化量。

几种常见稳压二极管的主要参数见表 1.2。

表 1.2　几种常见稳压管的主要参数

型号	U_Z/V	I_Z/mA	I_{ZM}/mA
2CW52	3.2～4.4	10	55
2CW53	4.0～5.8	10	41
2CW54	5.5～6.5	10	38
2CW55	6.2～7.5	10	33
2CW56	7.0～8.8	5	27
2CW57	8.5～9.5	5	26
2CW58	9.2～10.5	5	23
IN675	6.2	20	—
IN754	6.8	20	—

(2)使用稳压管组成稳压电路时的注意事项

①负载应与稳压管两端并联。

②稳压管应工作在反向击穿区。

③必须限制流过稳压管的电流,使 $I_{Zmin} < I_Z < I_{Zmax}$,因此一定要在电路中串联接入限流电阻。

【例1.3】 硅稳压管稳压电路如图 1.14 所示,其中稳压管的稳定电压 $U_Z = 8$ V,动态电阻 r_Z 可以忽略,$U_I = 20$ V,$R = R_L = 2$ kΩ。试求:(1)U_O、I_O、I 及 I_Z 的值;(2)当 U_I 降低为 15 V 时的 U_O、I_O、I 及

I_Z的值。

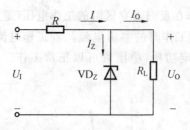

图 1.14　例 1.3 图

解　(1)
$$\frac{R_L}{R+R_L}U_I=\frac{2}{2+2}\times20\ \text{V}=10\ \text{V}>U_Z$$

稳压管工作于反向击穿状态,电路具有稳压功能,则
$$U_O/\text{V}=U_Z=8$$

$$I_O/\text{mA}=\frac{U_O}{R_L}=\frac{8}{2}=4$$

$$I/\text{mA}=\frac{U_I-U_O}{R}=\frac{20-8}{2}=6$$

$$I_Z/\text{mA}=I-I_O=6-4=2$$

(2)
$$\frac{R_L}{R+R_L}U_I=\frac{2}{2+2}\times15\ \text{V}=7.5\ \text{V}<U_Z$$

稳压管没有被击穿,处于截止状态,则
$$U_O/\text{V}=\frac{R_L}{R+R_L}U_I=\frac{2}{2+2}\times15=7.5$$

$$I/\text{mA}=I_O=\frac{U_O}{R_L}=\frac{7.5}{2}=3.75,\quad I_Z=0$$

【例 1.4】　硅稳压管稳压电路如图 1.15(a)、(b)所示。其中限流电阻 $R=2\ \text{k}\Omega$,硅稳压管 VD_{Z1}、VD_{Z2} 的稳定电压 U_{Z1}、U_{Z2} 分别为 6 V 和 8 V,正向压降为 0.7 V,动态电阻可以忽略。试求电路输出端 A、B 两端之间电压 U_{AB} 的值。

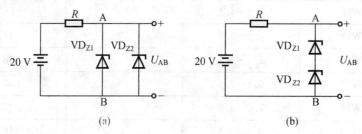

图 1.15　例 1.4 图

解　判断稳压管的工作状态:

(1)先分析稳压管开路时,管子两端的电位差,从而判断稳压管两端所加的是正向电压还是反向电压。若是反向电压,则当反向电压大于管子的稳定电压时,稳压管处于反向击穿状态,稳压工作;否则,稳压管处于截止状态。若是正向电压,则稳压管处于正向导通状态。

(2)在用上述方法判断的过程中,若出现两个以上稳压管承受大小不等的电压时,则应判定承受正向电压较大者优先导通,或者在同样的反向电压作用下,稳定电压较小者优先导通,然后再用上述方法判断其他稳压管的工作状态。

根据上述稳压管工作状态的判断方法:

在图 1.15(a)所示电路中,当稳压管开路时,两个管子两端的反向电压均为 20 V。由于稳压管

VD$_{Z1}$的稳定电压低,所以 VD$_{Z1}$优先导通。当稳压管 VD$_{Z1}$导通后,$U_{AB}=U_{Z1}=6$ V,低于稳压管 VD$_{Z2}$的击穿电压,故 VD$_{Z1}$导通、VD$_{Z2}$截止。$U_{AB}=6$ V。

在图 1.15(b)所示电路中,当稳压管开路时,两个管子两端的反向电压为 20 V。由于稳压管 VD$_{Z1}$与 VD$_{Z2}$的稳定电压之和为 6 V+8 V=14 V,故 VD$_{Z1}$和 VD$_{Z2}$同时导通。$U_{AB}=14$ V。

2. 变容二极管

(1)变容二极管的工作原理

变容二极管是根据普通二极管内部 PN 结的结电容能随外加反向电压的变化而变化这一原理专门设计出来的一种特殊二极管。变容二极管又称"可变电抗二极管",所用材料多为硅或砷化镓单晶,反偏电压越大,其结电容越小。变容二极管的调制电压一般加到负极上,使变容二极管的内部结电容容量随调制电压的变化而变化。变容二极管的外形及符号如图 1.16 所示。

不同型号的变容二极管,电容最大值不同,一般在 5～300 pF 之间。目前,变容二极管的电容最大值与最小值之比(变容比)可达 20 以上。变容二极管的应用已相当广泛,特别是在高频技术中。例如,彩色电视机普遍采用的电子调谐器,就是通过控制直流电压来改变二极管的结电容量,从而改变谐振频率,实现频道选择的。变容二极管在无绳电话机中主要用在手机或座机的高频调制电路上,实现低频信号调制到高频信号上,并发射出去。

变容二极管发生故障时,主要表现为漏电或性能变差:

①发生漏电现象时,高频调制电路将不工作或调制性能变差。

②变容性能变差时,高频调制电路的工作不稳定,使调制后的高频信号发送到对方,被对方接收后产生失真。

出现上述情况之一时,就应该更换同型号的变容二极管。

(2)变容二极管的检测

利用数字万用表可以检测变容二极管的好坏,即利用二极管挡检查 PN 结的单向导电性。将数字万用表拨至二极管挡,测量变容二极管的压降,然后交换表笔重测一次。其中一次测量为二极管的正向导通压降;另一次显示溢出,为二极管的反向电压。则被测变容二极管具有单向导电性,且测量出正向导通压降时红表笔接的是变容二极管的正极。

3. 肖特基二极管

肖特基势垒二极管(SBD)简称肖特基二极管,它属于低压、低功耗、大电流、超高速半导体功率器件,其反向恢复时间极短(可小到几纳秒),正向导通压降仅为 0.4 V 左右,而整流电流可达几十到几百安培。适于用作开关电源中的低压整流管。

(1)肖特基二极管的类型

肖特基二极管分为有引线和表面安装(贴片式)两种封装形式。采用有引线式封装的肖特基二极管通常作为高频大电流整流二极管、续流二极管或保护二极管使用。它有单管式和对管(双二极管)式两种封装形式。肖特基对管又有共阴(两管的负极相连)、共阳(两管的正极相连)和串联(一只二极管的正极接另一只二极管的负极)三种管脚引出方式。采用表面封装的肖特基二极管有单管型、双管型和三管型等多种封装形式。常见肖特基二极管的外形及符号如图 1.17 所示。

| (a) 外形 | (b) 符号 | | (a) 外形 | (b) 符号 |

图 1.16 变容二极管的外形及符号   **图 1.17 肖特基二极管的外形及符号**

（2）肖特基二极管的工作原理

肖特基二极管是以金、银、钼等贵金属（A）为阳极，以 N 型半导体材料（B）为阴极，利用二者接触面上形成的势垒具有整流特性而制成的金属半导体器件。它属于 5 层器件，典型的肖特基二极管的内部电路结构如图 1.18 所示。以 N 型半导体为基片，在上面形成用砷做掺杂剂的 N^- 外延层。阳极使用钼或铝等材料制成阻挡层，用二氧化硅（SiO_2）来消除边缘区域的电场，提高管子的耐压值。N 型基片具有很小的通态电阻，其掺杂浓度较 N^- 层要高 100 倍。在基片下面形成 N^+ 阴极层，其作用是减小阴极的接触电阻。

因为 N 型半导体中存在着大量的电子，贵金属中仅有极少量的自由电子，所以电子便从浓度高的 B 中向浓度低的 A 中扩散。显然，金属 A 中没有空穴，也就不存在空穴自 A 向 B 的扩散运动。随着电子不断从 B 扩散到 A，B 表面电子浓度逐渐降低，表面电中性被破坏，于是就形成势垒，其电场方向为从 B 指向 A。但在该电场作用之下，A 中的电子也会产生从 A 指向 B 的漂移运动，从而削弱了由于扩散运动而形成的电场。当建立起一定宽度的空间电荷区后，电场引起的电子漂移运动和浓度不同引起的电子扩散运动达到相对的平衡，便形成了肖特基势垒。

通过调整结构参数，可在 N 型半导体基片与阳极金属片之间形成合适的肖特基势垒。当在肖特基势垒两端加上正偏电压 E 时，金属 A 与 N 型基片 B 分别接电源的正、负极，此时势垒宽度 W_0 变窄，其内阻变小。反之，在肖特基势垒两端加负偏压 $-E$ 时，势垒宽度就增加，其内阻变大，如图 1.19 所示。

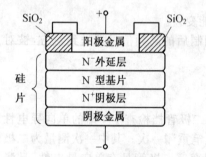

图 1.18 肖特基二极管的结构

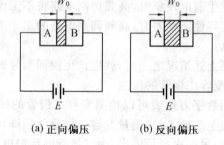

(a) 正向偏压　(b) 反向偏压

图 1.19 肖特基二极管的工作原理

综上所述，肖特基二极管的结构原理与 PN 结二极管有很大的区别。通常将 PN 结二极管称为结二极管，而把金属—半导体二极管称为肖特基二极管。近年来，采用硅平面工艺制造的铝硅肖特基二极管也已问世，这不仅可节省贵金属，大幅度降低成本，还改善了参数的一致性。4 种典型二极管的性能比较见表 1.3。

表 1.3　4 种典型二极管的性能比较

名称	典型产品型号	平均整流电流/A	正向导通电压		反向恢复时间/ns	反向峰值电压/V
			典型值/V	最大值/V		
肖特基二极管	16CMQ050	160	0.4	0.8	10	50
超快恢复二极管	MUR30100A	30	0.6	1.0	10	1 000
快恢复二极管	D25—02	15	0.6	1.0	10	200
高频整流管	PR3006	3	0.6	1.2	10	800

（3）肖特基二极管的特点

肖特基二极管的特点主要包括以下几个方面：

①由于肖特基势垒高度低于 PN 结势垒，故其正向导通门限电压和正向压降都比 PN 结二极管低（约低 0.2 V）。

②由于肖特基二极管仅用一种载流子（电子）输送电荷，在势垒外侧没有过剩少数载流子的积累，不

存在少数载流子寿命和反向恢复问题。肖特基二极管的反向恢复时间只是肖特基势垒电容的充、放电时间，完全不同于 PN 结二极管的反向恢复时间。由于肖特基二极管的反向恢复电荷非常少，故开关速度非常快（可缩短到 10 ns 以内），开关损耗也特别小，尤其适合于高频应用。

③由于肖特基二极管的反向势垒较薄，并且在其表面极易发生击穿，所以反向击穿电压比较低，一般不超过 100 V，适宜在低压、大电流下工作。由于肖特基二极管比 PN 结二极管更容易受热击穿，反向漏电流比 PN 结二极管大。

④肖特基二极管的正向导通压降介于锗管与硅管之间，但它的构造原理与 PN 结二极管有本质区别。利用数字万用表的二极管挡测量肖特基二极管时，其正向压降的典型值为 0.2～0.3 V。

4.发光二极管

发光二极管可以分为普通单色发光二极管、高亮度单色发光二极管、超高亮度发光二极管、变色发光二极管、闪烁发光二极管、电压控制型发光二极管、红外发光二极管和负阻发光二极管等。

（1）单色发光二极管

①单色发光二极管的工作原理。

在某些半导体材料的 PN 结中，注入的少数载流子与多数载流子复合时会把多余的能量以光的形式释放出来，从而把电能直接转换为光能。这种利用注入式致电发光原理制作的二极管称发光二极管，通称 LED。当它处于正向工作状态时（即两端加上正向电压），电流从 LED 阳极流向阴极时，半导体晶体就发出从紫外到红外不同颜色的光线，光的强弱与电流有关。

发光二极管的发光颜色决定于所用材料，目前有黄、绿、红、橙等颜色，可以制成长方形、圆形等各种形状，图 1.20 为发光二极管的外形及符号。发光二极管也具有单向导电性。只有外加的正向电压使得正向电流足够大时才发光，它的开启电压比普通二极管的大，红色在 1.6～1.8 V 之间，绿色的约为 2 V。使用时，应注意不要超过最大功耗、最大正向电流和反向击穿电压等参数。

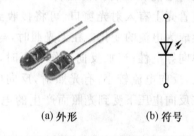

(a) 外形　　　　(b) 符号

图 1.20　单色发光二极管的外形及符号

在使用发光二极管时应注意以下几个问题：

a.若用电压源驱动，要注意选择好限流电阻，以限制流过管子的正向电流。

b.未使用的发光二极管，管脚引线较长的为管子的正极，短的为管子的负极。

c.交流驱动时，为防止反向击穿，可并联整流二极管，进行保护。

发光二极管与小白炽灯泡和氖灯相比，工作电压很低（有的仅一点几伏）；工作电流很小（有的仅零点几毫安）；抗冲击和抗震性能好，可靠性高，寿命长；通过调节流过电流的强弱可以方便地调节发光的强弱。由于这些特点，发光二极管在一些光电控制设备中用作光源，在许多电子设备中用作信号显示器。把它的管心做成条状，用 7 条条状的发光管组成七段式半导体数码管，每个数码管可显示 0～9 十个数字。

②单色发光二极管的检测。

利用万用表的 $R \times 10$ k 挡可以大致判断发光二极管的好坏。正常时，二极管正向电阻阻值为几十至几百千欧，反向电阻值为无穷大。如果正向电阻值为零或无穷大，反向电阻很小或为零，则已损坏。这种检测方法不能实质地看到发光二极管的发光情况，因为 $R \times 10$ k 挡不能向 LED 提供较大的正向电流。

（2）高亮度单色发光二极管和超高亮度单色发光二极管

高亮度单色发光二极管和超高亮度单色发光二极管使用的半导体材料与普通单色发光二极管不同，所以发光的强度也不同。通常高亮度单色发光二极管使用砷铝化镓等材料，超高亮度单色发光二极管使用磷铟砷化镓等材料，而普通单色发光二极管使用磷化镓或磷砷化镓等材料。

（3）变色发光二极管

变色发光二极管是能变换发光颜色的发光二极管。变色发光二极管发光颜色种类可分为双色发光二极管、三色发光二极管和多色发光二极管。

变色发光二极管按引脚数量可分为二端变色发光二极管、三端变色发光二极管、四端变色发光二极管和六端变色发光二极管。

（4）闪烁发光二极管

闪烁发光二极管是由CMOS集成电路和发光二极管组成的特殊发光器件,可用于报警指示,欠压、超压指示。

闪烁发光二极管在使用时,只要在引脚两端加上合适的直流工作电压即可闪烁发光。

（5）红外发光二极管

红外发光二极管可以将电能直接转换成红外光（不可见光）并辐射出去,主要应用于各种光控及遥控发射电路中。

红外发光二极管的结构、原理和普通发光二极管相似,只是使用的半导体材料不同。红外发光二极管通常使用砷化镓、砷铝化镓等材料,采用全透明或浅蓝色、黑色的树脂封装。

5. 光电二极管

光电二极管又称光敏二极管,为远红外线接收管,是一种光能与电能相互转换的器件,外形及符号如图1.21所示。其管壳上有入射光窗口,可将接收到的光线强度的变化转换成为电流的变化。在无光照时,与普通二极管一样,具有单向导电性;当加反向工作电压时,无光照射,反向电阻较大,反向电流较小;有光照射,反向电流增加。光电二

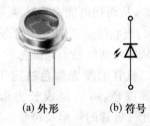

（a）外形　　（b）符号

图1.21　光电二极管的外形及符号

极管在反向电压下受到光照而产生的电流称为光电流,光电流受入射照度的控制。照度越大,光电流越大。

可用万用表的$R \times 1$ k挡检测光电二极管。光电二极管的正向电阻约为10 kΩ,在无光照射时,反向电阻为无穷大,说明管子是好的;有光照射时,反向电阻随光照强度增加而减小,阻值可减小到几千欧或1 kΩ以下,则管子是好的;若反向电阻为无穷大或零,则管子是坏的。

1.3 半导体三极管 ▊

【知识导读】

三极管是如何实现放大作用的?本节将介绍基本放大电路中最重要的元件——三极管。

❖❖❖ 1.3.1 基础知识

双极结型三极管（BJT）又称为双极型三极管、半导体三极管或晶体管,简称三极管。因其有自由电子和空穴两种极性的载流子参与导电而得名。三极管是组成各种电子电路的核心器件之一。它的种类很多,按照所用的半导体材料可分为硅管和锗管;按照工作频率可分为低频管和高频管;按照功率可分为小、中、大功率管;等等。常见三极管的外形如图1.22所示。

1. 三极管的结构

三极管的结构示意图如图1.23(a)、(c)所示。在一个硅（或锗）片上生成三个杂质半导体区域,一个P区（或N区）夹在两个N区（或P区）中间。因此,BJT有两种类型:NPN型和PNP型。从三个杂质区域各自引出一个电极,分别称为发射极E、集电极C、基极B,它们对应的区域分别称为发射区、集电区和基区。

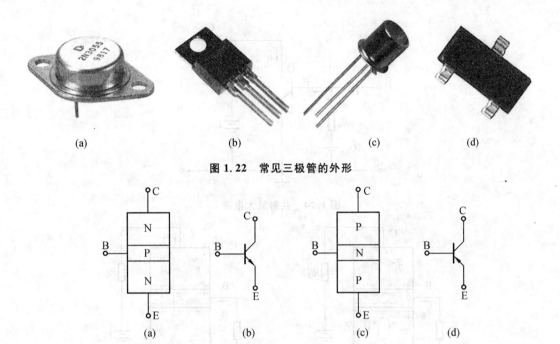

图 1.22　常见三极管的外形

图 1.23　三极管的结构示意图和符号

BJT 结构上的特点是：基区很薄，而且掺杂浓度很低；发射区和集电区是同类型的杂质半导体，但前者比后者掺杂浓度高很多，而集电区的面积比发射区面积大。

三个杂质半导体区域之间形成两个 PN 结，发射区与基区间的 PN 结称为发射结，集电区与基区间的 PN 结称为集电结。图 1.23(b)、(d) 分别是 NPN 型和 PNP 型 BJT 的符号，其中发射极上的箭头表示发射结加正偏电压时，发射极电流的实际方向。

本节主要讨论 NPN 型 BJT 及其特性，但结论对 PNP 型同样适用，只不过两者所需电源电压的极性相反，产生的电流方向相反。

2. 放大状态下三极管的工作原理

(1) 三极管中的载流子运动

当 BJT 用作放大器件时，无论是 NPN 型还是 PNP 型，都应将它们的发射结加正向偏置电压，集电结加反向偏置电压。下面以 NPN 管为例，分析在放大状态下 BJT 内部载流子的传输过程。其结论对 PNP 管同样适用，只是两者偏压的极性、电流的方向相反。

图 1.24 为一个简单的三极管放大电路，图中 u_i 是一个作为控制用的微小的变化电压，它接在基极和发射极所在的回路（称为输入回路）中，放大后的信号 u_o 出现在集电极和发射极所在的回路（称为输出回路），由于输入和输出回路以发射极为公共端，所以称为共发射极电路（简称共射电路）。为了体现放大作用，首先必须保证有载流子运动，因此发射结要正向偏置，由电源 U_{BB} 的极性来实现。其次，集电极电流必须是由发射区越过基区来的电子流所形成的，而不是集电区本身的多子运动，这才能体现基极的控制作用；所以集电结要反向偏置，电源 U_{CC} 的极性实现了这一要求。

① 发射区向基区扩散载流子，形成发射极电流 I_E。如图 1.25 所示是一个处于放大状态的 NPN 型 BJT 的内部载流子的传输过程。由于发射结外加正向电压，发射区的多子自由电子将不断通过发射结扩散到基区，形成发射结。

电子扩散电流 I_{EN}，其方向与电子扩散方向相反。同时，基区的多子空穴也要扩散到发射区，形成空穴扩散电流 I_{EP}，其方向与 I_{EN} 相同。I_{EN} 和 I_{EP} 一起构成受发射结正向电压 u_{BE} 控制的发射极电流 I_E。由于基区掺杂浓度很低，即 I_{EP} 很小，可以近似认为 $I_E \approx I_{EN}$。

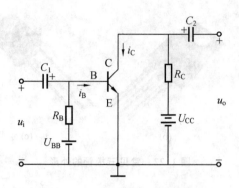

图 1.24 共射放大电路

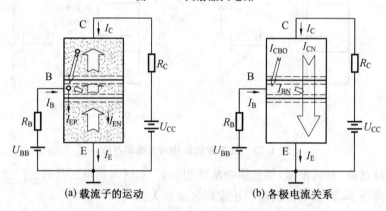

(a) 载流子的运动　　　　　　　　(b) 各极电流关系

图 1.25 放大状态下三极管中载流子的运动

②载流子在基区扩散与复合,形成复合电流 I_{BN}。由发射区扩散到基区的载流子自由电子在发射结边界附近浓度最高,离发射结越远浓度越低,形成了一定的浓度梯度。浓度差使扩散到基区的自由电子继续向集电结方向扩散。在扩散过程中,有一部分电子与基区的空穴复合,形成基区复合电流 I_{BN}。由于基区很薄,掺杂浓度又低,因此电子与空穴复合机会少, I_{BN} 很小(比发射极电流 I_E 小很多),大多数电子都能扩散到集电结边界。

③集电区收集载流子,形成集电极电流 I_C。由于集电结上外加反偏电压,空间电荷区的内电场被加强,对基区扩散到集电结边缘的载流子自由电子有很强的吸引力,使它们很快漂移过集电结,被集电区收集,形成集电极电流中受发射结电压控制的电流 I_{CN},其方向与电子漂移方向相反。与此同时,基区自身的少子自由电子和集电区的少子空穴也要在集电结反偏电压的作用下产生漂移运动,形成集电结反向饱和电流 I_{CBO},其方向与 I_{CN} 方向一致。I_{CN} 和 I_{CBO} 一起构成集电极电流 I_C。

I_{CBO} 不受发射结电压控制,因而对放大没有贡献,它的大小取决于基区和集电区的少子浓度,数值很小,但它受温度影响很大,容易使 BJT 工作不稳定。

(2)三极管的电流分配关系

由前述分析可知

$$I_C = I_{CN} + I_{CBO} \tag{1.3}$$

$$I_E = I_{CN} + I_{BN} \tag{1.4}$$

通常把 I_{CN} 与发射极电流 I_E 的比定义为 BJT 共基直流电流放大系数 $\bar{\alpha}$,即

$$\bar{\alpha} = \frac{I_{CN}}{I_E} \tag{1.5}$$

将式(1.5)代入式(1.3),可得

$$I_C = \bar{\alpha} I_E + I_{CBO} \tag{1.6}$$

当 I_{CBO} 很小时,有

$$\bar{\alpha} = \frac{I_C}{I_E} \tag{1.7}$$

由于 BJT 三个极的电流满足 KCL,即

$$I_E = I_C + I_B \tag{1.8}$$

代入式(1.6)中,可得

$$I_C = \bar{\alpha}(I_C + I_B) + I_{CBO} \tag{1.9}$$

整理后有

$$I_C = \frac{\bar{\alpha}}{1-\bar{\alpha}}I_B + \frac{1}{1-\bar{\alpha}}I_{CBO} = \bar{\beta}I_B + (1+\bar{\beta})I_{CBO} = \bar{\beta}I_B + I_{CEO} \tag{1.10}$$

其中

$$\bar{\beta} = \frac{\bar{\alpha}}{1-\bar{\alpha}} \tag{1.11}$$

$$I_{CEO} = (1+\bar{\beta})I_{CBO} \tag{1.12}$$

$\bar{\beta}$ 称为共射直流电流放大系数。I_{CEO} 是集电极与发射极之间的反向饱和电流,称为穿透电流。I_{CEO} 一般很小,则式(1.10)可简化为

$$I_C \approx \bar{\beta}I_B \tag{1.13}$$

式(1.13)说明,BJT 在发射结正偏、集电结反偏,而且 $\bar{\alpha}$ 或 $\bar{\beta}$ 保持不变时,输出电流 I_C 正比于输入电流 I_B。如果能控制输入电流 I_B,就能控制输出电流 I_C,所以常将 BJT 称为电流控制器件。

3. 三极管的特性曲线

利用 BJT 的输入、输出特性曲线,可以较全面地描述 BJT 各极电流和电压间的关系。下面主要介绍 NPN 型三极管的共射特性曲线。

需要说明的是,BJT 有三个电极,在放大电路中可有三种连接方式:共基极、共发射极(简称共射极)和共集电极,即分别把基极、发射极、集电极作为输入和输出回路的公共端,如图 1.26 所示。无论是哪种连接方式,要使 BJT 有放大作用,都必须保证发射结正偏、集电结反偏,而其内部载流子的传输过程是相同的。

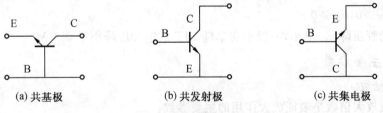

(a) 共基极　　　　　　　(b) 共发射极　　　　　　　(c) 共集电极

图 1.26　BJT 的三种连接方式

(1)输入特性

当 BJT 的 u_{CE} 不变时,输入回路的电流 i_B 与电压 u_{BE} 之间的关系曲线称为输入特性曲线,可表示为

$$i_B = f(u_{BE})\big|_{u_{CE}=常数} \tag{1.14}$$

图 1.27 是 NPN 型 BJT 共射极连接时的输入特性曲线。图中给出了 u_{CE} 分别为 0 V、1 V、10 V 三种情况下的输入特性曲线。因为发射结正偏,所以 BJT 的输入特性曲线与半导体二极管的正向特性曲线相似。但随着 u_{CE} 的增加,特性曲线向右移动。当 u_{CE} 大于某一数值以后,不同 u_{CE} 的各条输入特性曲线几乎重叠在一起。

(2)输出特性

当 i_B 不变时,BJT 输出回路中的电流 i_C 与电压 u_{CE} 之间的关系曲线称为输出特性曲线,可表示为

$$i_C = f(u_{CE})\big|_{i_B=常数} \tag{1.15}$$

NPN 型 BJT 的输出特性曲线如图 1.28 所示。此输出特性曲线可以分为三个区,截止区、放大区和饱和区。

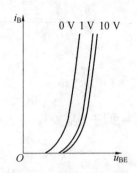

图 1.27 三极管的输入特性

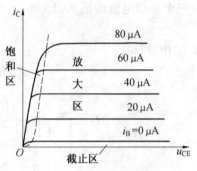

图 1.28 三极管的输出特性

①截止区。一般将 $i_B \leqslant 0$ 的区域称为截止区,此时 i_C 近似为零。由于 BJT 的各极电流基本都为零,因此认为 BJT 处于截止状态。

可以认为,当发射结反向偏置时,发射区不再向基区注入电子,则 BJT 真正处于截止状态,没有放大作用。所以,在截止区,BJT 的发射结和集电结都处于反向偏置状态。对于 NPN 型 BJT 有 $u_{BE} < 0$,$u_{BC} < 0$。

②放大区。在放大区,各条输出特性曲线近似为水平的直线,表示当 i_B 一定时,i_C 的值基本上不随 u_{CE} 而变化。当基极电流有一个微小的变化量时,相应的集电极电流将产生一个较大的变化量。可见,BJT 具有电流放大作用。

将集电极电流与基极电流的变化量之比定义为 BJT 的共射电流放大倍数,用 β 来表示,即

$$\beta = \frac{\Delta i_C}{\Delta i_B}$$

在放大区,BJT 的发射结正向偏置,集电结反向偏置。对于 NPN 型 BJT 有 $u_{BE} > 0$,$u_{BC} < 0$。

③饱和区。图 1.28 中靠近纵轴附近,各条输出特性曲线的上升部分属于 BJT 的饱和区。此时,BJT 的集电极电流基本不随基极电流而变化,这种现象称为饱和。在饱和区,BJT 失去放大作用。对于 NPN 型 BJT 有 $u_{BE} > 0$,$u_{BC} > 0$。

BJT 饱和时的管压降 u_{CE} 很小,一般小功率硅 BJT 的饱和压降小于 0.4 V。

4.三极管的主要参数

(1)电流放大倍数

三极管的电流放大倍数是表征放大作用的主要参数。

①共射电流放大倍数 β。输入回路和输出回路的公共端是发射极,此时称为共射接法。共射电流放大倍数是共射接法时,集电极电流与基极电流的变化量之比,即

$$\beta = \frac{\Delta i_C}{\Delta i_B} \tag{1.16}$$

②共射直流电流放大倍数 $\bar{\beta}$。$\bar{\beta}$ 为共射接法时,集电极电流与基极电流的直流量之比,即

$$\bar{\beta} \approx \frac{I_C}{I_B} \tag{1.17}$$

③共基电流放大倍数 α。输入回路和输出回路的公共端是基极,此时称为共基接法。α 为共基接法时,集电极电流与发射极电流的变化量之比,即

$$\alpha = \frac{\Delta i_C}{\Delta i_E} \tag{1.18}$$

④共基直流电流放大倍数 $\bar{\alpha}$。$\bar{\alpha}$ 为共基接法时,集电极电流与发射极电流的直流量之比,即

$$\bar{\alpha} \approx \frac{I_C}{I_E}$$

根据 β 和 α 的定义可知,两者之间存在以下关系

$$\alpha = \frac{\beta}{1+\beta}, \quad \beta = \frac{\alpha}{1-\alpha} \tag{1.19}$$

直流参数与交流参数的含义是不同的。但是,对于大多数 BJT 来说,同一管子的 β 与 $\bar{\beta}$、α 与 $\bar{\alpha}$ 的数值差别不大,所以在使用时常常不加区分。

(2)反向饱和电流

①集电极和基极之间的反向饱和电流 I_{CBO}。测量 I_{CBO} 的电路如图 1.29 所示。I_{CBO} 为发射极开路时,集电极和基极之间的反向电流。一般小功率锗 BJT 的 I_{CBO} 约为几微安至几十微安,硅 BJT 的 I_{CBO} 要小很多,可低至纳安。

②集电极和发射极之间的穿透电流 I_{CEO}。测量 I_{CEO} 的电路如图 1.30 所示。I_{CEO} 为基极开路时,集电极和发射极之间的反向电流。

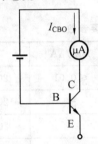

图 1.29　I_{CBO} 测量电路　　　　图 1.30　I_{CEO} 测量电路

选用 BJT 时,一般希望极间反向饱和电流尽量小些,以减小温度对 BJT 性能的影响。

(3)极限参数

三极管的极限参数是指使用时不得超过的限度,以保证三极管的安全或保证三极管参数的变化不超过规定的允许值。

①集电极最大允许电流 I_{CM}。当集电极电流过大时,BJT 的 β 值就要减小。当 $i_C = I_{CM}$ 时,管子的 β 值下降到额定值的 2/3。

②集电极最大允许耗散功率 P_{CM}。BJT 工作时,损耗的功率为 $p_C = i_C \times u_{CE}$。集电极消耗的电能将转化为热能使管子的温度升高,如果温度过高,将使 BJT 的性能变差甚至损坏。P_{CM} 为集电极损耗的极限,则满足 $i_C \times u_{CE} < P_{CM}$ 时,BJT 是安全的。

③极间反向击穿电压。当 BJT 内的两个 PN 结上承受的反向电压超过规定值时,也会发生击穿,其击穿原理和二极管类似。

$U_{(BR)CBO}$ 是指发射极开路时集电极-基极间的反向击穿电压,通常为几十伏,有些管子可达几百伏。

$U_{(BR)CEO}$ 是指基极开路时集电极-发射间的反向击穿电压。

为了使 BJT 能安全工作,在应用中必须使它的集电极工作电流小于 I_{CM},集电极-发射极间的电压小于 $U_{(BR)CEO}$,集电极耗散功率小于 P_{CM},即上述三个极限参数决定了 BJT 的安全工作区,如图 1.31 所示。

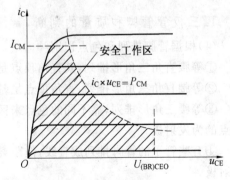

图 1.31　三极管的安全工作区

5.温度对三极管的影响

(1)温度对 BJT 参数的影响

①温度对 I_{CBO} 的影响。BJT 的 I_{CBO} 是集电结反偏时,集电区和基区的少子漂移电流,因而对温度非常敏感。温度每升高 10 ℃,I_{CBO} 约增加一倍。穿透电流 I_{CEO} 也会随温度的变化而变化。

②温度对 β 的影响。β 随温度上升而增大,温度每升高 10 ℃,β 值增加 0.5%~1%。共基极电流放大系数 α 也会随温度变化而变化。

③温度对反向击穿电压 $U_{(BR)CBO}$ 和 $U_{(BR)CEO}$ 的影响。温度升高时,$U_{(BR)CBO}$ 和 $U_{(BR)CEO}$ 都会有所提高。

(2)温度对 BJT 特性曲线的影响

①对输入特性的影响。温度升高时,BJT 共射极连接时的输入特性曲线将向左移动。温度每升高 1 ℃,u_{BE} 减小 2~2.5 mV。

②对输出特性的影响。温度升高时,BJT 的 I_{CBO}、I_{CEO}、β 都将增大,结果将导致 BJT 的输出特性曲线向上移动。

几种常见三极管的主要参数见表 1.4。

表 1.4　几种常见三极管的主要参数

型号	P_{CM}/mW	I_{CM}/mA	$U_{(BR)CEO}$/V	I_{CEO}/μA	β	f_T/MHz
3DG6C	100	20	45	≤0.01	20~200	≥250
3CG14F	100	−500	35	—	20~200	≥200
3DG12B	700	300	45	—	20~200	≥200
3CG21C	300	−500	40	—	20~200	≥100
3DD15B	50 000	5 000	100	—	20~200	—
9012	625	−500	20~40	—	64~202	150
9013	625	500	20~40	—	64~202	150
8050	1 000	1 500	25~40	—	20~200	100
8550	1 000	1 500	25~40	—	20~200	100
BD243C	65 000	6 000	100	—	—	—

❖❖❖ 1.3.2　三极管的检测

1.三极管管脚和质量的判断

(1)根据管脚排列和色点识别

①等腰直角三角形排列,其直角顶点是基极,靠近红色点的一脚是集电极,另一脚是发射极。

②等腰直角三角形排列,直角顶点是基极,靠近管帽边沿的电极为发射极,另外一个电极是集电极。

③等腰三角形排列,靠不同的色点来区分。靠近红色点的为集电极,靠近白色点的为基极,靠近绿色点的为发射极。

④有些管子的管脚排列成直线,但距离不相等,孤立的一个电极为集电极,中间的为基极,另一个为发射极。

⑤四个管脚的 BJT,管壳带有凸缘时,将管脚朝向自己,从管壳凸缘开始,顺时针方向排列依次为发射极、基极、集电极和地线。

⑥半圆形塑封 BJT,让球面向上,管脚朝向自己,则从左到右依次是集电极、基极和发射极。

（2）用万用表判别

目前晶体管的种类很多，仅从管脚排列很难判断其为何极，所以常用万用表判别管脚。其基本原理是：BJT 由两个 PN 结构成，对于 NPN 型 BJT，其基极是两个 PN 结的公共正极，对于 PNP 型 BJT，其基极是两个 PN 结的公共负极。而根据当加在 BJT 的发射结电压为正、集电结电压为负时，BJT 工作在放大状态，此时 BJT 的穿透电流较大，r_{be} 较小的特点，可以测出 BJT 的发射极和集电极。

首先应判断管子的基极和管型。测试时，首先假设某一管脚为基极，将万用表拨在 $R \times 100$ 或 $R \times 1\mathrm{k}$ 挡上，用黑表笔接触 BJT 某一管脚，用红表笔分别接触另外两管脚，若测得的阻值相差很大，则原先假设的基极不正确，需另外假设。若两次测得的阻值都很大，则该极可能是基极，此时再将两表笔对换继续测试，若对换表笔后测得的阻值都较小，则说明该电极是基极，且为 PNP 型。同理，黑表笔接假设的此 BJT 基极，红表笔分别接其他两个电极时测得的阻值都很小，则该 BJT 的管型为 NPN 型。

判断出管子的基极和管型后，可进一步判断管子的集电极和发射极。以 NPN 型管为例，确定基极和管型后，假设其他两只管脚中一只是集电极，另一只即假设为发射极。用手指将已知的基极和假设的集电极捏在一起（但不要相碰），将黑表笔接在假设的集电极上，红表笔接在假设的发射极上，记下万用表指针所指的位置，然后再作相反的假设（即原先假设为 C 的假设为 E，原先假设为 E 的假设为 C），重复上述过程，并记下万用表指针所指的位置。比较两次测试的结果，指针偏转大的（即阻值小的）那次假设是正确的（若为 PNP 型管，测试时，将红表笔接假设的集电极，黑表笔接假设的发射极，其余不变，仍然是电阻小的一次假设正确）。

2. 三极管性能的鉴别

（1）穿透电流 I_{CEO} 大小的判断

用万用表 $R \times 100$ 或 $R \times 1\mathrm{k}$ 挡测量三极管 C、E 之间的电阻，电阻值应大于数兆欧（锗管应大于数千欧）。阻值越大，说明穿透电流越小；阻值越小，说明穿透电流越大；若阻值不断地明显下降，则说明管子性能不稳；若测得的阻值接近为零，则说明管子已经击穿；若测得的阻值太大（指针一点都不偏转），则有可能是管子内部断线。

（2）电流放大系数 β 的近似估算

用万用表 $R \times 100$ 或 $R \times 1\mathrm{k}$ 挡测量三极管 C、E 之间的电阻，记下读数；再用手指捏住基极和集电极（不要相碰），观察指针摆动幅度的大小，摆动越大，说明管子的放大倍数越大。但这只是相对比较的方法，因为手捏在两电极之间，给管子的基极提供了基极电流 I_B，I_B 的大小和手指的潮湿程度有关。也可以接一只 $100\mathrm{k}\Omega$ 左右的电阻来进行测试。

以上是对 NPN 型管子的鉴别，黑表笔接集电极，红表笔接发射极。若将两表笔对调，就可对 PNP 型管子进行测试。

3. 半导体三极管的选用

选用晶体管一般要考虑以下几个方面的因素：频率、集电极最大耗散功率、电流放大系数、反向击穿电压、稳定性和饱和压降等。

1.4 场效应管

【知识导读】

大规模集成电路中多使用什么半导体器件？本节将介绍广泛应用于集成电路中的场效应管。

场效应管（FET）是一种电压控制的半导体器件，它通过输入信号电压 u_{GS} 来控制其输出电流 i_D，具有输入电阻高、温度稳定性好、抗辐射能力强、制造工艺简单、便于大规模集成等优点，已广泛应用于集成电路中。

根据结构的不同，场效应管可分为结型场效应管（JFET）和绝缘栅型场效应管（MOSFET）两大类。

◈◈◈ 1.4.1 基础知识

1. 结型场效应管

按导电沟道的不同，JFET 分为 N 沟道和 P 沟道两种，它们的工作原理是类似的。下面以 N 沟道 JFET 为例介绍其结构、工作原理和特性曲线。

（1）内部结构

N 沟道 JFET 的内部结构示意图与电路符号分别如图 1.32(a) 和 (b) 所示。

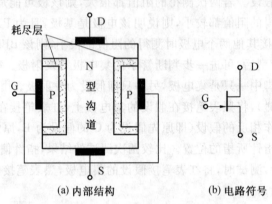

(a) 内部结构   (b) 电路符号

图 1.32 JFET 的内部结构示意图与电路符号

在一块 N 型半导体的两侧，利用合金法、扩散法或其他工艺做成两个掺杂浓度比较高的 P 区，此时在 P 区和 N 区的交界处将形成一个 PN 结，即耗尽层。将两侧的 P 区连接起来，引出一个电极，称为栅极 G，在 N 区的一端引出一个源极 S，另一端引出一个漏极 D。

（2）工作原理

因为 N 型半导体中存在多数载流子电子，所以若在漏极与源极之间加上一个电压，就有可能导电。由于这种 FET 的导电沟道是电子型的，因此称为 N 沟道结型场效应管。

①当 $u_{DS}=0$ 且 $u_{GS} \leqslant 0$ 时。当 $u_{DS}=0$ 时，耗尽层比较窄，导电沟道比较宽，如图 1.33(a) 所示。当 $u_{GS}<0$ 时，栅源极之间加上一个反向偏压，耗尽层的宽度增大，导电沟道相应变窄，如图 1.33(b) 所示。当 $u_{GS}=U_{GS(off)}$ 时，两侧的耗尽层合拢在一起，导电沟道被夹断，如图 1.33(c) 所示，$U_{GS(off)}$ 称为夹断电压。N 沟道 JFET 的 $U_{GS(off)}$ 是一个负值。

当 u_{GS} 变化时，虽然导电沟道的宽度随着发生变化，但因 $u_{DS}=0$，所以漏极电流 i_D 等于零。

②当 $u_{DS}>0$ 且 u_{GS} 固定不变时（$U_{GS(off)}<u_{GS} \leqslant 0$）。当 $u_{DS}>0$ 时，将产生一个漏极电流 i_D。且随着 u_{DS} 的升高，i_D 将逐渐增大。但 u_{DS} 不能过高，否则 PN 结将由于反偏电压过高而被击穿，损坏场效应管。

③当 $u_{DS}>0$ 且 $u_{GS} \leqslant 0$ 时。因 $u_{DS}>0$，将产生漏极电流 i_D。当 $u_{GS}=0$ 时，耗尽层比较窄，导电沟道比较宽，i_D 比较大。当 $u_{GS}<0$ 时，耗尽层变宽，导电沟道变窄，i_D 将减小。当 $u_{GS}<U_{GS(off)}$ 时，导电沟道完全被夹断，i_D 减为零。

由上述分析可见，改变栅极与源极之间的电压 u_{GS}，即可控制漏极电流 i_D。这种器件利用栅源之间的电压 u_{GS} 来改变 PN 结中的电场，从而控制漏极电流 i_D，故称为结型场效应管。

（3）特性曲线

与三极管一样，场效应管的特性可用特性曲线来表示。

①输出特性。场效应管的输出特性是当栅源极之间的电压 u_{GS} 不变时，漏极电流 i_D 与漏源之间的电压 u_{DS} 的关系，即

$$i_D = f(u_{DS})\big|_{u_{GS}=常数} \tag{1.20}$$

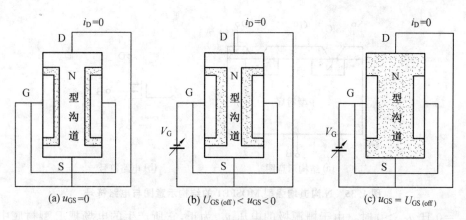

图 1.33 当 $u_{DS}=0$ 时，u_{GS} 对耗尽层和导电沟道的影响

N 沟道 JFET 的输出特性曲线如图 1.34(a)所示。可以看出，它们和三极管的共射输出特性曲线很相似。其输出特性可以划分为三个区：可变电阻区、恒流区和截止区。

②转移特性。场效应管的转移特性是当漏源极之间的电压 u_{DS} 不变时，漏极电流 i_D 与栅源之间的电压 u_{GS} 的关系，即

$$i_D = f(u_{GS}) \big|_{u_{DS}=常数} \tag{1.21}$$

N 沟道 JFET 的转移特性曲线如图 1.34(b)所示，转移特性描述了栅源之间电压 u_{GS} 对漏极电流 i_D 的控制作用。

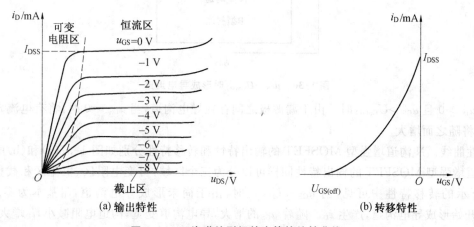

图 1.34 N 沟道结型场效应管的特性曲线

2.绝缘栅型场效应管

绝缘栅型场效应管是由金属、氧化物和半导体制成的，其栅极被绝缘层隔离，因此输入电阻更高，可达 $10^9 \Omega$ 以上。从导电沟道来分，MOSFET 也有 N 沟道和 P 沟道两种类型。无论 N 沟道或 P 沟道，又都可以分为增强型和耗尽型两种。下面以 N 沟道增强型 MOSFET 为主，介绍它们的结构、工作原理和特性曲线。

(1) N 沟道增强型 MOSFET

①内部结构。N 沟道增强型 MOSFET 的结构示意图和电路符号分别如图 1.35(a)和(b)所示。

②工作原理。绝缘栅型场效应管的工作原理与结型场效应管有所不同。结型场效应管是利用 u_{GS} 来控制 PN 结耗尽层的宽窄，从而改变导电沟道的宽度，以控制漏极电流 i_D。而绝缘栅型场效应管则是利用 u_{GS} 来控制感应电荷的多少，以改变由这些感应电荷形成的导电沟道的状况，进而控制漏极电流 i_D。如果 $u_{GS}=0$ 时漏源极之间已经存在导电沟道，称为耗尽型场效应管。如果 $u_{GS}=0$ 时不存在导电沟道，则称为增强型场效应管。

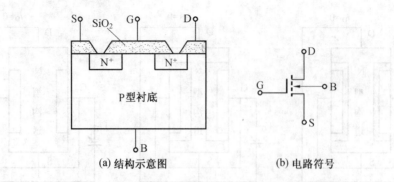

(a) 结构示意图　　(b) 电路符号

图 1.35　N 沟道增强型 MOSFET 的结构示意图与电路符号

a. 当 $u_{DS}=0$ 且 $u_{GS}>0$ 时。由于栅源极的电压 u_{GS} 为正,它所产生的电场把 P 型衬底中的电子(少子)吸引到靠近二氧化硅的一侧,与空穴复合。当 $u_{GS}>U_{GS(th)}$ 时,由于吸引了足够多的电子,在漏极和源极之间形成了可移动的表面电荷层,有了 N 型导电沟道,如图 1.36 所示,$U_{GS(th)}$ 称为开启电压。随着 u_{GS} 的升高,感应电荷增多,导电沟道变宽。

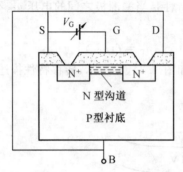

图 1.36　$u_{GS}>U_{GS(th)}$ 时形成导电沟道

b. 当 $u_{DS}>0$ 且 $u_{GS}>U_{GS(th)}$ 时。由于漏源极之间存在导电沟道,当 $u_{DS}>0$ 时,将有电流 i_D,且当 u_{DS} 增大时,i_D 将随之而增大。

③特性曲线。N 沟道增强型 MOSFET 的输出特性和转移特性分别如图 1.37(a)和(b)所示。

N 沟道增强型 MOSFET 的输出特性同样可以分为三个区域:可变电阻区、恒流区和截止区。从图 1.37(b)所示的转移特性中可见,当 $u_{GS}<U_{GS(th)}$ 时,由于尚未形成导电沟道,i_D 基本为零。当 $u_{GS}=U_{GS(th)}$ 时,开始形成导电沟道,产生 i_D。随着 u_{GS} 的增大,导电沟道变宽,沟道电阻减小,i_D 增大。

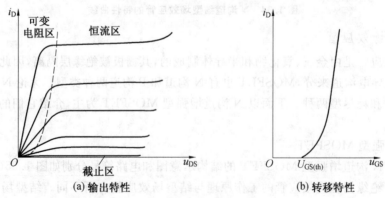

(a) 输出特性　　(b) 转移特性

图 1.37　N 沟道增强型 MOSFET 的特性曲线

(2) N 沟道耗尽型 MOSFET

耗尽型 MOSFET 在制造过程中预先在二氧化硅的绝缘层中掺入了大量的正离子,所以即使 $u_{GS}=0$ 时,这些正离子产生的电场也能在 P 型衬底中感应出足够的负电荷,形成 N 型导电沟道,如图 1.38

(a)所示。如果 $u_{GS}<0$，导电沟道变窄，i_D 减小。当 $u_{GS}=U_{GS(off)}$ 时，导电沟道消失，i_D 降为零，$U_{GS(off)}$ 称为夹断电压。

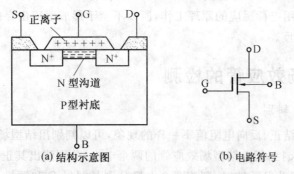

(a) 结构示意图 　　　　　(b) 电路符号

图 1.38　N 沟道耗尽型 MOSFET 的结构示意图和电路符号

N 沟道耗尽型 MOSFET 的输出特性和转移特性分别如图 1.39(a) 和 (b) 所示。

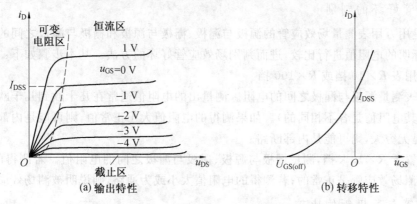

(a) 输出特性 　　　　　(b) 转移特性

图 1.39　N 沟道耗尽型 MOSFET 的特性曲线

3. 场效应管的主要参数及使用

场效应管的主要参数可分为直流参数和交流参数两大类。

①直流参数。

a. 夹断电压 $U_{GS(off)}$。$U_{GS(off)}$ 是 MOSFET 耗尽型和 JFET 的参数，当栅源极电压 $u_{GS}=U_{GS(off)}$ 时，漏极电流为零。

b. 开启电压 $U_{GS(th)}$。$U_{GS(th)}$ 是 MOSFET 增强型的参数，当栅源极电压 u_{GS} 小于开启电压的绝对值时，场效应管不能导通。

c. 饱和漏极电流 I_{DSS}。I_{DSS} 是 MOSFET 耗尽型和 JFET 的参数，是当栅源极电压 $u_{GS}=0$ 时所对应的漏极电流。

d. 直流输入电阻 R_{GS}。R_{GS} 是栅源极间的等效直流输入电阻。对 MOSFET，R_{GS} 在 $10^{10}\sim10^{15}\ \Omega$ 之间；对 JFET，R_{GS} 在 $10^8\sim10^{12}\ \Omega$ 之间。

②交流参数。低频跨导 g_m。g_m 反应了栅极电压 u_{GS} 对漏极电流 i_D 的控制作用(相当于普通晶体管的 h_{FE})。因此 g_m 越大，FET 的放大能力就越强。

$$g_m=\left.\frac{\mathrm{d}i_D}{\mathrm{d}u_{GS}}\right|_{u_{DS}=常数} \tag{1.22}$$

4. 场效应管的使用注意事项

①由于 MOSFET 的输入电阻非常高，所以容易造成感应电压过高而击穿。在焊接时，不论是将管子焊到电路板上，还是从电路板上取下来，都应将各极短路之后，先焊漏极、源极，后焊栅极。还应注意

电烙铁要可靠接地。

②不能用万用表测 MOSFET 的各极。MOSFET 在保管储存时应将三个极短路。

③因为 JFET 不是利用电荷感应的原理工作,所以不至于形成感应击穿的情况,但应注意栅极和源极之间的电压极性不能接反。

∴∷∶ 1.4.2 场效应管的检测

1.场效应管电极的判别

根据场效应管的 PN 结正、反向电阻值不一样的现象,可以判别出结型场效应管的三个电极。

选用万用表的 $R \times 1$ k 挡,任选结型场效应管的两个电极,分别测出其正、反向电阻值。当某两个电极的正、反向电阻值相等且为几千欧时,则该两个电极分别是漏极 D 和源极 S(因为结型场效应管的漏极和源极可以互换),剩下的一个电极是栅极 G。

2.场效应管好坏的判别

测电阻法是用万用表测量场效应管的源极与漏极、栅极与源极和栅极与漏极之间的电阻值,将其与场效应管手册标明的电阻值进行比较,进而判别场效应管好坏的方法。基本步骤如下:

(1)选用万用表 $R \times 10$ 挡或 $R \times 100$ 挡。

(2)用万用表测量源极与漏极之间的电阻。测量出的电阻值通常在几十欧到几千欧范围内(不同型号的场效应管,其电阻值是各不相同的)。如果测得的电阻值大于正常值,则可能是内部接触不良;如果测得的电阻值是无穷大,则可能是内部断路。

(3)万用表置于 $R \times 10$ k 挡,测量栅极与源极、栅极与漏极之间的电阻值。若测得的电阻值均为无穷大,则说明被测场效应管是正常的;若测得的电阻值太小或为通路,则说明被测场效应管是坏的。

3.场效应管与三极管的比较

三极管和场效应管都是电子电路中的主要有源器件,具有体积小、耗能少、可靠性高和便于集成等特点,但它们也存在许多不同之处,见表1.5。

表 1.5 三极管与场效应管的比较

项目	三极管	场效应管
载流子	既用多子,也用少子	只用多子
导电方式	载流子浓度扩散及电场漂移	电场漂移
控制方式	电流控制	电压控制
类型	NPN,PNP	N 沟道,P 沟道
放大参数	$\beta = 50 \sim 100$ 或更大	$g_m = 1 \sim 6$ mS
输入电阻	$10^2 \sim 10^4$ Ω	$10^8 \sim 10^{15}$ Ω
抗辐射能力	差	在宇宙射线辐射下仍能正常工作
噪声	较大	小
热稳定性	差	好
制造工艺	较复杂	简单、成本低、便于集成化
对应极	B—E—C	G—S—D

技术提示：

N 沟道 JFET 的电路符号中，栅极上的箭头方向指向内部，即由 P 区指向 N 区。

P 沟道 MOSFET 的工作原理与 N 沟道的类似，它们的电路符号也与 N 沟道 MOSFET 相似，但衬底 B 上的箭头方向相反。

1.5 晶闸管

【知识导读】

电子电路中怎样实现可控开关作用？本节将介绍既有可控开关作用，又是可控整流元件的晶闸管。

晶闸管又称可控硅，分为单向可控硅、双向可控硅、快速可控硅、可关断可控硅、逆导可控硅和光控可控硅等几种，是一种大功率的半导体器件。它具有体积小、质量轻、容量大、效率高、使用维护简单、控制灵敏等优点。同时，它的功率放大倍数很高，可以用微小的信号功率对大功率的电源进行控制和变换，在数字电路中可作为功率开关使用。此处只介绍单向晶闸管。

1.5.1 基础知识

1. 结构

常见晶闸管的外形如图 1.40 所示。晶闸管的内部结构如图 1.41(a) 所示，由四层半导体构成：P_1、N_1、P_2、N_2，有 3 个 PN 结。由最下一层的 P_1 引出阳极 A，最上一层的 N_2 引出阴极 K，中间的 P_2 引出控制极 G。晶闸管的电路符号如图 1.41(b) 所示。

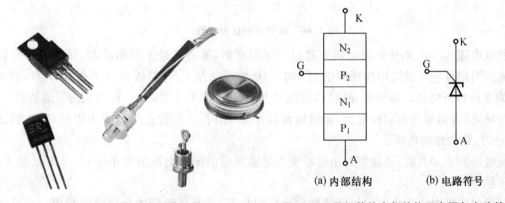

(a) 内部结构　　　　(b) 电路符号

图 1.40　常见晶闸管的外形　　　图 1.41　晶闸管的内部结构示意图与电路符号

2. 工作原理

晶闸管可以等效为由一个 NPN 型三极管和一个 PNP 型三极管组合而成，如图 1.42 所示。

晶闸管的导通机理如图 1.43 所示。当 $V_A > 0$ 且 $V_G > 0$ 时，若有一个控制极电流 I_G 流入 VT_1 的基极，经 VT_1 放大后得到 $\beta_1 I_G$，作为 VT_2 的基极电流，经 VT_2 放大后得到 $\beta_1 \beta_2 I_G$，又作为 VT_1 的基极电流，如此不断重复。若 $\beta_1 \beta_2 > 1$，电流将不断增长，在极短时间内使两个三极管 VT_1、VT_2 充分饱和，此时晶闸管处于导通状态。

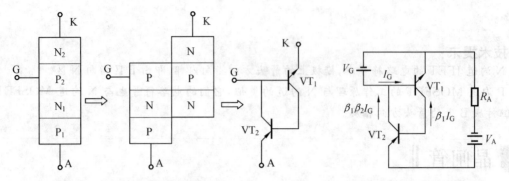

图 1.42　晶闸管的等效　　　　　　　　图 1.43　晶闸管的导通机理

晶闸管的导通条件是:在阳、阴极间加上一定大小的正向电压,同时在控制极和阴极之间加正向触发电压。一旦管子触发导通后,控制极便失去控制作用,即使控制极电压变为零,可控硅仍然保持导通。要使可控硅关断,必须使阳极电流降到足够小,或在阳极和阴极间加反向阻断电压。

3. 晶闸管特性

晶闸管的伏安特性如图 1.44 所示。

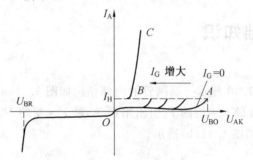

图 1.44　晶闸管的伏安特性

当控制极电流 $I_G=0$、阳极正向电压不超过一定限度时,晶闸管处于阻断状态,管子中只有很小的正向漏电流。当阳极电压继续增加到图中 U_{BO} 时,阳极电流急剧上升,曲线由 A 点跳到 B 点,晶闸管导通,U_{BO} 称为正向转折电压。晶闸管导通后,电流很大、管压降只有 1 V 左右,称为正向导通特性。

晶闸管导通后,如果减小阳极电流,阳极电流减小至 I_H 时,晶闸管由导通变为阻断,特性曲线由 B 点跳到 A 点,I_H 称为维持电流。

当控制极电流 $I_G>0$ 时,使晶闸管由阻断变为导通所需的阳极电压值将小于 U_{BO},且 I_G 越大,所需的阳极电压越小。

当晶闸管的阳极电压为负时的伏安特性称为反向特性,它与二极管的反向特性相似。当反向电压不大时,晶闸管只有很小的反向漏电流;若反向电压超过图中的 U_{BR} 时,管子被击穿,反向电流急剧增加,U_{BR} 称为反向击穿电压。

4. 晶闸管的主要参数

①断态重复峰值电压 U_{DRM}。U_{DRM} 为控制极开路、器件结温为额定值时,允许重复加在器件上的正向峰值电压。一般小于正向转折电压(100 V)。

②反向重复峰值电压 U_{RRM}。U_{RRM} 为控制极开路、器件结温为额定值时,允许重复加在器件上的反向峰值电压。一般小于反向转折电压(100 V)。

③通态平均电流 I_T。在规定条件下,稳定结温不超过额定值时所允许的最大正弦半波平均电流。一般为 1~1 000 A。

④通态平均压降 U_T。在规定条件下,通过正弦半波的通态平均电流时,晶闸管阳极和阴极之间电

压降的平均值。一般为 0.6~1 V。

⑤维持电流 I_H。室温、控制极开路时,晶闸管维持导通的最小电流。一般为几十到一百多毫安。

⑥控制极触发电压 U_{GT} 和控制极触发电流 I_{GT}。室温、阳极加直流电压 6 V 时,使晶闸管完全导通所必需的最小控制极直流电压和电流。一般 U_{GT} 为 1~5 V,I_{GT} 为几十到几百毫安。

1.5.2　晶闸管的检测

晶闸管是一个四层三端元件,有三个 PN 结,其中控制极 G 和阴极 K 之间是一个 PN 结。先找到这个 PN 结,就可确定三个电极的位置。将万用表置于 $R\times1$ k 挡,将晶闸管其中一端假定为控制极,与黑表笔相接。用红表笔分别接晶闸管的另外两个脚,若有一次出现正向导通,则假定的控制极是对的,而导通那次红表笔所接的脚是阴极 K,则另一只脚是阳极 A。如果两次均不导通,则说明假定的控制极是错的,可重新设定一端为控制极,这样就可以很快判别晶闸管的三个电极。

以上说明待判别的晶闸管是好的,否则说明该晶闸管是坏的。

1.6　电阻器

【知识导读】

怎样使用电阻器呢?本节将介绍电阻器的分类及识别、检测电阻器的基本方法。

1.6.1　基础知识

电阻器是最常用的电子元件之一,是一种起阻碍电流通过作用的元件,在电路中常用作分流器、分压器、耦合器件和负载等。

1. 电阻器的分类

①电阻器按其结构可分为两类,即固定电阻器和可变电阻器。

固定电阻器按组成材料的不同,又可分为碳膜电阻器、金属膜电阻器和线绕电阻器等。固定电阻器的电阻值是固定不变的。

可变电阻器主要是指可调电阻器和电位器。它们的阻值可以在一定范围内变化。

②电阻器按用途不同可分为精密电阻器、高频电阻器、高压电阻器、大功率电阻器、热敏电阻器和熔断电阻器等。

常见电阻器的外形如图 1.45 所示。图 1.46 是常用电阻器的电路符号。

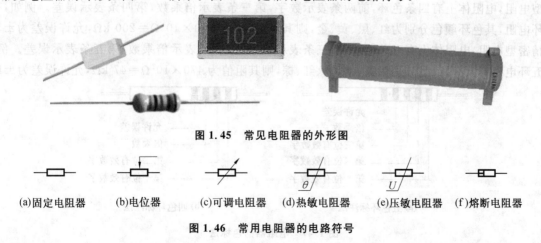

图 1.45　常见电阻器的外形图

(a)固定电阻器　　(b)电位器　　(c)可调电阻器　　(d)热敏电阻器　　(e)压敏电阻器　　(f)熔断电阻器

图 1.46　常用电阻器的电路符号

2.固定电阻器的参数及标注方法

(1)标称阻值和允许误差

电阻器在电路中用字母 R 表示,电阻的单位为 Ω,常用单位为 $k\Omega$ 和 $M\Omega$。

电阻器的标称阻值是指电阻器上标出的名义阻值。实际阻值与标称阻值之间允许的最大偏差范围称为阻值允许偏差,一般用标称阻值与实际阻值之差除以标称阻值所得的百分数表示,又称为阻值误差。

普通电阻器阻值误差分三个等级:允许误差小于 $\pm 5\%$ 的称为 I 级,允许误差小于 $\pm 10\%$、大于 $\pm 5\%$ 的称为 II 级,允许误差小于 $\pm 20\%$、大于 $\pm 10\%$ 的称为 III 级。表示电阻器的阻值和误差的方法有两种:一是直标法,二是色标法。直标法是将电阻器的阻值直接用数字标注在电阻上,如体积较大的金属膜电阻;色标法是用不同颜色的色环来表示电阻器的阻值和误差,其规定见表1.6。

表 1.6 电阻器色标法的识别规则

颜色	有效数字	倍乘数	允许误差
黑	0	10^0	—
棕	1	10^1	$\pm 1\%$
红	2	10^2	$\pm 2\%$
橙	3	10^3	—
黄	4	10^4	—
绿	5	10^5	$\pm 0.5\%$
蓝	6	10^6	$\pm 0.2\%$
紫	7	10^7	$\pm 0.1\%$
灰	8	10^8	—
白	9	10^9	$+5\% \sim -20\%$
金	—	10^{-1}	$\pm 5\%$
银	—	10^{-2}	$\pm 10\%$
无色			$\pm 20\%$

图1.47为色标法的具体标注方法。用色标法表示电阻时,根据阻值的精密情况又分为两种:一是普通型电阻,电阻体上有四条色环,前两条表示数字,第三条表示倍乘数,第四条表示误差。例如,有一只色环电阻,其色环颜色分别为红、黑、黄、金,则其电阻阻值为 $20 \times 10^4\,\Omega = 200\ k\Omega$,允许误差为 $\pm 5\%$。二是精密型电阻,电阻体上有五条色环,前三条表示数字,第四条表示倍乘数,第五条表示误差。例如,有一五环电阻,其色环颜色分别为黄、紫、黑、红、棕,则其阻值为 $470 \times 10^2\,\Omega = 47\ k\Omega$,允许误差为 $\pm 1\%$。

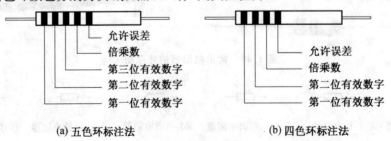

(a) 五色环标注法   (b) 四色环标注法

图 1.47 电阻器的色标法

通用电阻器的标称阻值系列见表1.7,任何电阻器的标称阻值都应为表1.7所列数值乘以 $10^n\ \Omega$,

其中 n 为整数。

表 1.7 常用固定电阻器的标称阻值系列

阻值系列	允许误差	误差等级	电阻标称值
E24	±5%	I	1.0,1.1,1.2,1.3,1.5,1.6,1.8,2.0,2.2,2.4,2.7,3.0,3.3,3.6, 3.9,4.3,4.7,5.1,5.6,6.2,6.8,7.5,8.2,9.1
E12	±10%	II	1.0,1.2,1.5,1.8,2.2,2.7,3.3,3.9,4.7,5.6,6.8,8.2
E6	±20%	III	1.0,1.5,2.2,3.3,3.9,4.7,6.8

(2)固定电阻器的额定功率

电阻器的额定功率指电阻器在直流或交流电路中长期连续工作所允许消耗的最大功率。常用的额定功率有 1/8 W、1/4 W、1/2 W、1 W、2 W、5 W、10 W 等。各种功率的电阻器在电路图中的符号如图 1.48 所示。电阻器的额定功率系列见表 1.8。

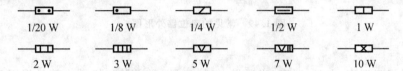

| 1/20 W | 1/8 W | 1/4 W | 1/2 W | 1 W |
| 2 W | 3 W | 5 W | 7 W | 10 W |

图 1.48 电阻器额定功率的符号表示

表 1.8 电阻器的额定功率系列

种类	额定功率/W
绕线电阻器	0.05,0.125,0.25,0.5,1,2,3,4,8,10,16,25,40,50,75,100,150,250,500
非绕线电阻器	0.05,0.125,0.25,0.5,1,2,5,10,25,50,100

(3)电阻器的选用

①根据电路的用途选择不同种类的电阻器。对要求不高的电子电路,如收音机,可选用碳膜电阻器。对整机质量、工作稳定性及可靠性要求较高的电路可选用金属膜电阻器。对于仪器、仪表电路应选用精密电阻器或绕线电阻器。在高频电路中不能选用绕线电阻器。

②选用电阻器的额定功率不能过大,也不能过小。如选用的额定功率超过实际消耗的功率太多,电阻的体积会增大;如果额定功率低于实际消耗功率,就不能保证电阻器安全工作。一般选电阻器的额定功率大于实际消耗功率的两倍左右。

③电阻器阻值误差的选择。在一般电路中,选阻值误差为 10%～20% 的电阻器即可。在特殊电路中可根据需要选用。

3.电位器

电位器有三个引脚,其中两个引脚之间的电阻值固定,并将该电阻值称为这个电位器的标称阻值。第三个引脚与任一引脚间的电阻值可以随着转轴臂的旋转而改变。这样,可以调节电路中的电压或电流,达到调节的效果。

电位器按电阻体所用材料的不同,分为碳膜电位器、绕线电位器、金属膜电位器、合成碳膜电位器、有机实芯电位器和玻璃釉电位器等。在电位器的外壳上用字母标识着它的型号,见表 1.9。

电位器按结构的不同,分为单圈式、多圈式电位器,单联、双联电位器,带开关电位器,锁紧和非锁紧型电位器。

表 1.9　电位器名称的标识符号

电位器类型	标识符号	电位器类型	标识符号
碳膜电位器	WT	有机实芯电位器	WS
合成碳膜电位器	WTH(WH)	玻璃釉电位器	WI
绕线电位器	WX	金属膜电位器	WJ

电位器按调节方式的不同,分为旋转式电位器和直滑式电位器两种。常见的电位器外形如图1.49所示。

图 1.49　常见的电位器外形图

4. 敏感电阻器

敏感电阻器是指对温度、电压、湿度、光通量、气体流量、磁通量和机械力等外界因素表现比较敏感的电阻器。这类电阻器既可以作为把非电信号转换为电信号的传感器,也可以作为自动控制电路中的功能元器件。

常用的敏感电阻器有光敏电阻器、热敏电阻器、压敏电阻器和湿敏电阻器等。

(1)光敏电阻器

光敏电阻器是一种电阻值随外界光照强弱(明暗)变化而变化的元件,光照越强其阻值越小,光照越弱其阻值越大。利用这一特性,可以制作各种光控电路。常见的光敏电阻器外形如图 1.50(a)所示。

(2)热敏电阻器

热敏电阻器是利用导体的电阻值随温度而变化的特性制成的测温元件。常见的有铂、铜、镍等热敏电阻。新型的电脑主板都有 CPU 测温、超温报警功能,就是利用了热敏电阻器。

热敏电阻器按阻值的温度系数可分为正温度系数热敏电阻器和负温度系数热敏电阻器两种,目前应用较多的是后者。正温度系数热敏电阻器的阻值随温度的升高而增大,负温度系数热敏电阻器的阻值随温度的升高而减小。常见的热敏电阻器外形如图 1.50(b)所示。

(a)光敏电阻器　　　　(b)热敏电阻器　　　　(c)压敏电阻器

图 1.50　常见敏感电阻器的外形

热敏电阻器的主要参数有:标称阻值、温度系数、额定功率、时间常数和最高工作温度等。

①标称阻值是指环境温度为 25 ℃时热敏电阻器的电阻值。

②温度系数是指温度每变化 1 ℃时阻值的变化率。

③额定功率是指热敏电阻器在温度为 25 ℃、相对湿度为 45%～80%、标准大气压下长期连续工作所允许的耗散功率。

④时间常数是热敏电阻器对温度变化响应的速度。

⑤最高工作温度是在规定的技术条件下,热敏电阻器长期连续工作所允许的最高温度。

（3）压敏电阻器

压敏电阻器是一种很好的固态保险元器件,常用于过压保护电路、消火花电路、能量吸收回路和防雷电路中。

压敏电阻器是一种电压敏感元件。当该元件两端的电压低于标称电压值时,其阻值为无穷大。当该元件两端的外加电压高于标称电压值时,其电阻值将急剧减小。压敏电阻器主要有碳化硅压敏电阻器和氧化锌压敏电阻器两种,最常用的是氧化锌压敏电阻器。常见的压敏电阻器外形如图 1.50(c) 所示。

5.熔断电阻器

熔断电阻器在正常情况下使用时,具有普通电阻器的特性。当电路发生故障、电源电压发生变化、某个元器件发生短路或失效时,熔断电阻器就会超负荷,在规定的时间内熔断开路,从而起到保护电路的作用。

熔断电阻器按其工作方式可分为可修复型和不可修复型两种。目前国内外普遍采用的是具有不可修复性质(一次性)的熔断电阻器。熔断电阻器的额定功率有 0.25 W、0.5 W、1 W、2 W 和 3 W 等规格,阻值可达 $0.22 \sim 5.1$ kΩ。

❖❖❖ 1.6.2　电阻器的检测

1.固定电阻器的检测

将万用表两表笔(不分正负)分别与电阻的两端引脚相接即可测出实际电阻值。测试时,特别是在测几十千欧以上阻值的电阻时,手不要触及表笔和电阻的导电部分;将被检测的电阻从电路中焊下来,至少要焊开一端,以免电路中的其他元件对测试产生影响,造成测量误差。

2.电位器的检测

检测电位器时,首先要转动旋柄,看看旋柄转动是否平滑,开关是否灵活,开关通、断时"咔嗒"声是否清脆。

①用万用表测试时,用万用表的欧姆挡测电位器的两固定端,其读数应为电位器的标称阻值。

②检测电位器的活动端与电阻体的接触是否良好。将一只表笔接电位器的滑动端,另一只表笔接其余两端中的任意一端,将电位器的旋柄从一个极端位置旋转至另一个极端位置,其电阻值应从零(或标称阻值)连续变化到标称阻值(或零)。

3.敏感电阻器的检测

（1）光敏电阻器的检测

把光敏电阻器的两个引脚接在万用表的表笔上,用万用表的 $R \times 1$ k 挡测量在不同光照下光敏电阻的阻值。先用黑纸挡住光敏电阻器,测量的电阻值应接近无穷大。去掉黑纸,再加光照,其电阻值将减小。

（2）热敏电阻器的检测

①常温检测。室内温度接近 25 ℃时,将两表笔接触热敏电阻器的两引脚测出其实际阻值,并与标称阻值相对比,二者相差在 ± 2 Ω 内即为正常。实际阻值若与标称阻值相差过大,则说明其性能不良或已损坏。测试时,不要用手捏住热敏电阻体,以防止人体温度对测试产生影响。

②加温检测。在常温测试正常的基础上,即可进行加温检测。将一热源(例如电烙铁)靠近热敏电阻器对其加热,同时用万用表监测其电阻值。如果电阻值随温度的升高而变化,说明热敏电阻正常;若

阻值无变化,说明其性能变坏,不能继续使用。检测时需要注意,不要使热源与热敏电阻靠得过近或直接接触热敏电阻,以防止将其烫坏。

(3)压敏电阻器的检测

用万用表的 $R\times1$ k 挡测量压敏电阻器两引脚之间的正、反向绝缘电阻值,均为无穷大;否则,说明漏电流大。若所测电阻值很小,说明压敏电阻器已损坏,不能使用。

4.熔断电阻器的检测

在电路中,当熔断电阻器熔断开路后,可根据经验作出判断。若发现熔断电阻器表面发黑或烧焦,可断定是其负荷过重,通过它的电流超过额定值很多倍所致;如果其表面无任何痕迹而开路,则表明流过的电流刚好等于或稍大于其额定熔断值。

对于表面无任何痕迹的熔断电阻器好坏的判断,可借助万用表 $R\times1$ 挡来测量。为保证测量准确,应将熔断电阻器一端从电路上焊下。若测得的阻值为无穷大,则说明此熔断电阻器已失效开路;若测得的阻值与标称值相差很远,表明电阻已变值,也不宜再使用。

> **技术提示:**
> 通常测试小于 $1\,\Omega$ 的小电阻时可用单臂电桥,测试 $1\,\Omega$ 到 $1\,M\Omega$ 的电阻时可用电桥或欧姆表(或万用表),而测试 $1\,M\Omega$ 以上的大电阻时应使用兆欧表。

1.7 电容器

【知识导读】

电子电路中应如何识别和检测电容?本节将介绍常见的电容及其简单的判别方法。

两块导体中间隔以介质便构成电容器。电容器是一种储能元件,在电路中用于耦合、滤波、旁路、调谐和能量转换,是电子线路中常用的电子元器件之一。

1.7.1 基础知识

1.电容器的分类

电容器的种类很多,按其容量是否可调可分为固定电容器、可变电容器和微调电容器。

按所用介质不同分为金属化纸介质电容器、云母电容器、独石电容器、薄膜介质电容器、铝电解电容器、钽电解电容器、空气和真空电容器等。其中独石电容器、云母电容器具有较高的耐压值;电解电容器具有较大的容量。但电解电容器具有极性,使用时不可接反,否则将引起电容器的电容量减小、耐压值及绝缘电阻降低,影响其正常使用。常用电容器的外形如图 1.51 所示。

图 1.51 常用电容器的外形

图 1.52 是常用电容器的电路符号。

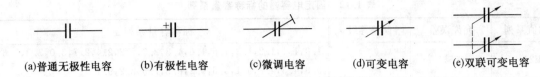

(a)普通无极性电容　(b)有极性电容　(c)微调电容　(d)可变电容　(e)双联可变电容

图 1.52　常用电容器的电路符号

2.电容器的命名

电容器的命名一般由以下四部分组成。

第一部分:字母C,代表电容。

第二部分:反应电介质的材料,用字母表示,见表1.10。

第三部分:表示特性分类,用数字表示,见表1.11。

第四部分:表示序号,以区分外形尺寸和性能指标。

表 1.10　电容材料符号及其含义

符号	含义	符号	含义	符号	含义	符号	含义
C	高频瓷介	B	聚苯乙烯	Q	漆膜	A	钽电解质
T	低频瓷介	BB	聚丙烯	Z	纸介	N	铌电解质
Y	云母	F	聚四氟乙烯	J	金属化纸介	G	合金电解质
I	玻璃釉	L	涤纶	H	复合介质		
O	玻璃膜	S	聚碳酸酯	D	铝电解		

表 1.11　电容特性分类中数字、字母表示的意义

类型	1	2	3	4	5	6	7	8	9
瓷介	圆片	管形	叠片	独石	穿心	支柱		高压	
云母	非密封	密封	密封				高压		
有机	非密封	密封	密封	穿心			高压	特殊	
电解	筒式	烧结粉液体	烧结粉固体		无极性			特殊	
字母	D	X	Y	M	W	J	C	S	
意义	低压	小型	高压	密封	微调	金属化	穿心	独石	

例如:CL11—250 V—0.068 μF—±5%

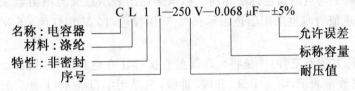

名称:电容器　C L 1 1—250 V—0.068 μF—±5%
材料:涤纶　　　　　　　　　允许误差
特性:非密封　　　　　　　　标称容量
　　　序号　　　　　　　　　耐压值

3.电容器的参数

(1)标称容量及允许误差

电容器在电路中用字母C表示,电容的单位为F,常用单位为 mF、μF、nF 和 pF。和电阻器一样,电容器的外壳表面上标出的电容量值,称为电容器的标称容量,标称容量与实际容量之间的偏差与标称容量之比的百分数称为电容器的允许误差。固定电容器的标称容量系列见表1.12。

表 1.12　固定电容器的标称容量系列

标称值系列	允许误差	误差等级	标称容量系列
E24	±5%	I	1.0,1.1,1.2,1.3,1.5,1.6,1.8,2.0,2.2,2.4,2.7,3.0,3.3,3.6, 3.9,4.3,4.7,5.1,5.6,6.2,6.8,7.5,8.2,9.1
E12	±10%	II	1.0,1.2,1.5,1.8,2.2,2.7,3.3,3.9,4.7,5.6,6.8,8.2
E6	±20%	III	1.0,1.5,2.2,3.3,3.9,4.7,6.8

(2)工作电压

工作电压也称耐压或额定工作电压,表示电容器在使用时允许加在其两端的最大电压值。使用时,外加电压最大值一定要小于电容器的耐压,通常取额定工作电压的 2/3 以下。电容常用的额定工作电压有 6.3 V、10 V、16 V、25 V、63 V、100 V、160 V、250 V、400 V、630 V、1 000 V、1 600 V、2 500 V 等。

(3)绝缘电阻

电容器的绝缘电阻表示了电容器的漏电性能,在数值上等于加在电容器两端的电压除以漏电流。绝缘电阻越大,电容器质量越好。品质优良的电容器具有较高的绝缘电阻,一般都在 MΩ 数量级以上。电解电容器的绝缘电阻一般较低,漏电流较大。

4.电容器的标注

电容器的容量、误差和耐压都标注在电容器的外壳上,其标注方法有直标法、文字符号法、数字法和色标法。

(1)直标法

这种方法是将容量、偏差、耐压等参数值直接标注在电容体上,常用于电解电容器参数的标注。

(2)文字符号法

使用文字符号法时,容量的整数部分写在容量单位符号的前面,容量的小数部分写在容量单位符号的后面。例如:0.68 pF 写作 p68,6 800 pF 写作 6n8。

(3)数字法

在一些瓷介电容器上,常用三位数表示标称电容量,此方法以 pF 为单位。三位数字中,前两位表示标称值的有效数字,第三位表示有效数字后面零的个数,但如果最后一位为 9,则表示有效数字乘以 0.1。例如:电容器上所标数字为 103,则其容量为 10 000 pF=0.01 μF;若电容器上所标数字为 229,则其容量为 22×0.1 pF=2.2 pF。

(4)色标法

电容器色标法原则上与电阻器色标法相同。标识颜色的表示意义与电阻器采用的相同,其单位为 pF。电解电容器的耐压值有时也采用颜色表示:6.3 V 用棕色,10 V 用红色,16 V 用灰色,色点标识在正极。

电容器的误差标注方法有三种:一是将允许误差直接标注在电容体上,例如±5%、±10%、±20% 等;二是用相应的罗马数字表示,定为 I 级、II 级、III 级;三是用字母表示,J 表示±5%、K 表示±10%、M 表示±20%。

5.电容器的选用

(1)电容器类型的选择

在电源滤波、去耦电路中,应选用电解电容器;在高频、高压电路中,应选用瓷介电容器、云母电容器;在高频调谐电路中,应选用云母、陶瓷、有机薄膜介质等电容器;用作隔直流时,应选用纸介、涤纶、云母、电解电容器;在收音机谐振电路中,应选用空气介质或小型密封可变电容器。

(2)电容器耐压值的选择

电容器的额定直流工作电压应高于实际工作电压的 10%～20%,对工作电压稳定性较差的电路,可留有更大的余量,确保电容器不被损坏。

(3)容量误差的选择

对于振荡、延时电路,电容器的容量误差应尽可能小,选择的容量误差应小于 5%。对于低频耦合电路中的电容器,其容量误差可以选 10%～20%。

1.7.2　电容器的检测

电容器的常见故障是击穿短路、断路、漏电、容量变小、变质失效及破损等。电容器引线断线、电解液泄漏等故障可以从外观看出。对电容器内部质量的好坏,可以用仪器检查。常用的仪器有万用表、数字电容表和电桥等。一般情况下可以用万用表判别其好坏,对质量进行定性分析。

1.万用表检测电容器

(1)固定电容器漏电阻的测量

万用表置 $R \times 1$ k 或 $R \times 10$ k 挡(视电容器的容量而定,选择电阻挡的原则是当电容量较大时应使用低阻挡,电容量较小时应选高阻挡),用万用表表笔接触电容器的两极,表头指针应向顺时针方向(R 为零的方向)摆动(5 000 pF 以下的小电容看不出摆动),然后逐渐逆时针恢复,退至 $R \rightarrow \infty$ 处。如果不能复原,则稳定后的读数表示电容器漏电阻值,其值一般为几百至几千千欧,阻值越大表示电容器的绝缘电阻越大,其绝缘性越好。注意判别时不能用手指同时接触电容器的两个电极,以免影响判别结果。测量前应把电容器进行短路放电,否则可能观察不到变化情况。

(2)电容器容量的测量

5 000 pF 以上的电容器,可用万用表电阻挡粗略判别其容量的大小。用表笔接触电容器两极时,表头指针应先是一摆,然后逐渐复原。将两表笔对调以后,表头指针又是一摆,且摆得更多,然后逐渐复原,这就是电容器充、放电的情况。电容器容量越大,指针摆动幅度越大,复原的速度也越慢。根据指针摆动的大小可粗略判断电容器容量的大小。同时,所用万用表电阻挡越高,指针摆动的距离也应越大。若万用表指针不动,则说明电容器内部断路或失效。

(3)电解电容器极性的判别

根据电解电容器在正接时漏电流小、反接时漏电流大的特性可判别其极性。测试时,先用万用表测一下电解电容器漏电阻值,再将两表笔对调,测一下对调后的电阻值,通过比较,两次测试中漏电阻值小的一次,漏电流大,为反接,则黑表笔接的是负极,红表笔接的是正极。

也可以利用数字万用表的蜂鸣器挡快速检查电解电容器的质量好坏。蜂鸣器挡内装有蜂鸣器,当被测线路的电阻小于某一数值(通常为几十欧,具体电阻值视数字万用表型号而定),蜂鸣器即发出振荡声。将被测电解电容器的正极接红表笔,负极接黑表笔,应能听到一阵短促的蜂鸣声,随即声音停止,同时显示溢出符号。这是因为刚开始对电容器充电时充电电流较大,相当于通路,所以蜂鸣器响。随着电容器两端电压不断升高,充电电流迅速减小,蜂鸣器停止发声。再拨至 20 MΩ 或 200 MΩ 高阻挡测量电容器的漏电阻,即可判断其好坏。如果蜂鸣器一直响,则说明电解电容器内部短路。电解电容器的容量越大,蜂鸣器响的时间就越长。

(4)可变电容器的检测

对可变电容器主要是测其是否发生碰片短路现象。方法是用万用表的 $R \times 1$ 挡测量动片与定片之间的绝缘电阻,即用红、黑表笔分别接触动片和定片,然后慢慢旋转动片,如转到某一位置时,阻值为零,则表明有碰片短路现象,应予以排除;如将动片全部旋进或旋出,阻值皆为无穷大,则表明可变电容器良好。

2.电容表检测电容

要测出电容器准确的容量,可以用电容表测试。测试时,首先根据所测电容器容量的大小,选择合适的量程,再将电容器的两脚分别接到电容表两极,直接读出电容器的容量即可。

技术提示:

对于5 000 pF以下的小容量电容器,用万用表的最高电阻挡已看不出充、放电现象,应采用专门的仪器进行测试。

1.8 电感器

【知识导读】

电子电路中应如何识别和检测电感? 本节将介绍常见的电感及其简单的判别方法。

电感器是用漆包线在绝缘骨架上绕制而成的一种能够存储磁场能量的电子元件,又称电感线圈。电感器在电路中有通直流、阻交流,通低频、阻高频的作用。

1.8.1 基础知识

1.电感器的分类

电感器的分类很多。通常按电感器的形式可分为固定电感器、可变电感器和微调电感器;按磁体的性质可分为空芯线圈、磁芯线圈;按结构特点可分为单层线圈、多层线圈和蜂房线圈等。随工作频率的变化,电感器的骨架材料也有所不同,电源滤波器中的电感线圈用硅钢片做芯子,工作频率在几百千赫以上的电感线圈多以铁氧体做芯子,工作频率再高则以高频瓷做芯子或是空芯线圈。常见电感器的外形如图1.53所示。

图1.53 常用电感器的外形

图1.54是常用电感器的电路符号。

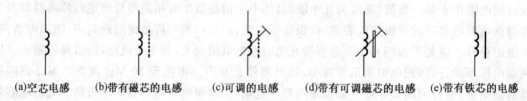

(a)空芯电感　　(b)带有磁芯的电感　　(c)可调的电感　　(d)带有可调磁芯的电感　　(e)带有铁芯的电感

图1.54 常用电感器的电路符号

2.电感器的主要参数

(1)电感量

电感线圈在电路中用字母L表示,电感量的单位为H,常用单位为mH。电感量是表示电感线圈电感数值大小的物理量,电感线圈表面所标的电感量为电感线圈电感量的标称值。线圈的实际电感量与

标称值之间的偏差与标称值之比的百分数称为电感线圈的误差。对于滤波、振荡电感线圈,允许误差为
0.2%～0.5%;对于一般耦合、扼流线圈等,允许误差为10%～20%。

（2）品质因数

线圈中存储能量与消耗能量的比值称为品质因数,用 Q 表示。如果线圈的损耗小,则 Q 值就高,回路的效率也越高;反之,损耗大,则 Q 值就小,回路的效率也越低。通常 Q 为几十到几百。

$$Q=\frac{\omega L}{R}=\frac{2\pi fL}{R} \tag{1.23}$$

（3）分布电容

线圈的匝间、线圈与底座之间均存在分布电容。它影响着线圈的有效电感量及其稳定性,并使线圈的损耗增大,质量降低,一般总希望分布电容尽可能小。

3. 常用电感器

（1）固定电感线圈

固定电感线圈是将铜线绕在磁芯上,然后再用环氧树脂或塑料封装起来。这种电感线圈的特点是体积小、质量轻、结构牢固、使用方便,在电视机、收音机中得到广泛的应用。

固定电感线圈的电感量可用数字直接标在外壳上,也可用色环表示。

固定电感器有立式和卧式两种,其电感量一般为 0.1～3 000 μH,电感量的允许误差分为Ⅰ、Ⅱ、Ⅲ三挡,即±5%、±10%、±20%,直接标在电感器上。其工作频率在 10 kHz～200 MHz 之间。

①单层线圈。单层线圈是用绝缘导线一圈圈地绕在纸筒或胶木骨架上制成的,其电感量较小,在几微亨至几十微亨之间。单层线圈通常使用在高频电路中,为了提高线圈的 Q 值,单层线圈的骨架常使用介质损耗小的陶瓷和聚苯乙烯材料制成。

②多层线圈。单层线圈的电感量小,在需要电感量超过 300 μH 的场合,就应采用多层线圈。多层线圈除了圈与圈之间有电容之外,层与层之间也有电容,因此多层线圈的分布电容大大增加。同时,线圈层与层之间的电压相差较多、层间绝缘较差时,容易发生跳火、绝缘击穿等问题。

③蜂房式线圈。多层线圈的缺点之一是分布电容较大。采用蜂房式绕制方法,可以减少线圈的固有电容。所谓蜂房式,即将被绕制的导线以一定的偏转角（19°～26°）在骨架上缠绕。通常,缠绕是由自动或半自动的蜂房式绕线机进行的。

④铁氧体磁芯和铁粉芯线圈。线圈的电感量大小与有无磁芯有关。在空芯线圈中插入铁氧体磁芯,可增加电感量和提高线圈的品质因数。加装磁芯后还可减小线圈的体积,减少损耗和分布电容。

（2）色码电感器

色码电感器是具有固定电感量的电感器,其电感量的标识方法与电阻一样以色环来标记。色码电感器在电子线路中主要用在振荡、滤波、阻流等场合。色码电感器的特点是体积小、质量轻、结构牢固。

（3）可变电感线圈

这种线圈改变电感量的方法是在线圈中插入磁芯或铜芯,通过改变磁芯或铜芯的位置,从而达到改变电感量的目的。还可以通过改变触头在线圈上的位置,达到改变电感量的目的。

（4）微调电感线圈

有些电路需要在较小的范围内改变电感量,用以满足整机调试的需要,如收音机中的中频调谐回路和振荡电路。本机振荡线圈就是这种微调线圈,当改变磁帽上下的相对位置时,可以改变电感量。

（5）扼流圈（阻流圈）

限制交流电通过的线圈称为扼流圈,可分为高频扼流圈和低频扼流圈。高频扼流圈在电路中用来阻止高频信号通过,让低频交流信号通过,如直放式收音机中用的就是高频扼流圈,它的电感量很小,一般只有几微亨。低频扼流圈又称为滤波线圈,一般由铁芯和线圈构成,它与电容器组成滤波电路,消除整流滤波后残存的交流成分,让直流信号通过,其电感量较大,一般为几亨。

（6）偏转线圈

偏转线圈是电视机扫描电路输出级的负载,要求其偏转灵敏度高、磁场均匀、Q 值高、体积小、价格低。

（7）多层片状电感器

多层片状电感器尺寸小、耐热性好、焊接性能好,闭合磁路结构使其不干扰周围元件,也不易受周围元件的干扰,有利于提高元件的封装密度,但其电感量和 Q 值较低。

（8）片式磁珠

片式磁珠是一种填充磁芯的电感器,在高频下其阻抗迅速增加,故它可以抑制各种电子线路中由电磁干扰源产生的电磁干扰杂波。它有小而薄和高阻抗的特性,适合波峰焊和回流焊,已广泛应用于各种电子产品中。

1.8.2 电感器的检测

外观检查,看线圈有无松散,引脚有无折断、氧化等。

用数字式万用表的 200 Ω 挡测量线圈的电阻,若电阻值很小即趋近于 0 Ω,则说明电感器内部存在短路;若阻值趋于∞,则说明电感器开路损坏;一般情况下电感线圈的直流电阻只有几欧姆,对于匝数较多的阻值在几十甚至几百欧姆。

>>>

技术提示:
若想测出电感线圈的准确电感量,必须使用万用电桥、高频 Q 表或数字式电感电容表。

重点串联 >>>

常用半导体元器件
- 无源元件
  - 电阻:用作分流器、分压器、耦合器件和负载等。
  - 电容:用于耦合、滤波、旁路、调谐和能量转换。
  - 电感:通直流、阻交流,通低频、阻高频的作用。
  - 二极管:正偏导通、反偏截止,具有单向导电性。
- 有源器件
  - 三极管:基极电流 i_B 控制集电极电流 i_C,属于电流控制器件。
  - 场效应管:栅源极电压 u_{GS} 控制漏极电流 i_D,属于电压控制器件。
  - 晶闸管:用微小的信号功率对大功率的电路进行控制和变换。

拓展与实训

基础训练 >>>

一、填空题

1.直流稳压电源一般由_____、_____、_____、_____四部分电路构成。

2.二极管具有_____性,加_____电压导通,加_____电压截止。

3.常温下,硅二极管的死区电压约为_____,导通后两端电压保持约_____不变;锗二极管的死区电压约为_____,导通后两端电压保持约_____不变。

4.二极管 2AP7 是_____类型,2CZ56 是_____类型,2CW56 是_____类型,1N4007 是_____类型,1N4148 是_____类型,1N5401 是_____类型。

5.三极管具有_____作用,即利用_____电流实现对_____电流的控制。

6.三极管用于电流放大时,应使发射结_____偏置,集电结_____偏置。

7.双极型三极管和单极型场效应管的导电机理_____。(是否相同)

8.晶闸管由_____状态变为_____状态所需要的最小门极电流,称为维持电流。

二、选择题

1.N 型半导体的多数载流子是电子,因此它应(   )。

A.带正电　　　　　　　B.带负电　　　　　　C.不带电

2.对 2CZ 型二极管,以下说法正确的是(   )。

A.适用于小信号检波　　B.适用于整流　　　　C.适用于开关电路

3.硅二极管正偏时,正偏电压 0.7 V 和正偏电压 0.5 V 时,二极管呈现的电阻值(   )。

A.相同　　　　　　　　B.不相同　　　　　　C.无法判断

4.稳压管反向击穿后,其后果为(   )。

A.永久性损坏

B.只要流过稳压管电流不超过规定值允许范围,管子无损

C.由于击穿而导致性能下降

5.关于发光二极管的叙述不正确的是(   )。

A.发光二极管有可见光二极管和不可见光二极管两类

B.发光波长决定发光的颜色

C.发光二极管具有二极管的单向导电性

D.红外发光二极管的结构、原理与普通发光二极管不同

6.当温度升高时,二极管的反向饱和电流将(   )。

A.增大　　　　　　　　B.不变　　　　　　　C.减小

7.测得电路中工作在放大区的某晶体管三个极的电位分别为 0 V、-0.7 V 和 -4.7 V,则该管为(   )。

A.NPN 型锗管　　　　B.PNP 型锗管　　　　C.NPN 型硅管　　　　D.PNP 型硅管

8.对某电路中一个 NPN 型硅管进行测试,测得 $U_{BE}<0,U_{BC}<0,U_{CE}>0$,则此管工作在(   )。

A.放大区　　　　　　　B.饱和区　　　　　　C.截止区

9.三极管具有开关特性的区域为(   )。

A.饱和区和截止区　　　　　　　　　B.放大区和截止区

C.放大区　　　　　　　　　　　　　D.饱和区和放大区

10.放大电路的实质是(   )。

A.阻抗变换　　　　B.电压变换　　　　C.能量转换　　　　D.信号匹配

三、计算题

1.图 1.55 所示电路中,$E=5$ V,$u_i=10\sin \omega t$ V,二极管的正向压降可忽略不计,试分别画出输出电压 u_o 的波形。

2.现有两只稳压管,稳压值分别是 6 V 和 10 V,正向导通电压为 0.7 V。试问:

(1)若将它们串联相接,则可得到几种稳压值,各为多少?

(2)若将它们并联相接,则又可得到几种稳压值,各为多少?

3.图 1.56 所示电路中,发光二极管的导通电压为 1.5 V,正向电流在 5~15 mA 时才能正常工作,试问 R 的取值范围是多少?

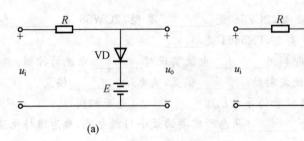

图 1.55 题 1 图

4.分别判断图 1.57 所示电路中晶体管是否有可能工作在放大状态。

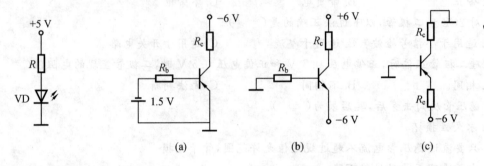

图 1.56 题 3 图

图 1.57 题 4 图

技能实训

实训 1 电阻的识别与检测

1.训练目的

(1)熟悉电阻和电位器的各种外形结构,掌握其标识方法。

(2)熟练掌握电阻和电位器的检测方法。

2.训练要求

(1)能正确使用万用表。

(2)能正确识别和检测常用电阻器。

3.训练内容和条件

(1)万用表一块,万用表的使用见附录 A2。

(2)各种不同标识、不同类型的电阻器若干。

(3)根据所给电阻器进行识别检测,将结果记录于表 1.13 中。

表 1.13　训练结果

名称	标识电阻值	误差	种类	实际测量值	备注
四环电阻器					
五环电阻器					
电位器 1					
电位器 2					
贴片电阻器					
光敏电阻器					
直标电阻器					

实训 2   普通二极管的识别与检测

1.训练目的

(1)熟悉各种二极管的外形结构,掌握其标识方法。

(2)学会用万用表测量二极管的极性与好坏。

2.训练要求

(1)能正确使用万用表。

(2)能正确识别和检测常用二极管。

3.训练内容和条件

(1)万用表一块。

(2)各种不同标识、不同类型的二极管若干(好的二极管2~3个,坏的二极管2~3个,常见类型的二极管均有)。

(3)根据所给二极管进行识别检测,将结果记录于表1.14中。

表 1.14   训练结果

名称	型号	极性识别	种类	好坏判断	备注
二极管 1					
二极管 2					
二极管 3					
二极管 4					
二极管 5					

实训 3   三极管的识别与检测

1.训练目的和要求

(1)熟悉各种三极管的外形结构,掌握其标识方法。

(2)学会用万用表检测三极管的引脚极性、类型和性能的好坏。

2.训练要求

(1)能正确使用万用表。

(2)能正确识别和检测常用三极管。

3.训练内容和条件

(1)万用表一块。

(2)各种不同标识、不同类型的三极管若干(好的三极管2~3个,坏的三极管2~3个,不同类型及大、小功率的三极管均有)。

(3)根据所给三极管进行识别检测,将结果记录于表1.15中。

表 1.15   训练结果

名称	型号	管脚识别	种类	好坏判断	备注
三极管 1					
三极管 2					
三极管 3					
三极管 4					
三极管 5					

实训4　电容的识别与检测

1.训练目的

(1)熟悉电容器的各种外形结构,掌握其标识方法。

(2)熟练掌握电容器的检测方法。

2.训练要求

(1)能正确使用万用表。

(2)能正确识别和检测常用电容器。

3.训练内容和条件

(1)万用表一块。

(2)各种不同标识、不同类型的电容器若干。

(3)根据所给电容器进行识别检测,将结果记录于表1.16中。

表1.16　训练结果

名称	标识电容值	误差	种类	好坏判断	备注
电解电容器1					
电解电容器2					
可调电容器					
无极性电容器1					
无极性电容器2					
贴片电容器1					
贴片电容器2					

模块 2
放大电路基础

知识目标

◆掌握基本放大电路的组成、基本组态、静态工作点的概念以及信号耦合方式；

◆掌握共射放大电路的组成及原理，并能采用图解法和小信号法分析共射放大电路；

◆理解共集电路和共基电路的组成及应用；

◆掌握场效应管放大电路、多级放大电路的原理及分析方法。

技能目标

◆能按要求设计共射放大电路，并能制作调试电路；

◆能使用低频信号发生器、示波器和万用表等仪器仪表测试电路。

课时建议

26 课时

课堂随笔

2.1 放大电路的基本知识

【知识导读】

放大电路又称放大器,是一种用来放大电信号的装置,是电子设备中广泛使用的一种电子线路。放大电路为什么能进行电信号的放大呢? 让我们从电路的基本组成开始学习。

2.1.1 放大电路的基本组成

无论哪种类型的放大电路一般都是由放大器件、直流偏置电路、耦合电路和负载组成,如图2.1所示。

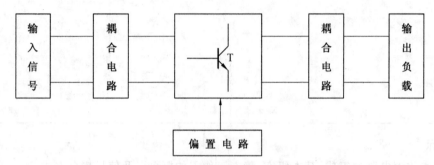

图 2.1 放大电路组成框图

第一部分是具有放大作用的半导体器件,如三极管、场效应管,它是整个电路的核心。

第二部分是直流偏置电路,其作用是保证半导体器件工作在放大状态。

第三部分是耦合电路,其作用是将输入信号源和输出负载分别连接到放大器的输入端和输出端。

第四部分是输出负载,其作用是接受放大电路输出信号,可由将电信号转换成非电信号的输出转换器构成,也可以是下一级电子电路的输入电阻。

(1)偏置电路

①在分立元件电路中,常用的偏置方式有分压偏置电路、自偏置电路等。

②偏置电路除了为放大管提供合适的静态工作点 Q 之外,还应具有稳定 Q 点的作用。

(2)耦合方式

为了保证信号不失真地放大,放大器与信号源、放大器与负载,以及放大器的级与级之间的耦合方式必须保证交流信号正常传输,且尽量减小有用信号在传输过程中的损失。

2.1.2 放大电路的主要性能指标

放大电路放大信号性能的优劣是用它的性能指标来衡量的。为了说明各指标的含义,将放大电路用图2.2所示有源四端网络表示,图中,$1-1'$端为放大电路的输入端,R_S为信号源内阻,U_S为信号源电压,此时放大电路的输入电压和电流分别为 U_i 和 I_i。$2-2'$端为放大电路输出端,接实际负载电阻 R_L,U_o、I_o 分别为放大电路输出电压和输出电流。

放大电路的主要性能指标有放大倍数、输入电阻、输出电阻等。

1. 放大倍数

放大倍数是衡量放大电路放大能力的指标。它定义为输出变量的赋值与输入变量的赋值之比,有时也称之为增益。它有电压放大倍数、电流放大倍数和功率等表示方法,其中电压放大倍数应用最多。

电压放大倍数用 A_u 表示,定义为 $\qquad A_u = u_o/u_i$ (2.1)

电流放大倍数用 A_i 表示,定义为 $\qquad A_i = i_o/i_i$ (2.2)

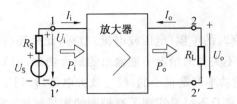

图 2.2 放大电路有源四端网络

功率放大倍数用 A_p 表示,定义为 $\qquad A_p = P_o/P_i \qquad$ (2.3)

工程上常用分贝(dB)来表示放大倍数,称为增益,它们的定义分别为

$$电压增益 \; A_u(dB) = 20 \lg |A_u|$$

$$电流增益 \; A_i(dB) = 20 \lg |A_i|$$

$$功率增益 \; A_p(dB) = 10 \lg A_p$$

例如,某放大电路的电压放大倍数 $|A_u| = 100$,则电压增益为 40 dB。

2. 输入电阻

作为一个放大电路,一定要有信号源来提供输入信号。例如扩大机就是利用话筒将声音转化成电信号提供给放大电路的。还有其他经过温度、压力等传感器变换后产生的各种各样的电信号源。放大电路与信号源相连,就要从信号源取电流。电流的大小表明了放大电路对信号源的影响程度,所以我们定义一个指标,来衡量放大电路对信号源的影响,称为输入电阻,定义为

$$R_i = u_i/i_i \qquad (2.4)$$

输入电阻 R_i 反映了它对信号源的衰减程度。R_i 越大,表明它从信号源取的电流越小,放大电路输入端所得到的电压 u_i 越接近信号电压 u_s。

3. 输出电阻

放大电路将信号放大后,总要送到某装置去发挥作用。这个装置我们通常称为负载,比如扬声器就是扩大机的负载。当我们在原来的扬声器两端再并联一个扬声器时,它两端的电压将下降,这种现象说明向放大电路的输出端看进去有一个等效内阻,通称为输出电阻,记为 R_o。

$$R_o = \frac{u_o}{i_o} \bigg|_{\substack{R_L = \infty \\ u_i = 0}} \qquad (2.5)$$

通常测定输出电阻的办法是在输入端加正弦波实验信号,测出负载开路时的输出电压 u'_o,再测出接入负载 R_L 时的输出电压 u_o。则有

$$R_o = (u'_o/u_o - 1)R_L \qquad (2.6)$$

输出电阻越大,表明接入负载后,输出电压的幅值下降越多。因此,R_o 反映了放大电路带负载能力的大小。

4. 通频带

当只改变输入信号的频率时,发现放大电路的放大倍数是随之变化的,输出波形的相位也发生变化。这就需要有一定的指标来反映放大电路对于不同频率信号的适应能力。一般情况下,放大电路只适用于放大一个特定频率范围的信号,当信号频率太高或太低时,放大倍数都有大幅度的下降。

当信号频率升高而使放大倍数下降为中频时放大倍数(记作 A_{um})的 70% 时,这个频率称为上限截止频率,记为 f_H。同样,使放大倍数下降为 A_{um} 的 70% 时的低频信号频率称为下限截止频率,记为 f_L。我们将 f_H 和 f_L 之间形成的频带称为通频带,记为 B_W,即

$$B_W = f_H - f_L \qquad (2.7)$$

通频带越宽,表明放大电路对信号频率的适应能力越强。对于收音机、扩大机来说,通频带宽意味着可以将原乐曲中丰富的高、低音都能完美地播放出来。

5.最大输出功率与效率

最大输出幅值是输出不失真时的单项(电压或电流)指标,此外还应该有一个综合性的指标即最大输出功率,它是在输出信号基本不失真的情况下能输出的最大功率,记为 P_{om} 。

前面我们说过,输入信号的功率都是很小的,经过放大电路,得到了较大的功率输出。这些多出来的能量是由电源提供的,放大电路只不过是实现了有控制的能量转换。既然是能量的转换,就存在转换效率的问题,也就是说,不能只看输出功率的大小,还应看能量的利用率如何。效率 η 定义为

$$\eta = P_{om}/P_v \tag{2.8}$$

式中, P_v 为直流电源消耗的功率。

放大电路除了上述指标外,针对不同的使用场合,还可以提出一些其他指标,如最大不失真输出电压、非线性失真系数等。

>>>

> **技术提示:**
>
> 在电子电路中,放大的对象是变化量,常用的测试信号是正弦波,要求输入信号在放大以后输出不失真。

2.2 三种基本组态放大电路 ‖

【知识导读】

如何用三极管把一个微弱的电压信号变换为一个较强的电压信号? 要解决这个问题,就需分析共射极放大电路的工作原理。共集放大电路常用于电压放大电路的输入级和输出级,是由什么特点决定的呢? 共基极放大电路只能放大电压不能放大电流,输入电阻小,电压放大倍数和输出电阻与共射电路相当,频率特性是三种接法中最好的电路,这样的电路能用在哪些场合呢?

2.2.1 共射极放大电路

1.电路的组成

如图 2.3 所示为 NPN 型晶体管构成的共射极放大电路。图中各元件的作用如下:

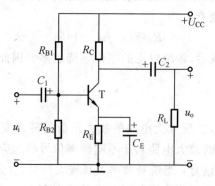

图 2.3 共射极放大电路

(1)晶体三极管 T

T 为放大元件,在电路中起着控制作用。它使集电极的电流随微弱的基极电流作相应的变化,即实现电流放大。

（2）电阻 R_C

R_C 为集电极电阻，其作用是把三极管 T 的电流放大作用转变为电压放大的形式，从而输出一个比输入电压大得多的电压值。R_C 一般在几千欧到几十千欧之间。

（3）电源 U_{CC}

其作用是通过 R_{B1}、R_{B2}、R_C、R_E 使晶体管获得合适的偏置，为晶体管的放大作用提供必要的条件。必须指出，放大电路把小能量的输入信号通过晶体三极管 T 的控制作用，变换成同样变化规律的大能量输出信号，这个大能量就是由集电极电源 U_{CC} 提供的。

（4）电阻 R_{B1}、R_{B2}、R_E、C_E

R_{B1}、R_{B2} 为基极偏置电阻，R_E 为发射极电阻以及旁路电容 C_E，用以短路交流，使 R_E 对放大电路的电压放大倍数不产生影响，故要求它对信号频率的容抗越小越好，因此，在低频放大电路中 C_E 通常采用电解电容。

2．直流分析

（1）静态值计算

放大电路中各点的电压或电流都是在静态直流上附加了小的交流信号，但是电路中的电容对交、直流所产生的作用不同。在放大电路中当 $u_i=0$ 时，各点电位将保持不变，这种状态称为静态。静态时电路中无变化量，电容相当于开路，电感相当于短路。分析电路时若只考虑直流信号工作的电路称为直流通路。

将图 2.3 所示电路中所有电容均断开即可得到该放大电路的直流通路，如图 2.4 所示。

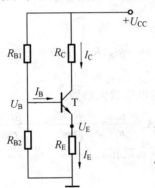

图 2.4 共射放大电路的直流通路

因为 I_B 电流极小可忽略，所以

$$U_{BQ}=\frac{R_{B2}}{R_{B1}+R_{B2}}U_{CC} \tag{2.9}$$

由式（2.9）可见，U_{BQ} 与对温度敏感的三极管无关，不随温度变化而变化，故 U_{BQ} 可以认为恒定不变。

$$I_{CQ}\approx I_{EQ}=\frac{U_{EQ}}{R_E}=\frac{U_{BQ}-U_{BEQ}}{R_E}\approx\frac{U_{BQ}}{R_E} \tag{2.10}$$

$$I_{BQ}=\frac{I_{CQ}}{\beta} \tag{2.11}$$

$$U_{CEQ}=U_{CC}-I_{CQ}R_C-I_{EQ}R_E\approx U_{CC}-I_{CQ}(R_C+R_E) \tag{2.12}$$

基本上认为三极管的静态工作点与三极管参数无关，达到稳定静态工作点的目的。同时，当选用不同 β 值的三极管时，工作点也近似不变，有利于调试和生产。

（2）静态工作点稳定原理

工作点稳定的实质：

① U_{BQ} 取决于 R_{B1} 和 R_{B2} 的分压，与温度变化无关，即 U_{BQ} 不随环境温度而变化。

②环境温度升高，导致静态 I_{CQ} 增大，通过发射极电阻 R_E 上的压降（$I_{CQ}R_E$）的增大反馈到输入回路和 U_{BQ} 比较（$U_{BEQ}=U_{BQ}-I_{CQ}R_E$），使 U_{BEQ} 下降，而 I_{BQ} 下降使 I_{CQ} 自动下降，牵制了 I_{CQ} 的变化，这就是负反馈的作用，即将输出量变化反馈到输入回路，削弱了输入信号。反馈元件是发射极电阻 R_E，其作用是稳定静态工作点。

3. 交流分析

图 2.3 所示电路中，由于 C_1、C_2、C_E 的容量均较大，可以认为它对交流不起作用，即对交流短路。直流电源 U_{CC} 的内阻很小，对交流也可视为短路，这样就可得到图 2.5（a）所示的交流通路。然后再将晶体管 T 用微变等效电路模型代入，便得到放大电路的微变等效电路，如图 2.5（b）所示。

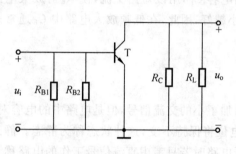 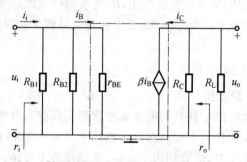

(a) 共射极放大电路的交流通路   (b) 共射极放大电路的微变等效电路

图 2.5 交流分析

（1）电压放大倍数 A_u

由图 2.5(b)可知

$$u_o = -\beta i_B(R_C // R_L) = -\beta i_B R_L'$$

$$u_i = i_B r_{BE}$$

式中，$R_L' = R_C // R_L$。所以，放大电路的电压放大倍数

$$A_u = \frac{u_o}{u_i} = \frac{-\beta i_B R_L'}{i_B r_{BE}} = -\frac{\beta R_L'}{r_{BE}} \tag{2.13}$$

式中，负号说明输出电压 u_o 与输入电压 u_i 反相。

（2）输入电阻 R_i

$$R_i = \frac{u_i}{i_i} = \frac{1}{\dfrac{1}{R_{B1}} + \dfrac{1}{R_{B2}} + \dfrac{1}{r_{BE}}} = R_{B1} // R_{B2} // r_{BE} \tag{2.14}$$

（3）输出电阻 R_o

由图 2.5(b)可见，当 $u_s = 0$ 时，$i_B = 0$，则 βi_B 开路，所以，放大电路输出端断开 R_L，接入信号电压 u，可得 $i = u/R_C$，因此放大电路的输出电阻

$$R_o = \frac{u}{i} = R_C \tag{2.15}$$

【例 2.1】 放大电路如图 2.6 所示，晶体管的 $\beta = 50$，求①估算放大电路的静态工作点；②画出微变等效电路；③A_u、R_i、R_o 和源电压放大倍数 A_{us}。

解 （1）静态工作点的计算

其微变等效电路如图 2.7 所示，根据式(2.9)~(2.12)可求得静态工作点为

$$U_{BQ}/V = \frac{R_{B2}}{R_{B1}+R_{B2}} \cdot U_{CC} = \frac{10}{33+10} \times 12 \approx 2.79$$

$$I_{CQ}/mA \approx I_{EQ} = \frac{U_{BQ}-U_{BEQ}}{R_E} = \frac{2.79-0.6}{0.2+1.3} = 1.46$$

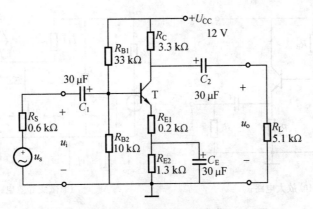

图 2.6　共射极放大电路

$$I_{BQ}/mA = \frac{I_{CQ}}{\beta} \approx \frac{1.46}{50} = 0.029$$

(2)微变等效电路

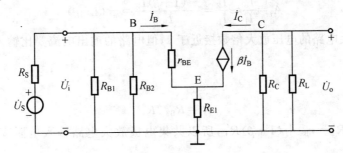

图 2.7　微变等效电路

(3)A_u、R_i、R_o 和源电压放大倍数 A_{us} 的计算

$$r_{BE}/\Omega = 200 + (1+\beta)\frac{26}{I_{EQ}} = 200 + 51 \times \frac{26}{1.46} \approx 1\,108$$

$$A_u = \frac{U_o}{U_i} = -\frac{\beta(R_C//R_L)}{r_{BE} + (1+\beta)R_{E1}} = -\frac{50 \times (3.3//5.1)}{1.108 + 51 \times 0.2} \approx -8.84$$

$$R_i/k\Omega = R_{B1}//R_{B2}//[r_{BE} + (1+\beta)R_{E1}] = 33//10//(1.108 + 51 \times 0.2) = 4.57$$

$$A_{us} = \frac{R_i}{R_S + R_i} \cdot A_u = -8.84 \times \frac{4.57}{0.6 + 4.57} \approx -7.81$$

$$R_o = R_C = 3.3 \text{ k}\Omega$$

2.2.2　共集电极电路

如图 2.8(a)所示是共集电极放大电路。信号从基极输入,射极输出,集电极是输入、输出的公共端。图 2.8 (b)为其微变等效电路。

1.电压放大倍数

因为

$$\dot{A} = \frac{\dot{U}_o}{\dot{U}_i} = \frac{(1+\beta)R'_L}{r_{BE} + (1+\beta)R_L} \quad (\text{其中 } R'_L = R_E//R_L) \tag{2.16}$$

通常 $(1+\beta)R'_L \gg r_{BE}$,所以共集电极放大电路的电压放大系数小于 1 而接近于 1,且共集电极放大电路基极输入电压与射极的输出电压相位相同,所以又称为射极跟随器。

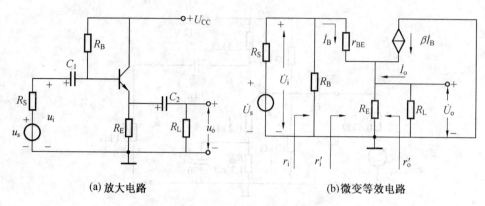

(a) 放大电路　　　　　　(b)微变等效电路

图 2.8　共集电极放大电路及微变等效电路

2.电流放大倍数

若考虑 $R_L = \infty$ 时,此时三极管的输出作为放大电路的输出,则 $R_o = R_E$,同时考虑到 $R_i \approx R_B$,则

$$\dot{A}_i = \frac{\dot{I}_o}{\dot{I}_i} \approx \frac{\dot{I}_E}{\dot{I}_B} = \frac{-(1+\beta)\dot{I}_B}{\dot{I}_B} = -(1+\beta) \tag{2.17}$$

尽管共集电极放大电路的电压放大倍数接近于1,但电路的输出电流要比输入电流大很多倍,所以电路有功率放大作用。

3.输入电阻

$$R_i = R_B // R_i' \tag{2.18}$$

由于式(2.18)中,$R_i' = r_{BE} + (1+\beta)R_L'$,所以共集电极放大电路输入电阻高,这是该电路的特点之一。

4.输出电阻

按戴维南等效电阻的计算方法,将信号源 u_s 短路,在输出端加电压源 U_2,其等效电路如图 2.9 所示。求出电流 I_2,则

$$R_o = \frac{\dot{U}_2}{\dot{I}_2}$$

$$\dot{I}_2 = \dot{I}' + \dot{I}'' + \beta \dot{I}'' = \frac{\dot{U}_2}{R_E} + (1+\beta) \cdot \frac{\dot{U}_2}{r_{BE} + R_S'}$$

则

$$R_o = R_E // (\frac{r_{BE} + R_S'}{1+\beta}) \tag{2.19}$$

其中 $R_S' = R_S // R_B$。R_o 是一个很小的值。输出电阻小也是共集电极放大电路的又一特点。

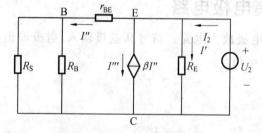

图 2.9　求 R_o 等效电路

综合上述,共集电极放大电路是一个具有高输入电阻、低输出电阻、电压增益近似为1、输入相位与输出同相位的放大电路。所以共集电极放大电路可用作输入级、输出级,也可作为缓冲级,以隔离前后

两级之间的相互影响。必须指出,负载电阻 R_L 对输入电阻 R_i 有影响;信号源电阻 R_S 对输出电阻 R_o 有影响。在组成多级放大电路时,应特别注意上述关系。

2.2.3 共基极电路

共基极放大电路的原理电路如图 2.10(a)所示,C_B 为基极旁路电容。图 2.10(b)为其交流通路。由交流通路可见,输入电压 U_S 加在发射极和地之间,输出电压 U_o 从集电极和地之间取出,输入回路和输出回路的公共端接基极,故称为共基极电路。

1. 静态分析

该电路的直流通路和图 2.4 所示电路完全相同,静态工作点的计算公式都适用。

2. 动态分析

(1)输入电阻

画出交流等效电路如图 2.10(c)所示。可见

$$U_i = I_B r_{BE}$$
$$I_E = (1+\beta) I_B$$

因此,输入电阻

$$r_i = R_E // r_i' = R_E // \frac{r_{BE}}{1+\beta} \approx \frac{r_{BE}}{1+\beta} \qquad (2.20)$$

由式(2.20)可知,共基极放大电路的输入电阻比共发射极电路的输入电阻要小得多。

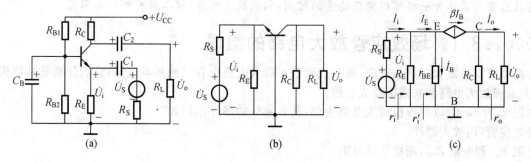

(a)　　　　　　　　　　　(b)　　　　　　　　　　　(c)

图 2.10　共基极放大电路

(2)电压放大倍数

$$A_u = \frac{U_o}{U_i} = \frac{\beta I_B (R_L // R_C)}{I_B r_{BE}} = \frac{\beta R_L'}{r_{BE}} \qquad (2.21)$$

可以看出,共基极放大电路与共发射极放大电路的电压放大倍数表达式仅差一个负号,说明共基极放大电路输出电压与输入电压同相。

(3)输出电阻

$$r_o = R_C \qquad (2.22)$$

【例 2.2】　图 2.10(a)中,$R_C = 3\ k\Omega$,$R_L = 3\ k\Omega$,$R_{B1} = 20\ k\Omega$,$R_{B2} = 5\ k\Omega$,$R_E = 1\ k\Omega$,$r_{BE} = 1\ k\Omega$,$\beta = 40$。计算 A_u、r_i、r_o。

解　因为

$$R_L' / k\Omega = R_C // R_L = \frac{3 \times 3}{3+3} = 1.5$$

所以电压放大倍数

$$A_u = \frac{U_o}{U_i} = \frac{\beta R_L'}{r_{BE}} = \frac{40 \times 1.5}{1} = 60$$

因为

$$r'_i = \frac{r_{BE}}{1+\beta} = \frac{1}{1+40} k\Omega = 0.024\ k\Omega = 24\ \Omega$$

所以输入电阻

$$r_i = R_E // r'_i \approx r'_i = 24\ \Omega$$

输出电阻为

$$r_o = R_C = 3\ k\Omega$$

由上述分析知,共基极电路的输入电阻非常小,在要求高输入阻抗的情况下是不合适的。共基极电路的最大特点之一是频率特性好,所以在高频率电路中,如振荡器等电路中,共基极电路用得较多。

> **技术提示：**
> 　　集电极放大电路从信号源索取的电流小而且带负载能力强,常用于多级放大电路的输入级和输出级;也可用它连接两电路,起缓冲作用。
> 　　共基极放大电路的电压增益较高,其输出电压与输入电压的相位相同。输入电阻较小,输出电阻较大。

2.3 场效应管放大电路

【知识导读】

场效应管与晶体管一样可以实现能量的控制,构成放大电路,但二者有哪些不同呢?

2.3.1 场效应管放大电路的组成

与晶体管基本放大电路相对应,场效应管基本放大电路也有三种基本组态,它们分别是共源极放大电路、共漏极放大电路和共栅极放大电路。

如图 2.11 所示,以共源极放大电路为例,其各部分的器件作用如下。

场效应管 T:放大器件。

电阻 R_{G1} 和电阻 R_{G2}:栅极分压电阻。

直流电源 U_{DD}:放大电路直流电源。

电阻 R_{G3}:为提高输入电阻而加入的大电阻。

电阻 R_D:漏极电阻。

电阻 R_S:源极电阻,也称自偏压电阻。

电容 C_S:源极旁路电容。

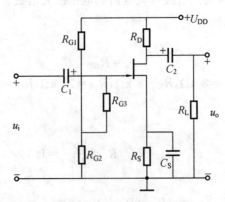

图 2.11 共源极放大电路

◈◈◈ 2.3.2 场效应管放大电路的分析

1. 偏置电路

为了使场效应管能够起放大作用,需要给场效应管设置合适的静态工作点,由于场效应管是电压控制器件,因此它需要合适的栅极电压。场效应管放大电路中最常见的两种偏置电路是自给偏压电路和分压式自偏压电路。

(1)自给偏压电路

如图 2.12 所示为自给偏压电路。

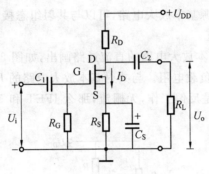

图 2.12　自给偏压电路

由漏极回路写出方程

$$U_{DS} = U_{DD} - I_D(R_D + R_S)$$

$U_{DS} = 0$ V 时

$$I_D/mA = \frac{U_{DD}}{R_D + R_S} = \frac{15}{2 + 1.2} \approx 4.7$$

$I_D = 0$ mA 时

$$U_{DS} = 15 \text{ V}$$

场效应管的 I_D 和 U_{GS} 之间的关系为

$$I_D = I_{DSS}\left(1 - \frac{U_{GS}}{U_P}\right) \tag{2.23}$$

式中,I_{DSS} 为饱和漏极电流,U_P 为夹断电压,可由手册查出。

(2)分压式自偏压电路

如图 2.13 所示,该电路适合于增强型和耗尽型 MOS 管和结型场效应管。为了不使分压电阻 R_1、R_2 对放大电路的输入电阻影响太大,故通过 R_G 与栅极相连。

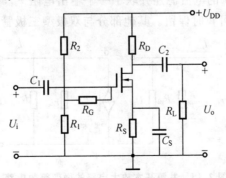

图 2.13　适合于增强型和耗尽型 MOS 管和结型场效应管的电路

电路的栅源电压为

$$U_{GS} = U_G - U_S = \frac{R_1}{R_2 + R_1} U_{DD} - I_D R_S \tag{2.24}$$

求解静态工作点时,需联立解下面方程组

$$\begin{cases} U_{GS} = \dfrac{R_1}{R_1 + R_2} U_{DD} - I_D R_S \\ I_D = I_{DSS} \left(1 - \dfrac{U_{GS}}{U_P}\right)^2 \end{cases} \tag{2.25}$$

2. 三种组态电路的分析

(1) 共源组态基本放大电路

对于采用场效应三极管的共源基本放大电路,可以与共射组态接法的基本放大电路相对应,只不过场效应三极管是电压控制电流源。

① 直流通路分析 。将共源基本放大电路的直流通路画出,如图 2.14 所示。图中 R_{g1}、R_{g2} 是栅极偏置电阻,R 是源极电阻,R_d 是漏极负载电阻。与共射基本放大电路的 R_{b1},R_{b2},R_e 和 R_c 分别一一对应,而且只要结型场效应管栅源 PN 结是反偏工作,无栅流,那么 JFET 和 MOSFET 的直流通路和交流通路是一样的。

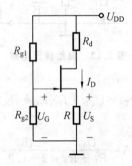

图 2.14　共源基本放大电路的直流通路

根据图 2.14 所示,可写出下列方程

$$\begin{cases} U_G = U_{DD} R_{g2} / (R_{g1} + R_{g2}) \\ U_{GSQ} = U_G - U_S = U_G - I_{DQ} R \\ I_{DQ} = I_{DSS} [1 - (U_{GSQ} / U_{GSoff})]^2 \\ U_{DSQ} = U_{DD} - I_{DQ} (R_d + R) \end{cases} \tag{2.26}$$

由此可以解出 U_{GSQ}、I_{DQ} 和 U_{DSQ}。

② 交流分析。画出共源基本放大电路的微变等效电路,如图 2.15 所示。与双极型三极管相比,输入电阻无穷大,相当于开路。U_{ccs} 的电流源还并联了一个输出电阻 r_{ds},在双极型三极管的简化模型中,因输出电阻很大视为开路,在此可暂时保留。其他部分与双极型三极管放大电路情况一样。

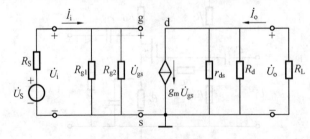

图 2.15　共源基本放大电路的微变等效电路

a. 电压放大倍数。由于输出电压为

$$\dot{U}_o = -g_m \dot{U}_{gs}(r_{ds}//R_d//R_L)$$

$$\dot{A}_v = -g_m \dot{U}_{gs}(r_{ds}//R_d//R_L)/\dot{U}_{gs} = -g_m(r_{ds}//R_d//R_L) = -g_m R'_L \qquad (2.27)$$

如果有信号源内阻 R_S 时,有

$$\dot{A}_v = -g_m R'_L R_i/(R_i + R_S) \qquad (2.28)$$

式中,R_i 是放大电路的输入电阻。

b. 输入电阻

$$R_i = \dot{U}_i/\dot{I}_i = R_{g1}//R_{g2} \qquad (2.29)$$

c. 输出电阻

为计算放大电路的输出电阻,可按双口网络计算原则将放大电路画成图 2.16 所示的形式。

将负载电阻 R_L 开路,并想象在输出端加上一个电源 $\dot{U}_o$,将输入电压信号源短路,但保留内阻。然后计算 $\dot{I}_o$,于是 $R_o = \dot{U}_o/\dot{I}_o = r_{ds}//R_d$。

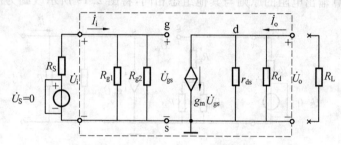

图 2.16 计算 R_o 的电路模型

(2)共漏组态基本放大电路

共漏组态基本放大电路如图 2.17 所示,其直流工作状态和动态分析如下。

①直流分析。将共漏组态接法基本放大电路的直流通路画于图 2.18 所示之中,于是有

$$\begin{cases} U_G = U_{DD}R_{g2}/(R_{g1}+R_{g2}) \\ U_{GSQ} = U_G - U_S = U_G - I_{DQ}R \\ I_{DQ} = I_{DSS}[1-(U_{GSQ}/U_{GSoff})]^2 \\ U_{DSQ} = U_{DD} - I_{DQ}R \end{cases} \qquad (2.30)$$

由此可以解出 U_{GSQ}、I_{DQ} 和 U_{DSQ}。

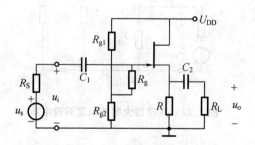

图 2.17 共漏组态放大电路

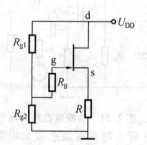

图 2.18 共漏放大电路的直流通路

②交流分析。将图 2.17 所示的共漏组态基本放大电路的微变等效电路画出,如图 2.19 所示。

a. 电压放大倍数。由图 2.19 所示可知

$$\dot{A}_U = \frac{\dot{U}_o}{\dot{U}_i} = \frac{g_m \dot{U}_{gs}(r_{ds}//R//R_L)}{\dot{U}_{gs} + g_m \dot{U}_{gs}(r_{ds}//R//R_L)} = \frac{g_m R'_L}{1+g_m R'_L} \qquad (2.31)$$

式中,$R'_L = R//R_L$。

$\dot{A}_U$ 为正,表示输入与输出同相,当 $g_m R'_L \gg 1$ 时,$\dot{A}_U \approx 1$。

比较共源和共漏组态放大电路的电压放大倍数公式,分子都是 $g_m R'_L$,分母对共源放大电路是 1,对

共漏放大电路是 $1+g_m R'_L$。

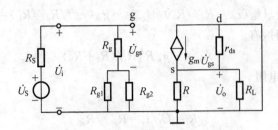

图 2.19 共漏放大电路的微变等效电路

b. 输入电阻。

$$R_i = R_g + (R_{g1} // R_{g2}) \tag{2.32}$$

c. 输出电阻。计算输出电阻的原则与其他组态相同,将图 2.19 所示改画为图 2.20。

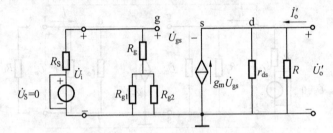

图 2.20 求输出电阻的微变等效电路

$$I_o = \frac{\dot{U}_o}{(R//r_{ds})} - g_m \dot{U}_{gs} = \dot{U}_o / [R//r_{ds}//(1/g_m)] \quad \dot{U}_o = -\dot{U}_{gs} \tag{2.33}$$

$$R_o = \frac{\dot{U}_o}{\dot{I}_o} = R//r_{ds}//(1/g_m) = \frac{R//r_{ds}}{1+(R//r_{ds})g_m} \approx \frac{R}{1+g_m R} = R//\frac{1}{g_m}$$

(3)共栅组态基本放大电路

共栅组态放大电路如图 2.21 所示,其微变等效电路如图 2.22 所示。

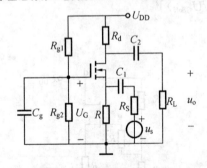

图 2.21 共栅组态放大电路

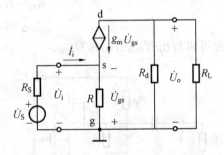

图 2.22 共栅放大电路微变等效电路

①直流分析。与共源组态放大电路相同。

②交流分析。

a. 电压放大倍数

$$\dot{A}_U = \frac{\dot{U}_o}{\dot{U}_i} = \frac{-g_m \dot{U}_{gs}(R_d//R_L)}{-\dot{U}_{gs}} = g_m(R_d//R_L) = g_m R_L \tag{2.34}$$

b. 输入电阻

$$R_i = \frac{\dot{U}_i}{\dot{I}_i} = \frac{-\dot{U}_{gs}}{-\frac{\dot{U}_{gs}}{R} - g_m \dot{U}_{gs}} = \frac{1}{\frac{1}{R} + g_m} = R//\frac{1}{g_m} \tag{2.35}$$

c.输出电阻

$$R_\text{o} \approx R_\text{d} \tag{2.36}$$

技术提示：

　　场效应管放大电路的共源法、共漏接法与晶体管放大电路的共射极、共集电极接法相对应，但比晶体管电路输入电阻高、噪声系数低、电压放大倍数小，适用于做电压放大电路的输入级。

2.4 多级放大电路 ▥

【知识导读】

　　为什么电子测量仪表中的毫伏交流表可以检测 mV 级及以下的信号？若仪表内部放大电路采用单级放大，输出功率将不足以推动执行机构带动指针偏转。为了推动指针工作，就需把若干单级放大电路串联起来组成多级放大电路，目的是对微弱信号连续放大，使输出具有一定电压幅值和足够大的功率，推动负载工作。故需要多级放大电路以实现电子设备检测微弱信号的目的。

2.4.1 多级放大电路的组成

　　在实际应用中，常对放大电路的性能提出多方面的要求。例如，要求一个放大电路输入电阻大于 2 MΩ，电压放大倍数大于 2 000，输出电阻小于 1 000 Ω 等，仅靠前面所讲的任何一种放大电路都不可能同时满足上述要求。这时，就可以选择多个基本放大电路，并将它们合理连接，从而构成多级放大的电路。

　　由于单级放大电路的放大倍数有限，不能满足实际的需要，因此实用的放大电路都是由多级组成的。通常可分为两大部分，即电压放大（小信号放大）和功率放大（大信号放大），如图 2.23 所示为多级放大电路的组成框图。前置级一般根据信号源是电压源还是电流源来选定，它与中间级主要的作用是放大信号电压。中间级一般都用共发射极电路或组合电路组成。末级要求有一定的输出功率供给负载 R_L，称为功率放大器，一般用共集电极电路或互补推挽电路，有时也用变压器耦合放大电路。

图 2.23　多级放大电路的组成框图

2.4.2 多级放大电路的耦合方式

　　多级放大电路中通过耦合电路使前后级联系起来。通常采用的耦合方式有四种，即直接耦合、阻容耦合、变压器耦合和光电耦合。

1.直接耦合多级放大电路

　　直接耦合多级放大电路适合传递、放大缓慢变化的直流信号，一般直接耦合放大器又称为直流放大器。如图 2.24 所示为两级直接耦合放大电路。

(1)电路的特点

①电路优点。

a.电路中没有外加电抗元件,具有良好的低频特性,可以放大变化缓慢的信号。

b.由于电路中没有大容量电容,所以易于将全部电路集成在一片硅片上,构成集成放大电路。

②电路缺点。

a.各级的静态工作点不是独立的,因而静态工作点相互影响,这样就给电路的分析、设计和调试带来一定的困难。

b.零点漂移严重,尤其是当第一级产生一定零点漂移时,经后面各级逐渐放大,最终会产生严重的零点漂移。

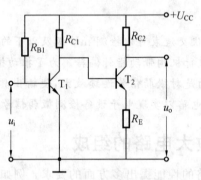

图 2.24 两级直接耦合放大电路

(2)零点漂移

零点漂移是直接耦合多级放大电路存在的一个特殊问题。所谓零点漂移的是指多级放大电路在输入端短路(即没有输入信号输入时),用灵敏的直流表测量输出端,也会有变化缓慢的输出电压产生,称为零点漂移现象。

如图 2.25 所示,零点漂移的信号会在各级放大的电路间传递,经过多级放大后,在输出端成为较大的信号。如果有用信号较弱,存在零点漂移现象的直接耦合放大电路中,漂移电压和有效信号电压混杂在一起被逐级放大,当漂移电压大小可以和有效信号电压相比时,是很难在输出端分辨出有效信号的电压。在漂移现象严重的情况下,往往有效信号会被"淹没",使放大电路不能正常工作。因此,在直接耦合多级放大电路中必须找出抑制零漂的方法。

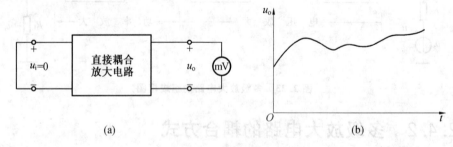

图 2.25 零点漂移现象

①零点漂移产生的原因。产生零点漂移的原因很多,主要有三个方面:一是直流电源电压的波动;二是电路元件的老化;三是半导体器件随温度变化而产生变化。前两个因素造成零点漂移较小,实践证明,温度变化是产生零点漂移的主要原因,也是最难克服的因素,这是由于半导体器件的导电性对温度非常敏感,而温度又很难维持恒定造成的。

②抑制零点漂移的措施。抑制零点漂移的措施具体有以下几种:

a.选用高质量的硅管。硅管的 I_{CBO} 要比锗管小好几个数量级,因此目前高质量的直流放大电路几

乎都采用硅管。

　　b.在电路中引入直流负反馈,稳定静态工作点。

　　c.采用温度补偿的方法,利用热敏元件来抵消放大管的变化。在分立元件组成的电路中常用二极管补偿方式来稳定静态工作点。此方法简单实用,但效果不尽理想,适用于对抑制温漂要求不高的电路。

　　d.采用调制手段,调制是指将直流变化量转换为其他形式的变化量(如正弦波幅度的变化),并通过漂移很小的阻容耦合电路放大,再设法将放大了的信号还原为直流成分的变化。这种方式电路结构复杂、成本高、频率特性差。

　　e.利用两只型号和特性都相同的晶体管来进行补偿,收到了较好的抑制零点漂移的效果,这就是差动放大电路。在直接耦合放大电路中,抑制零点漂移最有效的方法是采用差动式放大电路。

　　2.阻容耦合多级放大电路

　　阻容耦合多级放大电路又称为电容耦合多级放大电路,如图 2.26 所示为两级阻容耦合放大电路,第一级为共射放大电路,第二级为共集放大电路。

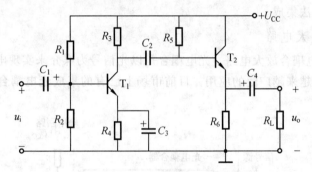

图 2.26　两级阻容耦合放大电路

　　由于电容对直流量的电抗为无穷大,因而阻容耦合放大电路各级之间的直流通路各不相通,各级的静态工作点相互独立,在求解或实际调试 Q 点时可按单级处理。

　　(1)阻容耦合多级放大电路的优点

　　①各级的直流工作点相互独立。由于电容器隔直流而通交流,所以它们的直流通路是相互隔离、相互独立的,这样就给设计、调试和分析带来很大方便。

　　②在传输过程中,交流信号损失少。只要耦合电容选得足够大,则较低频率的信号也能由前级几乎不衰减地加到后级,实现多级放大。

　　③电路的零点漂移小。

　　④体积小,成本低。

　　(2)阻容耦合多级放大电路的缺点

　　①因大电容很难集成到芯片中,故阻容耦合多级放大电路无法集成。

　　②当信号频率较低时,信号在电容上的衰减较大,故其低频特性较差。

　　3.变压器耦合多级放大电路

　　将多级放大电路前级的输出端通过变压器接到后级的输入端或负载电阻上,称为变压器耦合多级放大电路。如图 2.27 所示为变压器耦合多级放大电路,其中 R_L 既可以是实际的负载电阻,也可以看作后级放大电路。

　　(1)变压器耦合多级放大电路的优点

　　①变压器耦合多级放大电路前后级的静态工作点是相互独立、互不影响的,因为变压器不能传送直流信号。

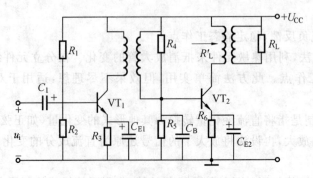

图 2.27　变压器耦合多级放大电路

②变压器耦合多级放大电路基本上没有温漂现象。

③变压器在传送交流信号的同时,可以实现电流、电压以及阻抗变换。

(2)变压器耦合多级放大电路的缺点

①高频和低频性能都很差。

②体积大,成本高,无法集成。

4.光电耦合多级放大电路

如图 2.28 所示为光电耦合放大电路。光电耦合是以光信号为媒介来实现电信号的耦合和传递的,因其抗干扰能力强而得到越来越广泛的应用。目前市场上已有的集成光电耦合放大电路,具有较强的放大能力。

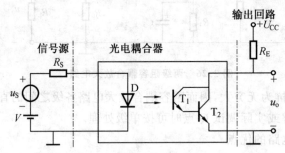

图 2.28　光电耦合放大电路

技术提示:

　　由于集成放大电路的应用越来越广泛,只有在特殊需要下,由分立元件组成的放大电路中才可能采用阻容耦合方式。

2.4.3　多级放大电路的分析

分析多级放大电路的基本方法是:化多级电路为单级,然后逐级求解。化解多级电路时要注意,后一级电路的输入电阻作为前一级电路的负载电阻;或者,将前一级输出电阻作为后一级电路的信号源内阻。

1.电压放大倍数

一个 n 级放大电路的电流等效电路可用如图 2.29 所示的方框图表示。由图可知,放大电路中前级的输出电压就是后级的输入电压。所以,多级放大电路的电压放大倍数为

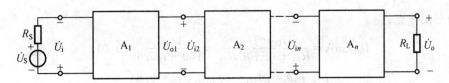

图 2.29　多级放大电路方框图

$$\dot{A}_u = \frac{\dot{U}_o}{\dot{U}_i} = \frac{\dot{U}_{o1}}{\dot{U}_i} \cdot \frac{\dot{U}_{o2}}{\dot{U}_{i2}} \cdot \cdots \cdot \frac{\dot{U}_o}{\dot{U}_{in}} = \prod_{j=1}^{n} \dot{A}_{uj} \qquad (2.37)$$

式(2.37)表明,多级放大电路的电压放大倍数等于组成它的各级放大电路电压放大倍数之积。对于第一级到第 $n-1$ 级,每一级的放大倍数均应该是以后级输入电阻作为负载时的放大倍数。

2.输入电阻和输出电阻

多级放大电路的输入电阻就是第一级放大电路的输入电阻,其输出电阻就是最后一级放大电路的输出电阻,即

$$R_i = R_{i1} \qquad (2.38)$$

有时第一级的输入电阻也可能与第二级电路有关,最后一级的输出电阻也可能与前一级电路有关,这就取决于具体电路结构。

根据放大电路输出电阻的定义,多级放大电路的输出电阻等于最后一级的输出电阻,即

$$R_o = R_{on} \qquad (2.39)$$

应当注意,当共集放大电路作为输入级(即第一级)时,它的输入电阻与其负载,即第二级的输入电阻有关;而当共集放大电路作为输出级(即最后一级)时,它的输出电阻与其信号源内阻,即倒数第二级的输出电阻有关。

当多级放大电路的输出波形产生失真时,应首先确定是在哪一级先出现的失真,然后再判断产生了饱和失真,还是截止失真。

【例 2.3】　如图 2.30 所示为三级放大电路。已知:三极管的电流放大倍数均为 $\beta = 50$。

$$U_{CC} = 15 \text{ V}, R_{B1} = 150 \text{ k}\Omega, R_{B22} = 100 \text{ k}\Omega, R_{B21} = 15 \text{ k}\Omega, R_{B32} = 100 \text{ k}\Omega$$

$$R_{B31} = 22 \text{ k}\Omega, R_{E1} = 20 \text{ k}\Omega, R'_{E2} = 100 \text{ k}\Omega, R_{E2} = 750 \text{ k}\Omega, R_{E3} = 1 \text{ k}\Omega$$

$$R_{C2} = 5 \text{ k}\Omega, R_{C3} = 3 \text{ k}\Omega, R_L = 1 \text{ k}\Omega$$

试求电路的静态工作点 Q、电压放大倍数、输入电阻和输出电阻。

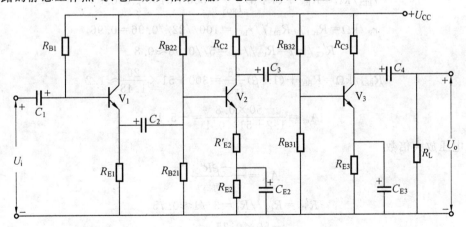

图 2.30　三级放大电路

解　(1)求解静态工作点 Q:

如图 2.30 中,放大电路的第一级是射极输出器,第二、三级都是具有电流反馈的工作点稳定电路,均是阻容耦合,所以各级静态工作点均可单独计算。

第一级静态工作点：

$$I_{BQ}/mA = \frac{U_{CC} - U_{BE}}{R_{B1} + (1+\beta)R_{E1}} = \frac{14.3}{150 + 1\,020} \approx 0.012$$

$$I_{CQ}/mA = \beta I_{BQ} = 50 \times 0.012 = 0.61$$

$$U_{CEQ}/V \approx U_{CC} - I_{CQ}R_{E1} = 15 - 0.61 \times 20 = 2.8$$

$$U_{B2}/V = \frac{R_{B21}}{R_{B21} + R_{B22}}U_{CC} = \frac{15}{15+100} \times 15 \approx 1.96$$

第二级静态工作点：

$$U_{E2}/V = U_{B2} - U_{BE} = 1.26$$

$$I_{EQ2}/\mu A = \frac{U_E}{R_{E2} + R'_{E2}} = \frac{1.26}{0.85} \approx 1.48 \approx I_{CQ2}$$

$$U_{CEQ2}/V \approx U_{CC} - I_{CQ2}(R_{E2} + R'_{E2} + R_{C2}) = 6.3$$

第三级静态工作点：

$$U_{B3}/V = \frac{R_{B31}}{R_{B31} + R_{B32}}U_{CC} = \frac{22}{100+22} \times 15 \approx 2.7$$

$$U_{E3}/V = U_{B3} - U_{BE} = 2.7 - 0.7 = 2$$

$$I_{EQ3}/mA = \frac{U_{E3}}{R_{E3}} = \frac{2}{1} \approx I_{CQ3}$$

$$U_{CEQ3}/V \approx U_{CC} - I_{CQ3}(R_{E3} + R_{C3}) = 7$$

(2)多级电路的电压放大倍数为

$$A_u = A_{u1} \cdot A_{u2} \cdot A_{u3}$$

其中,第一级是射极输出级,其电压放大倍数

$$A_{u1} = \frac{(1+\beta)R'_{E1}}{r_{BE1} + (1+\beta)R'_{E1}} \approx 1$$

第二级电压放大倍数

$$A_{u2} = \frac{-\beta R'_{C2}}{r_{BE2} + (1+\beta)R'_{E2}}$$

$$r_{BE3}/k\Omega = R_{BB'} + (1+\beta)\frac{26}{I_{EQ3}} = 300 + 51 \times \frac{26}{2} = 0.96$$

$$r_{i3}/k\Omega = R_{B31}//R_{B32}//r_{BE3} = 100//22//0.96 = 0.96$$

$$R'_{C2}/k\Omega = R_{C2}//r_{i3} = 5//0.96 \approx 0.8$$

$$R_{BE2}/k\Omega = R_{BB'} + (1+\beta)\frac{26}{I_{EQ2}} = 300 + 51 \times \frac{26}{1.48} \approx 1.2$$

$$A_{u2} = \frac{-50 \times 0.8}{1.2 + 51 \times 0.1} = -5.13$$

第三级电压放大倍数

$$A_{u3} = -\frac{-\beta R'_{C3}}{r_{BE3}}$$

$$R'_{C3} = R_{C3}//R_L = 3//1 \approx 0.75$$

$$A_{u3} = \frac{-50 \times 0.75}{0.96} = -39.06$$

所以

$$A_u = A_{u1} \cdot A_{u2} \cdot A_{u3} = 1 \times 5.13 \times 39.06 \approx 200$$

(3)输入电阻为第一级输入电阻,即

$$r_i/k\Omega = r_{i1} = R_{b1}//r'_{i1} = 150//178 \approx 81$$

$$r'_{i1}/k\Omega = r_{BE1} + (1+\beta)R'_{E1} = 178$$

$$R'_{E1}/k\Omega = R_{E1}//r_{i2} = 3.45$$

$$r_{i2}/k\Omega = R_{B21}//R_{B22}//[r_{BE2} + (1+\beta)R'_{E2}] = 100//15//6.3 \approx 4.17$$

$$r_{BE1}/k\Omega = R_{BB'} + (1+\beta)\frac{26}{I_{EQ1}} = 300 + 51\frac{26}{0.61} \approx 2.48$$

（4）输出电阻为第三级的输出电阻，即

$$r_o = r_{o3} = R_{c3} = 3 \text{ k}\Omega$$

重点串联 ▶▶▶

1. 放大电路的组成

放大电路
- 晶体管基本放大电路
  - 共射极放大电路
    - 电流放大作用
    - 电压放大作用 → 适用于一般放大
  - 共集极放大电路：仅有电流放大作用 → 用于输入级
  - 共基极放大电路：仅有电压放大作用 → 用于宽频带放大电路
- 场效应管放大电路
  - 共源接法 ⟺相对应⟹ 共射极放大电路
  - 共漏接法 ⟺相对应⟹ 共集极放大电路

2. 放大电路的三种常用组态

	共射电路	共基电路	共集电路
A_i	$-\dfrac{\beta R'_L}{r_{BE}}$（大）	$\dfrac{\beta R'_L}{r_{BE}}$（大）	$\dfrac{(1+\beta)R'_L}{r_{BE}+(1+\beta)R'_L} \approx 1$
R_i	$R_{B1}//R_{B2}//r_{BE}$（中）	$R_E//\dfrac{r_{BE}}{1+\beta}$（小）	$R_{B1}//R_{B2}//[r_{BE}+(1+\beta)R'_L]$（大）
R_o	R_C（中）	R_C（大）	$R_E//\dfrac{r_{BE}+R_{B1}//R_{B2}//R_S}{1+\beta}$（小）
A_{i1}	β（大）	$-\sigma \approx -1$	$-(1+\beta)$（大）
特点	输入、输出反相 既有电压放大作用 又有电流放大作用	输入、输出同相 有电压放大作用 无电流放大作用	输入、输出同相 有电流放大作用 无电压放大作用
应用	作为多级放大器 的中间级，提供增益	作为电流接续器 构成组合放大电路	作为多级放器的输入级、 中间级、隔离级

拓展与实训

▶ 基础训练 ◆◆◆◆

一、填空题

1.放大器的功能是把_____电信号转化为_____的电信号,实质上是一种能量转换器,它将_____电能转换成_____电能,输出给负载。

2.基本放大电路中的三极管作用是进行电流放大,三极管工作在_____区是放大电路能放大信号的必要条件,为此,外电路必须使三极管发射结_____偏,集电结_____偏;且要有一个合适的_____静态工作点_____。

3.基本放大电路三种组态是_____、_____和_____。

4.用来衡量放大器性能的主要指标有_____、_____、_____。

5.放大器的基本分析方法主要有两种:_____、_____。

6.从放大器_____端看进去的_____称为放大器的输入电阻。而放大器的输出电阻是去掉负载后,从放大器_____端看进去的_____。

7.直流通路而言,放大器中的电容可视为_____,电感可视为_____,信号源可视为_____;对于交流通路而言,容抗小的电容器可视为_____,内阻小的电源可视为_____。

8.射极输出器的特点是:

(1)电压放大倍数_____,无_____放大能力,有_____放大能力;输出电压与输入电压的相位_____;

(2)输入电阻_____(选填"大"或"小"),常用它作为多级放大电路的_____、_____级以提高_____;

(3)输出电阻_____(选填"大"或"小"),_____能力强,常用它作为多级放大电路的_____级;

(4)通常还可作为_____级。

9.多级放大器的耦合方式有_____、_____、_____和_____。

10.某三级放大电路中,测得 $A_{v1}=10$、$A_{v2}=10$、$A_{v3}=100$,总的放大倍数是_____。

二、选择题

1.在固定偏置放大电路中,若偏置电阻 R_b 断开,则(   )。

A.三极管会饱和   B.三极管可能烧毁

C.三极管发射结反偏   D.放大波形出现截止失真

2.放大电路在未输入交流信号时,电路所处工作状态是(   )。

A.静态   B.动态   C.放大状态   D.截止状态

3.放大电路设置偏置电路的目的是(   )。

A.使放大器工作在截止区,避免信号在放大过程中失真

B.使放大器工作在饱和区,避免信号在放大过程中失真

C.使放大器工作在线性放大区,避免放大波形失真

D.使放大器工作在集电极最大允许电流 I_{CM} 状态下

4.在放大电路中,三极管静态工作点用(   )表示。

A. I_b、I_c、U_{ce} B. I_B、I_C、U_{CE} C. i_B、i_C、u_{CE} D. i_b、i_c、u_{ce}

5. 在基本放大电路中，若测得 $U_{CE}=U_{CC}$，则可以判断三极管处于（　　）状态。

   A. 放大　　　　　B. 饱和　　　　　C. 截止　　　　　D. 短路

6. 在共射放大电路中，输入交流信号 u_i 与输出信号 u_o 相位_____。

   A. 相反　　　　　B. 相同　　　　　C. 正半周时相同　　　　　D. 负半周时相反

7. 画放大器的直流通路时应将电容器视为（　　）。

   A. 开路　　　　　B. 短路　　　　　C. 电池组　　　　　D. 断路

8. 画放大器的交流通路时应将直流电源视为（　　）。

   A. 开路　　　　　B. 短路　　　　　C. 电池组　　　　　D. 断路

9. 放大器外接一负载电阻 R_L 后，输出电阻 r_o 将（　　）。

   A. 增大　　　　　B. 减小　　　　　C. 不变　　　　　D. 等于 R_L

10. 在四种常见的耦合方式中，静态工作点独立，体积较小是（　　）的优点。

   A. 阻容耦合　　　　　B. 变压器耦合　　　　　C. 直接耦合　　　　　D. 光电耦合

三、计算题

1. 电路如图 2.31 所示，$U_{CC}=12\text{ V}$，$\beta=60$，$R_B=200\text{ k}\Omega$，$R_E=2\text{ k}\Omega$，$R_L=2\text{ k}\Omega$，信号源内阻 $R_S=100\ \Omega$，$U_{BE}=0.6\text{ V}$。试求：

(1) 静态工作点 Q；

(2) A_u、r_i、r_o。

2. 电路如图 2.32 所示，$U_{CC}=12\text{ V}$，$\beta=37$，$R_{B1}=20\text{ k}\Omega$，$R_{B2}=10\text{ k}\Omega$，$R_C=2\text{ k}\Omega$，$R_E=2\text{ k}\Omega$，$R_L=2\text{ k}\Omega$，$U_{BE}=0.6\text{ V}$，晶体管的电流放大倍数。试求：

(1) 静态工作点 $Q(I_B$、I_C、$U_{CE})$，要求画出直流通路；

(2) 动态参数 $(A_u$、r_i、$r_o)$，要求画出微变等效电路。

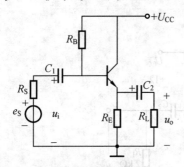
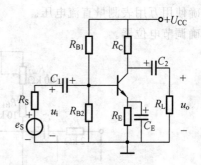

图 2.31　题 1 图　　　　　　　　　　　图 2.32　题 2 图

3. 电路如图 2.33 所示，晶体管的 $\beta=50$，$r_{BE}=1\text{ k}\Omega$，$U_{BE}=0.7\text{ V}$，试求：

(1) 电路的静态工作点；

(2) 电路的电压放大倍数。

4. 两级阻容耦合放大电路如图 2.34 所示，晶体管的 β 均为 50，U_{BE} 都等于 0.6 V，试求：

(1) 用估算法计算第二级的静态工作点；

(2) 画出该两级放大电路的微变等效电路；

(3) 写出整个电路的电压放大倍数 A_u，输入电阻 r_i 和输出电阻 r_o 的表达式。

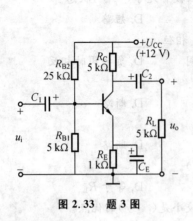

图 2.33 题 3 图

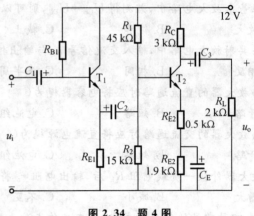

图 2.34 题 4 图

▶ 技能实训 ∵∵

实训 1 共射极放大电路静态工作点的研究

1.训练目的

(1)理解放大电路的静态工作点。

(2)掌握放大电路的静态工作点调整方式。

2.训练要求

(1)如图 2.35 所示,能正确搭接电路。

(2)能正确使用万用表测量直流电压。

(3)能正确调节电位器。

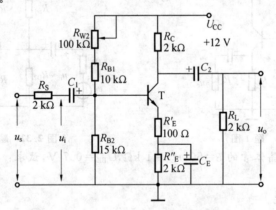

图 2.35 共射极放大电路实验原理图

3.训练内容和条件

电位测量、静态工作点估算。

实训 2 共射极放大电路动态参数的测试

1.训练目的

(1)理解信号放大的概念。

(2)理解三极管的放大作用。

(3)掌握放大倍数的测量。

(4)理解失真产生的原因和消除的方法。

2.训练要求

(1)如图 2.35 所示,能正确搭接电路。

(2)能正确使用信号发生器。

(3)能正确使用交流毫伏表。

(4)能正确使用示波器。

3.训练内容和条件

(1)放大倍数的测量。

(2)最大不失真的测量。

(3)失真分析和参数调整。

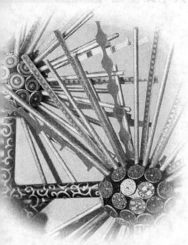

模块 3
集成运算放大电路

知识目标

◆掌握集成运算放大电路的结构和功能；

◆掌握理想集成运算放大器的特性；

◆掌握集成运算放大器的线性运用：微积分波形变换电路的功能，模拟乘法器的电路结构及功能和应用；

◆掌握集成运算放大电路的非线性运用：电压比较器、迟滞比较器和非正弦波产生器的电路结构及功能；

◆掌握集成运算放大电路组成的有源滤波器的结构及功能特性。

技能目标

◆掌握集成运算放大器的应用电路的焊装和调试的方法；

◆掌握常用仪器的测量和使用的方法。

课时建议

24 课时

课堂随笔

3.1 集成运算放大电路的基本知识 ▮

【知识导读】

集成运放的基本结构如何？有哪些封装形式？用什么符号表示？有哪些基本特性？

◈◈◈ 3.1.1 差分放大电路

集成运算放大器内部是一个高增益的多级直接耦合放大电路。组成集成运算放大器的基本单元电路为差分放大电路和电流源。

1. 电路组成

图 3.1 是基本差分放大电路，它由两个完全相同的单管放大电路组成。由于两个三极管 V_1、V_2 的特性完全一样，外接电阻也完全对称相等，两边各元件的温度特性也都一样，因此两边电路是完全对称的，如图 3.1 所示。

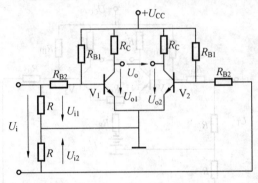

图 3.1 基本差分放大电路

V_1、V_2 是两只特性相同的三极管，实现电流放大；两管的集电极电阻 R_C，实现将集电极电流变化转变为相应的电压变化；两管的 R_{B1}、R_{B2} 为三极管提供合适的静态工作点；输入端两个电阻 R 将输入信号电压 U_i 转化成大小相等、方向（相位）相反的一对输入信号 U_{i1} 和 U_{i2}，分别加到 V_1 和 V_2 的基极。习惯上称这对大小相等、方向（相位）相反的输入信号为差模信号，对应的输入方式称为差模输入；R_L 是负载，接两管集电极构成双端输出。

2. 电路的工作原理

（1）抑制零点漂移

无信号输入时，由于两管的特性相同，元件参数相等，输出信号为零，避免了零点漂移现象。

当环境温度发生变化或电源电压出现波动时，将引起三极管参数的变化，由于两管特性相同，电路对称，$\Delta I_{C1} = \Delta I_{C2}$，$\Delta U_{C1} = \Delta U_{C2}$，于是输出电压变化量为 $\Delta U_o = \Delta U_{C1} - \Delta U_{C2} = 0$，故"零漂"现象消失。

（2）差模电压放大倍数

差分放大电路对差模信号的电压放大倍数与单管电压放大倍数相等，即

$$A_{ud} = A_{ud1} = \frac{\Delta U_{od1}}{\Delta U_{id1}} = -\frac{\beta(R_C // \frac{R_L}{2})}{R_{B2} + R_{B1} // r_{BE}} \tag{3.1}$$

（3）共模电压放大倍数

共模信号是指大小相等、方向（相位）相同的一对输入信号，对应的输入方式称共模输入。一般来说，共模输入信号是一对等效的输入信号，由环境温度变化、电源电压波动引起输出端漂移电压折合到输入端而获得；或由差分放大电路两个输入端输入电压不相等而获得。实用中，没有可以用仪表检测到

的、确实独立存在的共模信号,这一点要特别注意理解。

(4)共模抑制比 K_{CMR}

共模抑制比是用来表明差分放大电路对共模信号抑制能力的一个参数,定义为差模放大倍数 A_{ud} 与共模放大倍数 A_{uc} 的比值,用 K_{CMR} 表示,即

$$K_{CMR} = \left| \frac{A_{ud}}{A_{uc}} \right| \tag{3.2}$$

此值越大,说明差分放大电路分辨差模信号的能力和抑制零点漂移的能力越强,放大电路的性能越好,一般差分放大电路的 $K_{CMR} = 10^3 \sim 10^6$。

(5)带射极公共电阻的差分放大电路

上述基本差动放大器是利用电路两侧的对称性抑制零漂等共模信号的。但是它还存在两方面的不足。首先,各个管子本身的工作点漂移并未受到抑制。若要其以单端输出(也称不对称输出),则其"两侧对称,互相抵消"的优点就无从体现了;另外,若每侧的漂移量都比较大,此时要使两侧在大信号范围内做到完全抵消也相当困难。针对上述不足,引入了带射极公共电阻的差分放大器,如图3.2所示。

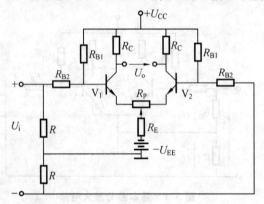

图 3.2 带射极公共电阻的差分放大电路

带射极公共电阻 R_E 的差放电路也称长尾式差动放大器。接入公共电阻 R_E 的目的是引入直流负反馈,能够抑制共模信号的输出。

对于共模输入信号,由于电路对称,两管的射极电流 I_E(约等于集电极电流 I_C)变化量大小相等、极性相同(即同增同减),$\Delta I_{E1} = \Delta I_{E2} = \Delta I_E$,使流过 R_E 的总电流变化量为 $2\Delta I_E$,这个电流变化量在 R_E 上产生的电压变化量($2\Delta I_E R_E$)构成负反馈信号,可使共模放大倍数降低。可见,R_E 对共模信号具有负反馈作用,能够抑制共模信号的输出。这个抑制过程实际上就是上述抑制零漂的过程。

对于差模信号,R_E 却没有抑制作用。当输入差模信号时,两管的电流 I_E 变化量数值相等,但极性相反,一个管 I_E 增加,另一个管 I_E 减少,即 $\Delta I_{E1} = \Delta I_{E2}$,因而流过 R_E 的总电流不变,R_E 上的电压降便不改变。这样,对差模信号而言,R_E 上没有信号压降,如同短路一般。不起负反馈作用,也就不会影响差模放大倍数。

具有射极电阻 R_E 的差动放大器,既利用电路的对称性使两管的零漂在输出端互相抵消,又利用 R_E 对共模信号的负反馈作用来抑制每个管自身的零漂。由于这种放大器对零漂具有双重抑制作用,所以它的零漂比未接入 R_E 的基本差动放大器要小得多。

3. 带恒流源的差分放大电路

(1)电路组成

从上述分析中可以看到,欲提高电路的共模抑制比,射极公共电阻 R_E 越大越好。不过,R_E 大了以后,维持相同工作电流所需的电源电压 U_{EE} 的值也必须相应增大。显然,使用过高的电源电压是不合适的。此外,R_E 值过大时直流能耗也大。

为了解决这个矛盾,采用恒流源来代替电阻 R_E。如图 3.3 所示,由于存在电流负反馈,其输出电流 I_C 基本恒定,故这种电路称为恒流源电路。

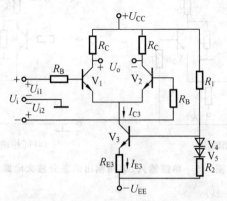

图 3.3 带恒流源的差分放大电路

(2)电流镜像电路

电流镜像电路是一个输入电流 I_S 与输出电流 I_O 相等的电路,如图 3.4 所示。

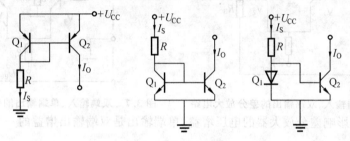

图 3.4 镜像电流源

Q_1 和 Q_2 的特性相同,即 $V_{BE1} = V_{BE2}$,$\beta_1 = \beta_2$。

优点:三极管的 β 受温度的影响,但利用电流镜像恒流源,不受 β 影响,主要依靠外接电阻 R 经 Q_2 去决定输出电流 I_O($I_{C2} = I_O$)。

4. 差分放大电路的输入输出方式

(1)单端输入、单端输出

如图 3.5 所示在单端输入、单端输出的差分放大电路中,虽然信号是从一个管子的输入端加入,但另一个管子仍然有信号输入。与双端输入、双端输出差分放大电路比较,输入信号一样,但输出信号只是从一个管子的集电极输出。所以,输出信号减小一半,因而电压放大倍数也减小了一半。也就是说,单端输入、单端输出电路的电压放大倍数只是单管电压放大倍数的一半。

单端输出不能抑制温度变化、元件老化等因素引起的零点漂移,因而,必须采取工作点稳定措施,保证差分放大电路的正常工作。

(2)单端输入、双端输出

图 3.6 的电路是单端输入、双端输出的差分放大电路,它的电压放大倍数与双端输入、双端输出的差分放大电路相同,且具有抑制温度、元件老化等因素引起的零点漂移。

(3)双端输入、单端输出

图 3.7 所示电路是双端输入、单端输出的差分放大电路,这种电路的电压放大倍数与单端输入、单端输出差分放大电路相同,且也要采取工作点稳定措施。

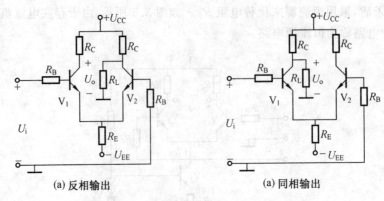

(a) 反相输出　　　　　　　　　　　　(a) 同相输出

图 3.5　单端输入、单端输出的差分放大电路

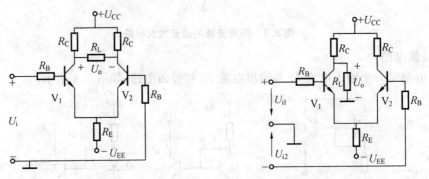

图 3.6　单端输入、双端输出的差分放大电路　　图 3.7　双端输入、单端输出的差分放大电路

任何方式输入不影响差分放大器的电压增益,单端输出是双端输出增益的一半。

❖❖❖ 3.1.2　集成运算放大电路的结构、封装和符号

集成运放具有性能稳定、可靠性高、寿命长、体积小、质量轻、耗电量少等优点,因此得到了广泛应用。可完成放大、振荡、调制、解调及模拟信号的各种运算和脉冲信号的产生等,已成为线性集成电路中应用最为广泛的一种集成电路。

1.集成运放的基本组成

集成运放通常由输入放大级、中间电压放大级、输出级以及偏置电路等四部分组成,如图 3.8 所示。

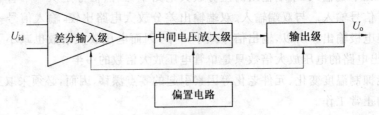

图 3.8　集成运放的结构框图

(1)结构框图

输入级:提高运算放大器质量的关键部分。要求:输入电阻高,能减少零漂和抑制干扰信号。电路形式:采用具有恒流源的差分放大电路,降低零漂,提高 K_{CMR}。并且通常在低电流状态,以获得较高的输入阻抗。

中间级:进行电压放大,获得运放的总增益。要求:A_u 高,同时向输出级提供较大的推动电流。电路形式:带有恒流源负载的共射电路。

输出级:与负载相接。要求:输出电阻低,带负载能力强,能输出足够大的电压和电流,并有过载保

护措施。电路形式:一般由互补对称电路或源极跟随器构成。

偏置电路:为上述各级电路提供稳定和合适的偏置电流,决定各级的静态工作点;为输入级设置一个电流值低而又十分稳定的偏置电流,也可作为有源负载提高电压增益。电路形式:各种恒流源电路。

(2)集成放大电路的封装形式

各种集成放大电路的封装形式如图 3.9 所示。

(a)圆壳式　(b)单列直插式　(c)双列直插式　(d)菱形式　(e)扁平式

图 3.9　封装形式

2.运算放大电路的电路符号

图 3.10 是运算放大器的电路符号。它有两个输入端和一个输出端。反相输入端标"－"号,同相输入端标"＋"号。输出电压与反相输入电压相位相反,与同相输入电压相位相同。此外还有两个端分别接正、负电源,有些集成运放还有调零端和相位补偿端。在电路中不画出。

运放的符号可以有很多种,此处以一种为例,如图 3.11 所示。

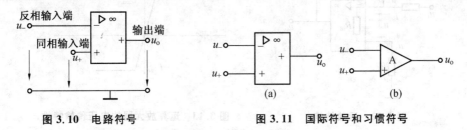

图 3.10　电路符号　　　　**图 3.11　国际符号和习惯符号**

3.1.3　理想集成运算放大器的特性

1.集成运算放大器的理想化条件

①开环差模电压放大倍数趋于无穷,即 $A_{ud} \to \infty$。

②输入电阻趋于无穷,即 $R_{id} \to \infty$。

③输出电阻趋于零,即 $R_o \to 0$。

④共模抑制比趋于无穷,即 $K_{CMR} \to \infty$。

⑤有无限宽的频带,即 $B_W \to \infty$。

⑥当输入端 $u_- = u_+$ 时,$u_o = 0$。

目前,集成运算放大器的开环差模电压放大倍数均在 10^4 以上,输入电阻达到兆欧数量级,输出电阻在几百欧以下。因此,作近似分析时,常对集成运放作理想化处理。

2.理想运算放大器的两个重要特性

对于工作在线性状态的理想集成运算放大器,具有两个重要特性,如图 3.12 所示。

(1)理想集成运算放大器两输入端间的电压为 0,但又不是短路,故常称为"虚短",即 $u_- \approx u_+$。

因为 $K_d \to \infty$,则 $u_i = u_+ - u_- = u_o / K_d = 0$,所以 $u_+ = u_-$。这样,两个输入端可以认为是虚连接,当其中一个输入端接地时,另一个输入端也为零电位,称为"虚地"。

(2)理想运放的两个输入端不取电流,但又不是开路,一般称为"虚断",即 $i_- = i_+ \approx 0$。因为 $r_i \to \infty$,所以 $I_i = (u_+ - u_-)/r_i = 0$。

上面两个结论,虽然是从理想运放的特性得到的,但比较符合实际情况,因此,对于各种实际的集成运放电路,可以用理想模型进行分析、计算,这样可使电路的分析大大简化,同时也不影响结果。

3. 集成运算放大器工作在线性区的特性

集成运放工作在线性放大区的条件是:$U_- = U_+$;$I_- = I_+ = 0$。

我们在计算电路时,只要是线性应用,均可以采用以上两个结论,当集成运放工作在线性区时,它的输入、输出关系为

$$U_o = A_{od}(u_- - u_+)$$

4. 集成运算放大器工作在非线性区的特性

当 $u_- > u_+$ 时,$u_o = -U_{om}$;

当 $u_- < u_+$ 时,$u_o = +U_{om}$。

其中,U_{om} 是集成运放的正向或反向输出电压最大值。

5. 集成运算放大器电压传输特性

集成运放的传输特性如图 3.13 所示。

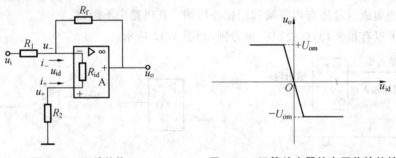

图 3.12　运放结构　　　　图 3.13　运算放大器的电压传输特性

3.1.4　集成运算放大器实际使用时的注意事项

1. 集成运算放大器的性能指标

(1)输入失调电压 U_{is}

对于理想集成运放,当输入电压为零时,输出电压应该为零。但由于制造工艺等原因,实际的集成运放在输入电压为零时,输出电压常不为零。为了使输出电压为零,需在输入端加一适当的直流补偿电压,这个输入电压称为输入失调电压 U_{is},其值等于输入电压为零时,输出的电压折算到输入端的电压值。U_{is} 一般为毫伏级,它的大小反映了差动输入级的对称程度,失调电压越大,集成运放的对称性越差。

(2)输入失调电流 I_{is}

输入失调电流是指输入信号为零时,两个输入端静态电流 I_+ 与 I_- 之差,一般为输入静态偏置电流的 1/10 左右。I_{is} 是由差动输入级两个晶体管的 β 值不一致引起的。

(3)开环电压增益 K_d

开环电压增益是指集成运放在无外接反馈电路时的差模电压放大倍数。也可用 K_d 的常用对数表示。一般运放的电压增益都很大,为 60～100 dB,高增益运放可达 140 dB(即 10^7)。

(4)输入阻抗 r_i 和输出阻抗 r_o

输入阻抗 r_i 是指运放开环运用时,从两个输入端看进去的动态阻抗,它等于两个输入端之间的电压 U_i 变化与其引起的输入电流 I_i 的变化之比,即 $r_i = U_i / I_i$,r_i 越大越好。双极型晶体管输入级的 r_i 值为 $10^4 \sim 10^6$ Ω,单极型场效应管输入级 r_i 可达 10^9 以上。输出阻抗 r_o 是指运放开环运用时,从输出端与地端看进去的动态阻抗,一般在几百欧姆之内。

(5)共模抑制比 K_{CMR}

共模抑制比是指集成运放开环运用时,差模电压放大倍数与共模电压放大倍数之比。K_{CMR} 值越大,抗共模干扰能力越强,一般集成运放的 K_{CMR} 都可达到 80 dB,高质量的集成运放可达 100 dB 以上。

运放还有很多其他指标:如转换速率是指放大器在闭环状态下输入放大信号时,放大器输出电压对时间的最大变化速率。运放的静态功耗是指没有输入信号时的功耗,通常为数十毫瓦,有些低耗运放,静态功耗可低到 0.1 mW 以下,这个指标对于便携式或植入式医学仪器是很重要的。运放的最大共模输入电压是指运放共模抑制比明显恶化时的共模输入电压值,通常为几伏到十几伏。运放的电源电压一般从几伏到几十伏。

2. 常用集成运算放大器的管脚

常用的集成运放有单运放电路 μA741(F007)、双运放电路 F353、四运放电路 F4156 等,这些集成电路的电源均为 ±15 V,各引脚功能如图 3.14 所示。

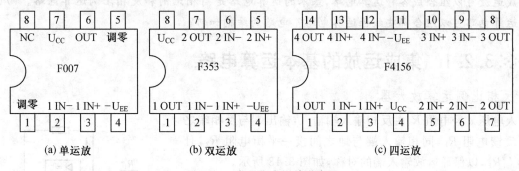

图 3.14 常用集成运放引脚图

3. 集成运算放大器实际使用时注意的问题

(1)调零或设置偏置电压

由于失调电压及失调电流的存在,输入为零时输出往往不为零。对于内部无自动稳零措施的运放需外加调零电路,使之在零输入时输出为零。对于单电源供电的运放,有时还需在输入端加直流偏置电压,设置合适的静态输出电压,以便能放大正、负两个方向的变化信号。

(2)注意自激振荡的消除

集成运放是多级直接耦合的放大器,因存在着分布电容等分布参数,信号在传输过程中会产生相移。当运放闭环(输出端与输入端经过导线、元器件相连)后,会在某些频率上产生自激振荡。为了使放大器工作稳定,通常外接 RC 消振电路或消振电容,用来破坏产生自激振荡的条件。

4. 集成运算放大器的保护

(1)输入端保护

一般情况下,运放工作在开环(即未引反馈)状态时,容易因差模电压过大而损坏;在闭环状态时,容易因共模电压超出极限值而损坏。当输入端所加的电压过高时会损坏输入级的晶体管。在输入端处接入两个反向并联的二极管,将输入电压限制在二极管的正向压降以下,如图 3.15 所示。

(2)输出端保护

为了防止输出电压过大,可利用稳压管来保护,将两个稳压管反向串联,将输出电压限制在 $\pm(U_Z+U_D)$ 的范围内,其中,U_Z 是稳压管的稳定电压,U_D 是它的正向管压降,如图 3.16 所示。

(3)电源保护

为了防止电源极性接反,利用二极管单向导电性,在电源端串联二极管来实现保护,如图 3.17 所示。

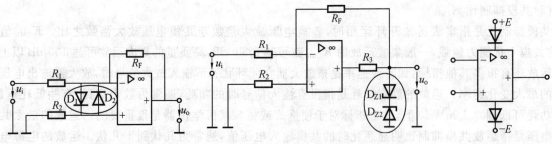

图 3.15　二极管输入端保护电路　　　图 3.16　稳压管输出端保护电路图　　　3.17　电源保护电路

3.2 集成运算放大电路的线性应用

【知识导读】

集成运放可以组合成各种运算电路,基本的运算电路是同相比例和反相比例运算电路。而由这两种基本运算电路可以组合哪些线性运算电路? 电路的结构如何?

3.2.1　集成运放的基本运算电路

1.反相比例运算放大器

输入电压 u_i 经电阻 R_1 由反相输入端输入,输出端与反相端之间接一反馈电阻 R_F,同相输入端与地之间接一平衡电阻 R_2,且 $R_2 = R_1 // R_F$,以保证运放输入端的对称,如图 3.18 所示。

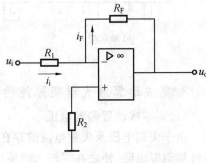

因为

$$u_- \approx u_+ = 0$$
$$i_- = i_+ \approx 0$$
$$i_i = i_F$$

所以

图 3.18　反相比例运算放大器

$$\frac{u_i}{R_1} = -\frac{u_o}{R_F} \tag{3.3}$$

即

$$u_o = -\frac{R_F}{R_1} u_i \tag{3.4}$$

因此,电压放大倍数为

$$A_{uf} = \frac{u_o}{u_i} \tag{3.5}$$

A_{uf} 为反相放大器的闭环电压放大倍数,它只与外接电阻 R_1、R_F 有关,而与集成运放本身参数无关。只要电阻值足够精确,则输出电压 u_o 与输入电压 u_i 可得到高精度的比例关系,负号表示 u_o 与 u_i 相位相反,所以称反相放大器。

当 $R_F = R_1$ 时,$u_o = -u_i$,构成反相器。反相放大器是一种电压并联负反馈电路,输出阻抗低。因其反相输入端为虚地,所以该电路的输入电阻是 R_1。

对于具有内阻 R_s 的信号源,上面公式中的 R_1 应当用 $R_1 + R_s$ 代替,为了不使电压增益受 R_s 太大影响,R_1 应该取大一些。但为了保证输入电流远大于偏置电流,R_1 应远小于运放的内阻,对于通用型运放,R_1 不宜超过数十千欧,反馈电阻 R_F 越大则电压增益越大,但要求反馈电流也应远大于偏置电流,所以 R_F 也不能取得过大,通常不宜超过兆欧。因此,当 R_s 达到数千欧时,这个电路难以获得高增益。另外,反相放大器是并联负反馈电路,该放大器的输入电阻小,故它不能应用到高内阻信号源上。

【例 3.1】　在图 3.18 中,已知 $R_1 = 10 \text{ k}\Omega$,$R_F = 500 \text{ k}\Omega$,求电压放大倍数 A_{uf}、输入电阻 r_i 及平衡电

阻 R_2。

解

$$A_{uf} = -\frac{R_F}{R_i} = -\frac{500}{10} = -50$$

$$r_{if} = R_1 = 10 \text{ k}\Omega$$

$$R_2/\text{k}\Omega = R_1 // R_f = \frac{10 \times 500}{10 + 500} = 9.8$$

2. 同相比例运算放大器

将反相放大器中 R_1 端接地，输入电压 u_i 经电阻 R_2 由同相输入端输入，即可构成同相放大器，实现输出电压 u_o 与输入电压 u_i 之间的同相比例运算，如图 3.19 所示。

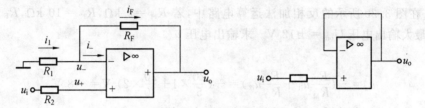

图 3.19　同相比例运算放大器

因为

$$u_- \approx u_+ = u_i$$

$$i_- = i_+ = 0$$

$$i_1 = i_F$$

所以

$$\frac{u_i - u_o}{R_F} = -\frac{u_i}{R_1} \tag{3.6}$$

即

$$u_o = (1 + \frac{R_F}{R_1}) u_i \tag{3.7}$$

因此，电压放大倍数为

$$A_{uf} = 1 + \frac{R_F}{R_1} \tag{3.8}$$

u_o 与 u_i 之间的比例关系也与运放本身的参数无关，电路精度和稳定度都很高。A_{uf} 为正表示 u_o 与 u_i 同相，并且 K_F 总是大于或等于 1，这一点与反相放大器不同。

同相输入放大器是一个电压串联负反馈电路，理想情况下，输入电阻为无穷大，即 $r_{if} \approx \infty$，而输出电阻为零，即 $r_o \approx 0$。

当 $R_F = 0$ 时 $K_F = 1$，电路就变成电压跟随器。由运放构成的电压跟随器输入电阻高、输出电阻低，其跟随性能比射极输出器更好。同相放大器实际上是一个电压串联负反馈放大器，因此其输入阻抗高、输出阻抗低，而且增益不受信号源内阻的影响。该电路的不足是其共模抑制比 K_{CMR} 不太大。

3. 加法运算电路

如图 3.20 所示，因反相输入端为"虚地"，故得

$$i_{i1} = \frac{u_{i1}}{R_{11}}$$

$$i_{i2} = \frac{u_{i2}}{R_{12}}$$

$$i_F = \frac{-u_o}{R_F} = i_{i1} + i_{i2} = \frac{u_{i1}}{R_{11}} + \frac{u_{i2}}{R_{12}} \tag{3.9}$$

于是,输出电压为

$$u_o = -\left(\frac{R_F}{R_{11}}u_{i1} + \frac{R_F}{R_{12}}u_{i2}\right) \tag{3.10}$$

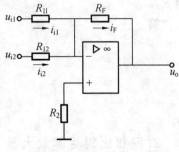

图 3.20　加法运算电路

当 $R_{11} = R_{12} = R_F$ 时,则

$$u_o = -(u_{i1} + u_{i2}) \tag{3.11}$$

(1)反相加法器运算电路的特点

输入电阻低;共模电压低;当改变某一路输入电阻时,对其他路无影响。

(2)同相加法器运算电路的特点

输入电阻高;共模电压高;当改变某一路输入电阻时,对其他路有影响。

【例 3.2】　在图 3.20 所示的反相加法运算电路中,若 $R_{11} = 5$ kΩ, $R_{12} = 10$ kΩ, $R_F = 20$ kΩ, $u_{i1} = 1$ V, $u_{i2} = 2$ V,最大输出电压 $U_{om} = \pm 12$ V。求输出电压 u_o。

解

$$u_o = -\left(\frac{R_F}{R_{11}}u_{i1} + \frac{R_F}{R_{12}}u_{i2}\right) = -\left(\frac{20}{5}\times 1 + \frac{20}{10}\times 2\right) \text{ V} = -8 \text{ V}$$

因 $u_o < U_{om}$,故电路工作在线性区,可实现反相加法运算。

4.减法运算电路

减法运算电路可看作是反相比例运算电路与同相比例运算电路的叠加。图 3.21 中减数加到反相输入端,被减数经 R_2、R_3 分压后加到同相输入端。

因为

$$u_- \approx u_+ = \frac{R_3}{R_2 + R_3}u_{i2} \tag{3.12}$$

$$i_{i1} = \frac{u_{i1} - u_-}{R_1} = i_F = \frac{u_- - u_o}{R_F} \tag{3.13}$$

故得

$$u_o = \left(1 + \frac{R_F}{R_1}\right)\frac{R_3}{R_2 + R_3}u_{i2} - \frac{R_F}{R_1}u_{i1} \tag{3.14}$$

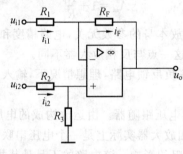

图 3.21　减法运算电路

(1)当 $R_1 = R_2$, $R_3 = R_F$ 时,上式为

$$u_o = \frac{R_F}{R_1}(u_{i2} - u_{i1})$$

即输出电压与输入电压的差值成正比例。

(2)当 $R_1 = R_2 = R_3 = R_F$ 时,上式为

$$u_o = u_{i2} - u_{i1}$$

可见输出电压等于两个输入电压的差,从而能进行减法运算。

❖❖❖ 3.2.2　微分电路和积分电路

1. 积分运算电路

积分运算电路是模拟计算机中的基本单元，利用它可以实现对微分方程的模拟，能对信号进行积分运算。此外，积分运算电路在控制和测量系统中应用也非常广泛。

在图 3.18 所示的反相输入放大器中，将反馈电阻 R_F 换成电容 C_F，就成了积分运算电路，如图 3.22 所示，此图也称为积分器。

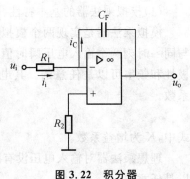

图 3.22　积分器

设电容器 C_F 上的初始电压 $U_{C(0)}=0$，随着充电过程的进行，电容器 C_F 两端的电压为

$$u_C = \frac{1}{C_F}\int i_C \qquad (3.15)$$

由图 3.22 可知 $i_i = \dfrac{u_i}{R_1} = i_C$，故

$$u_o = -u_C = -\frac{1}{R_1 C_F}\int u_i \qquad (3.16)$$

上式说明，输出电压为输入电压对时间的积分，实现了积分运算。式中负号表示输出与输入相位相反。$R_1 C_F$ 为积分时间常数，其值越小，积分作用越强，反之，积分作用越弱。

这个电路应用到有直流成分的输入电压时，积分时间不能太长，以免输出电压达到饱和。因此要增加一些开关，积分时间结束时切断输入回路，积分开始前使电容器放电。

积分运算电路常用于对呼吸流速等进行积分处理，求得呼吸流量、血液流量等生理参数。

2. 微分运算电路

微分运算是积分运算的逆运算。将积分运算电路中的反馈电容 C_F 和输入电阻 R_1 交换位置，即构成微分运算放大器，如图 3.23 所示。

由图可知

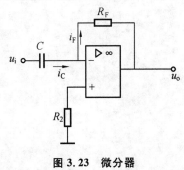

图 3.23　微分器

$$i_C = C\frac{du_C}{dt} = C\frac{du_i}{dt} \qquad (3.17)$$

$$i_F = -\frac{u_o}{R_F} = i_C \qquad (3.18)$$

故

$$u_o = -i_C R_F = -CR_F\frac{du_i}{dt} \qquad (3.19)$$

可见，输出电压与输入电压对时间的微分成比例，实现了微分运算。式中负号表示输出与输入相位相反。$R_F C$ 为微分时间常数，其值越大，微分作用越强；反之，微分作用越弱。

微分电路是一个高通网络，对高频干扰及高频噪声反应灵敏，会使输出的信噪比下降。此外，电路中的 R、C 具有滞后移相作用，与运放本身的滞后移相相叠加，容易产生高频自激，使电路不稳定。因此，实用中常在 R_F 两端并联一个 C_1 电容，同时与 C 串联一个电阻 R_1。R_1 的作用是限制输入电压突变，C_1 的作用是增强高频负反馈，从而抑制高频噪声，提高工作的稳定性。

在使用微分电路时，输入电压变化不能太大，否则运放将达到饱和，甚至被损坏。微分电路的主要缺点是干扰较严重，因为干扰使电压变化很快，频谱很宽，频率越高的成分放大越多，形成很多尖峰。

微分器可用来对血压、阻抗容积图等波形进行处理，以求得其变化速率。

❖❖❖ 3.2.3　模拟乘法器及应用

1.集成模拟乘法器的工作原理

(1)模拟乘法器的基本特性

模拟乘法器是实现两个模拟量相乘功能的器件,理想乘法器的输出电压
与同一时刻两个输入电压瞬时值的乘积成正比,而且输入电压的波形、幅度、
极性和频率可以是任意的。其电路符号如图 3.24 所示,K 为乘法器的增益
系数。

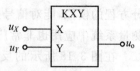

图 3.24　模拟乘法器电路符号

$$u_o = K u_X u_Y \qquad (3.20)$$

式中,K 为增益系数。

理想乘法器对输入电压没有限制,$u_X = 0$ 或 $u_Y = 0$ 时,$u_o = 0$,输入电压的波形、幅度、极性和频率可
以是任意的。

实际乘法器 $u_X = 0$,$u_Y = 0$ 时,$u_o \neq 0$,此时的输出电压称为输出失调电压。$u_X = 0$,$u_Y \neq 0$（或 $u_Y = 0$,$u_X \neq 0$)时,$u_o \neq 0$,这是由于 $u_Y(u_X)$ 信号直接流通到输出端而形成的,此时乘法器的输出电压为 u_Y(u_X)的输出馈通电压。

(2)变跨导模拟乘法器的基本工作原理

变跨导模拟乘法器是在带电流源差分放大电路的基础上发展起来的,其基本原理电路如图 3.25
所示。

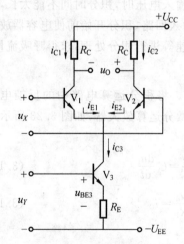

图 3.25　模拟乘法器

$$u_o = \beta \frac{R_C}{r_{BE}} \cdot u_X$$

$$r_{BE} = r_{BB} + (1+\beta)\frac{U_T}{I_{E1}} \approx (1+\beta)\frac{2U_T}{I_{C3}}$$

$$u_o = \beta \frac{R_C I_{C3}}{2(1+\beta)U_T} \cdot u_X \approx \frac{R_C I_{C3}}{2U_T} \cdot u_X$$

当 $u_Y > u_{BE3}$ 时,$I_{C3} \approx u_Y/R_E$

$$u_o = \frac{R_C}{2R_E U_T} u_X u_Y \approx K u_X u_Y$$

$$K = \frac{R_C}{2R_E U_T}$$

在室温下,K 为常数,可见输出电压 u_o 与输入电压 u_Y、u_X 的乘积成正比,所以差分放大电路具有乘

法功能。但 u_Y 必须为正才能正常工作,故为二象限乘法器。当 u_Y 较小时,相乘结果误差较大,因 i_{C3} 随 u_Y 而变,其比值为电导量,称变跨导乘法器。

2.单片集成模拟乘法器

实用变跨导模拟乘法器由两个具有压控电流源的差分电路组成,称为双差分对模拟乘法器,也称为双平衡模拟乘法器。属于这一类的单片集成模拟乘法器有 MC1496、MC1595 等。

3.集成模拟乘法器的应用——基本运算电路

①平方运算。如图 3.26 所示,将模拟乘法器的两个输入端输入相同的信号 u_i,该电路的输出为

$$u_o = K(u_i)^2 \qquad (3.21)$$

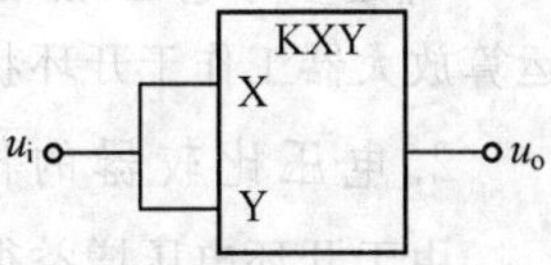

图 3.26 平方运算

②除法运算器。如图 3.27 所示,由集成运放和模拟乘法器组成。

当 $u_1 > 0$ 时,$u_o < 0$,为使 $u_3 < 0$,则 $u_2 > 0$;当 $u_1 < 0$ 时,$u_o > 0$,为使 $u_3 > 0$,则 $u_2 > 0$。

故

$$u_o = -\left(\frac{R_2}{KR_1}\right) \cdot \left(\frac{u_1}{u_2}\right)$$

条件:u_3 与 u_1 必须反相。

③平方根运算如图 3.28 所示。

$$u_o = \sqrt{-\frac{u_1}{K}} \quad (u_1 < 0) \qquad (3.22)$$

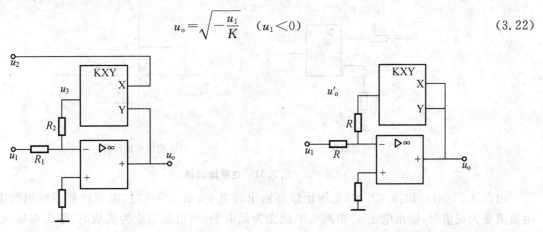

图 3.27 除法运算器   **图 3.28 平方根运算电路**

④压控增益。如图 3.29 所示,改变直流电压 U_X 的大小,就可以调节电路的增益。

$$u_o = K u_X u_Y \qquad (3.23)$$

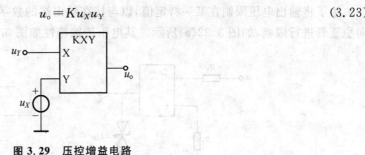

图 3.29 压控增益电路

3.3 集成运算放大电路的非线性应用

【知识导读】

用集成运放可构成各种电压比较器,可对两个输入信号进行比较。如何根据输入信号的大小和极

性判断输出信号的大小?

❖❖❖ 3.3.1　电压比较器

1. 电压比较器的结构

U_R 是参考电压,加在同相输入端,输入电压 u_i 加在反相输入端。运算放大器工作于开环状态,如图 3.30 所示。

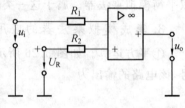

图 3.30　电压比较器

2. 电压比较器的传输特性

由于开环电压增益很高,即为集成运放本身的电压增益,所以即使输入端有一个非常微小的差模信号,也会使电路输出电压达到饱和电压值,即接近集成运放的电源电压。

当 $u_i < U_R$ 时,输出正饱和值 $+U_{om}$(接近正电源 $+E$);当 $u_i > U_R$ 时,输出负饱和值 $-U_{om}$(接近负电源 $-E$),可见比较器的输入端进行的是模拟信号大小的比较,而在输出端则以高电平或低电平来反映其比较的结果。

3. 过零比较器

当参考电压 $U_R = 0$ 时,即输入电压 u_i 与零电平比较,称为过零比较器,如图 3.31 所示。

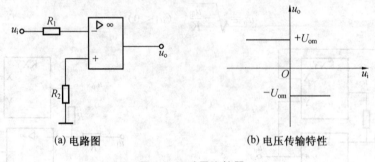

(a) 电路图　　　　　　(b) 电压传输特性

图 3.31　过零比较器

由图 3.31(a)可知:$u_i < 0$ 时,电压比较器输出高电平;当 $u_i > 0$ 时,电压比较器输出低电平。当 u_i 由负值变为正值时,输出电压 u_o 由高电平跳变为低电平;当由正值变为负值时,输出电压 u_o 由低电平跳变为高电平。通常把比较器输出电压从一个电平跳变为另一个电平所对应的输入电压 u_i 称为阈值电压(又称门限电压)。

为了将输出电压限制在某一特定值,以与接在输出端的数字电路电平相配合,可在输出端接一个双向稳压管进行限幅,如图 3.32(a)所示。其电压传输特性如图 3.32(b)所示。

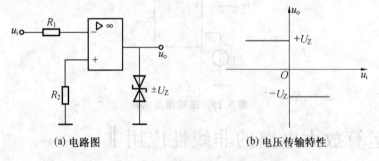

(a) 电路图　　　　　　(b) 电压传输特性

图 3.32　有限幅的过零比较器

【例 3.3】　设计一个简单的电压比较器,要求如下:$U_{REF} = 2\ V$;输出低电平约为 $-6\ V$,输出高电平约为 $0.7\ V$;当输入电压大于 $2\ V$ 时,输出为低电平。

解 因输入电压大于 2 V 时,输出为低电平。故输入信号应加在反相输入端,同相输入端加 2 V 的参考电压。又因输出低电平约为 -6 V,输出高电平约为 0.7 V,故可采用具有限幅作用的硅稳压管接在输出端,它的稳定电压为 6 V。当输出高电平时,稳压管作为普通二极管使用,其导通电压约为 0.7 V,故输出电压为 0.7 V;当输出低电平时,稳压管稳定电压为 6 V,故输出电压为 -6 V。综上所述,满足设计要求的电路如图 3.33 所示。

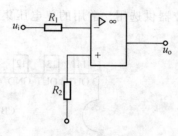

图 3.33 例 3.3 电路

比较器是运算放大器的非线性运用,由于它的输入为模拟量,输出为数字量,是模拟电路与数字电路之间的过渡电路,所以在自动控制、数字仪表、波形变换、模数转换等方面都广泛地使用电压比较器,目前国内外已有专门的单片集成比较器。

3.3.2 迟滞比较器

迟滞比较器是一个具有迟滞回环传输特性的比较器。在反相输入单门限电压比较器的基础上引入正反馈网络,就组成了具有双门限值的反相输入迟滞比较器。由于反馈的作用,这种比较器的门限电压是随输出电压的变化而变化的。它的灵敏度低一些,但抗干扰能力却大大提高。

1. 迟滞比较器结构及特性

该比较器是一个具有迟滞回环传输特性的比较器。如图 3.34 所示,由于正反馈作用,这种比较器的门限电压随输出电压 u_o 的变化而变化。在实际电路中为了满足负载的需要,通常在集成运放的输出端加稳压管限幅电路,从而获得合适的 U_{OH} 和 U_{OL}。

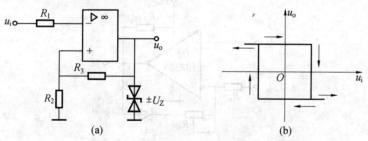

图 3.34 迟滞比较器电路及传输特性

由图可知

$$u_+ = \frac{R_2}{R_2+R_3} u_o = \frac{R_2}{R_2+R_3}(\pm U_Z)$$

当输出为 $+U_Z$ 时,$u_+ = \frac{R_2}{R_2+R_3} U_Z = U_{T+}$ 称为上限阈值电压;

当输出为 $-U_Z$ 时,$u_- = \frac{R_2}{R_2+R_3} U_Z = U_{T-}$ 称为下限阈值电压。

说明:

(1) 由于该电路存在正反馈,因而输出高、低电平转换很快。

(2) 两个阈值的差称为回差电压,即 $\Delta U = U_{T+} - U_{T-}$。

调节 R_2、R_3 的比值,可改变回差电压值。回差电压大,抗干扰能力强,延时增加。实用中,就是通过调整回差电压来改变电路某些性能的。

(3) 还可以在同相端再加一个固定值的参考电压 U_{REF}。此时,回差电压不受影响,改变的只是阈值,在电压传输特性上表现为特性曲线沿 u_i 前后平移。因此,抗干扰能力不受影响,但越限保护电路的门限发生了改变。

(4) 目前有专门设计的集成比较器供选用。常用的单电压集成比较器 J631、四电压集成比较器 CB75339,其引脚图如图 3.35 所示。

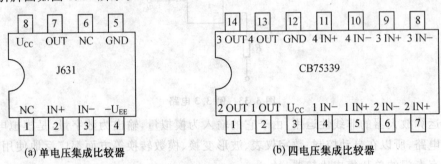

(a) 单电压集成比较器   (b) 四电压集成比较器

图 3.35　常用电压比较器引脚图

2. 迟滞比较器的改进

当输出状态一旦转换后,只要在跳变电压值附近的干扰不超过 ΔU 之值,输出电压的值就是稳定的。但随之而来的是分辨率降低,因为对迟滞比较器来说,它不能分辨差别小于 ΔU 的两个输入电压值。迟滞比较器加有正反馈,可以加快比较器的响应速度,这是它的一个优点。除此之外,由于迟滞比较器加的正反馈很强,远比电路中的寄生耦合强得多,故迟滞比较器还可免除由于电路寄生耦合而产生的自激振荡。

如果需要将一个跳变点固定在某一个参考电压值上,可在正反馈电路中接入一个非线性元件,如晶体二极管,利用二极管的单向导电性,便可实现上述要求。如图 3.36 为其原理图。

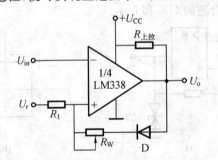

图 3.36　改进的迟滞比较器

3.4 有源滤波器

【知识导读】

集成运放在信号处理方面的应用主要是有源滤波器。有源器件的基本概念是什么?有哪些类型?电路结构如何?功能如何?

❖❖❖ 3.4.1 滤波器的基础知识

1.滤波器概念

滤波器是一种选频电路。它能选出有用信号,抑制无用信号,使一定频率范围内的信号能顺利通过,衰减很小,而在此频率范围以外的信号不易通过,衰减很大。

例如,一个较低频率的信号,其中包含一些较高频率成分的干扰,通过有源低通滤波器(LPF)可将高频干扰滤掉,如图 3.37 所示。

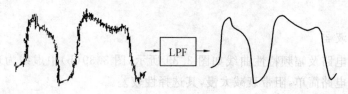

图 3.37　滤波过程

2.滤波器分类

滤波器一般分为无源滤波器和有源滤波器。

(1)无源滤波器

无源滤波器是仅由无源元件(R、L 和 C)组成的滤波器,它是利用电容和电感元件的电抗随频率的变化而变化的原理构成的。

无源滤波器的优点是电路比较简单,不需要直流电源供电,可靠性高;成本低,运行稳定,技术相对成熟;容量大。缺点是通带内的信号有能量损耗,负载效应比较明显,谐波滤除率一般只有 80%,对基波的无功补偿也是一定的。使用电感元件时容易引起电磁感应,当电感 L 较大时滤波器的体积和质量都比较大,在低频域不适用。在高频域工作时,无源滤波器是很有用的。

(2)有源滤波器

有源滤波器实际上是一种具有特定频率响应的放大器。它是在运算放大器的基础上增加一些 R、C 等无源元件而构成的。其优点是反映动作迅速,滤除谐波可达到 95% 以上,补偿无功细致。缺点是通带范围受有源器件(如集成运算放大器)的带宽限制,需要直流电源供电,可靠性不如无源滤波器高,在高压、高频、大功率的场合不适用。由于目前国际上大容量硅阀技术还不成熟,所以当前常见的有源滤波器容量不超过 600 kvar,其运行可靠性也不及无源。

通常有源滤波器分为低通滤波器(LPF)、高通滤波器(HPF)、带通滤波器(BPF)、带阻滤波器(BEF)。

❖❖❖ 3.4.2 一阶有源滤波器

1.通用一阶滤波器的基本分析

如图 3.38 所示,其中器件 Z_i 和 Z_f 的选择取决于滤波器是低通的或是高通的,但其中之一必须是电抗元件。

(1)通带增益 A_{vp}

通带增益是指滤波器在通频带内的电压放大倍数,性能良好的 LPF 通带内的幅频特性曲线是平坦的,阻带内的电压放大倍数基本为零。

(2)通带截止频率 f_p

其定义与放大电路的上限截止频率相同。通带与阻带之间称为过渡带,过渡带越窄,说明滤波器的

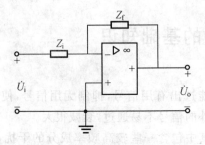

图 3.38　通用的一阶有源滤波器

选择性越好。

2. 一阶低通滤波器

一阶低通滤波器电路及幅频特性曲线如图 3.39 所示,图 3.39(b)中虚线为理想的情况,实线为实际的情况。其特点是电路简单,阻带衰减太慢,其选择性较差。

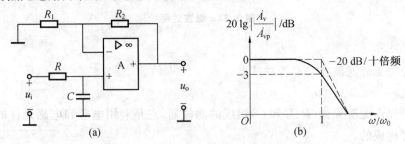

图 3.39　一阶 LPF 电路及幅频特性曲线

当 $f=0$ 时,各电容器可视为开路,通带内的增益为

$$A_{vp}=1+\frac{R_2}{R_1} \tag{3.24}$$

一阶低通滤波器的传递函数如下

$$A(s)=\frac{V_o(s)}{V_I}=\frac{A_{vp}}{1+\dfrac{s}{\omega_0}}$$

其中

$$\omega_0=\frac{1}{RC} \tag{3.25}$$

该传递函数式与一阶 RC 低通环节的频响表达式相似,只是后者缺少通带增益 A_{vp} 这一项。

3. 一阶高通滤波器

图 3.40 所示为一典型的高通滤波器,其传递函数是

$$H(j\omega)=-\frac{R_f}{R_i+1/(j\omega C_i)}=-\frac{j\omega C_i R_f}{1+j\omega C_i R_i} \tag{3.26}$$

式中,$Z_i=R_i+1/(j\omega C_i)$;$Z_f=R_f$。

所以

$$\omega_c=\frac{1}{R_i C_i} \tag{3.27}$$

上式在频率很高时($\omega\rightarrow\infty$),其增益趋于 $-R_f/R_i$,其转折频率是

$$H(j\omega)=\frac{\dot{U}_o}{\dot{U}_i}=-\frac{Z_f}{Z_i}$$

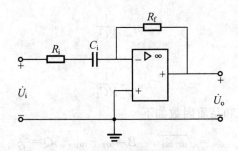

图 3.40　有源一阶高通滤波器

4.一阶带通滤波器

低通滤波器与高通滤波器的结合,可以构成一个带通滤波器,在设计的宽带范围内的增益是 K,图 3.41(a)所示为构成带通滤波器的框图。单位增益的低通滤波器和高通滤波器以及增益为 $-R_f/R_i$ 的反相放大器,三者级联起来,构成一个带通滤波器,其频率响应如图 3.41(b)所示,实际电路如图 3.42 所示。

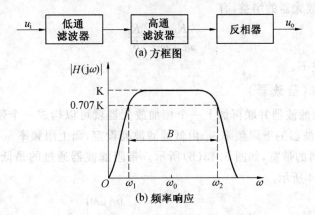

图 3.41　有源带通滤波器

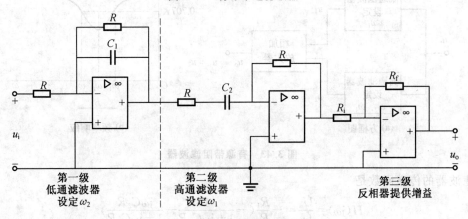

图 3.42　有源带通滤波器实际电路

上述结构的带通滤波器的传递函数是三者的传递函数相乘,即

$$H(j\omega)=\frac{\dot{U}_o}{\dot{U}_i}=(-\frac{1}{1+j\omega C_1R})(-\frac{j\omega C_2R}{1+j\omega C_2R})(-\frac{R_f}{R_i})=$$

$$-\frac{R_f}{R_i}\cdot\frac{1}{1+j\omega C_1R}\cdot\frac{j\omega C_2R}{1+j\omega C_2R} \tag{3.28}$$

低通部分设定了带通滤波器的上限频率

$$\omega_2 = \frac{1}{RC_1} \tag{3.29}$$

而高通部分设定了其下限频率

$$\omega_1 = \frac{1}{RC_2} \tag{3.30}$$

则带通滤波器的中心频率、带宽和品质因数如下

$$\omega_0 = \sqrt{\omega_1 \omega_2}, \quad B = \omega_2 - \omega_1, \quad Q = \frac{\omega_0}{B} \tag{3.31}$$

为了求取带通滤波器的增益,将式(3.28)的传递函数化成标准形式

$$H(j\omega) = \frac{-Kj\omega/\omega_1}{(1 + j\omega/\omega_1)(1 + j\omega/\omega_2)} = \frac{-Kj\omega\omega_2}{(\omega_1 + j\omega)(\omega_2 + j\omega)} \tag{3.32}$$

在中心频率处,有 $\omega_0 = \sqrt{\omega_1 \omega_2}$,则传递函数的模为

$$|H(j\omega)| = \left| \frac{-Kj\omega_0\omega_2}{(\omega_1 + j\omega_0)(\omega_2 + j\omega_0)} \right| = \frac{K\omega_2}{\omega_1 + \omega_2} \tag{3.33}$$

令 $H(j\omega_0)$ 等于反相放大器的增益,有

$$\frac{K\omega_2}{\omega_1 + \omega_2} = \frac{R_f}{R_i} \tag{3.34}$$

由此可求得带通增益 K。

5. 一阶带阻滤波器(陷波器)

用低通滤波器与高通滤波器并联再加上一个相加放大器就可以构成一个带阻滤波器,其方框图如图 3.43(a)所示。带阻滤波器的下限频率 ω_1 由低通滤波器设定,而上限频率 ω_2 由高通滤波器设定。ω_1 和 ω_2 之间的禁带是滤波器的带宽,如图 3.43(b)所示。带阻滤波器通过的是低于 ω_1 和高于 ω_2 的频率,其实际电路构成如图 3.44 所示。

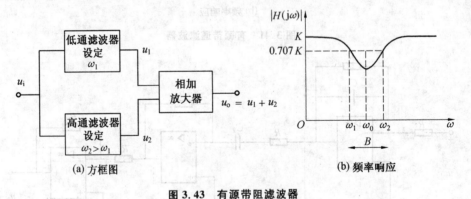

(a) 方框图　　　　　　　　　(b) 频率响应

图 3.43　有源带阻滤波器

带阻滤波器的传递函数是

$$H(j\omega) = \frac{\dot{U}_o}{\dot{U}_i} = -\frac{R_f}{R_i}\left(-\frac{1}{1 + j\omega C_1 R} - \frac{j\omega C_2 R}{1 + j\omega C_2 R}\right) \tag{3.35}$$

计算它的中心频率 ω_1,ω_2 值、带宽和品质因数的公式与计算带通滤波器的相同。要确定带阻滤波器的带通增益 K,将式(3.35)用上、下截止频率(ω_1,ω_2)来表示,有

$$H(j\omega) = \frac{R_f}{R_i}\left(\frac{1}{1 + j\omega/\omega_2} + \frac{j\omega/\omega_1}{1 + j\omega/\omega_1}\right) =$$
$$\frac{R_f}{R_i} \cdot \frac{(1 + j2\omega/\omega_1 + (j\omega)^2/\omega_1^2)}{(1 + j\omega/\omega_2)(1 + j\omega/\omega_1)} \tag{3.36}$$

从上式可看出在两个可通过的频率范围内($\omega \to 0$ 和 $\omega \to \infty$)其增益是

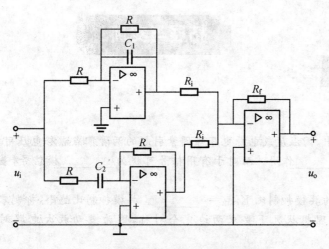

图 3.44　有源带阻滤波器实际电路

$$K = \frac{R_f}{R_i}$$

在中心频率 $\omega_0 = \sqrt{\omega_1 \omega_2}$ 处，传递函数的模是

$$|H(\omega)| = \left| \frac{R_f(1 + j2\omega_0/\omega_1 + (j\omega_0)^2/\omega_1^2)}{R_i(1 + j\omega_0/\omega_2)(1 + j\omega_0/\omega_1)} \right| = \frac{R_f}{R_i} \cdot \frac{2\omega_1}{\omega_1 + \omega_2} \tag{3.37}$$

它是中心频率处的增益。

技术提示：
　要想获得好的滤波特性，一般需要较高的阶数。

重点串联 ▶▶▶

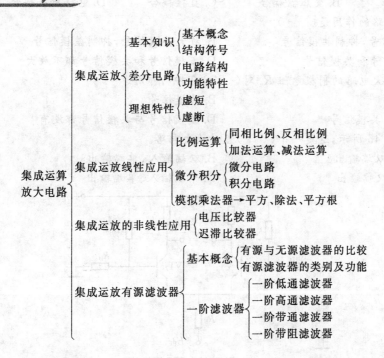

拓展与实训

基础训练

一、填空题

1.差动放大电路中,因温度或电源电压等因素引起的两管零点漂移电压可视为_____模信号,差动电路对该信号有_____作用。而对于有用信号可视为_____模信号,差动电路对其有_____作用。

2.差动放大电路的共模抑制比 $K_{CMR} = $_____。共模抑制比越小,抑制零漂的能力越_____。

3.差动放大电路理想状况下要求两边完全对称,因为差动放大电路对称性越好,对零漂抑制越_____。

4.集成运算放大电路内部主要由_____、_____、_____、_____四部分组成。

5.集成运放有两个输入端,其中,标有"－"号的称为_____输入端,标有"＋"号的称为_____输入端,∞表示_____。

6.一阶滤波电路阻带幅频特性以_____/十倍频斜率衰减,二阶滤波电路则以_____/十倍频斜率衰减。阶数越_____,阻带幅频特性衰减的速度就越快,滤波电路的滤波性能就越好。

7.理想集成运放工作在线性区的两个特点是_____和_____。理想集成运放工作在非线性区的两个特点是_____和_____。

8.反相比例运算放大器当 $R_f = R_1$ 时,称为_____器;同相比例运算放大器当 $R_f = 0$,或 R_1 为无穷大时,称为_____器。

二、选择题

1.欲从混入高频干扰信号的输入信号中取出低于 $100\ kHz$ 的有用信号,应选用( )滤波电路。

A.带阻　　　　　　B.低通　　　　　　C.带通　　　　　　D.高通

2.直流放大器中的级间耦合通常采用( )

A.阻容耦合　　　B.变压器耦合　　　C.直接耦合　　　D.电感抽头耦合

3.差分放大电路的作用是( )

A.放大差模信号,抑制共模信号　　　　B.放大共模信号,抑制差模信号

C.放大差模信号和共模信号　　　　　　D.差模信号和共模信号都不放大

4.典型差动放大电路的射极电阻 R_e 对( )有抑制作用。

A.差模信号　　　　　　　　　　　　　B.共模信号

C.差模信号与共模信号　　　　　　　　D.差模信号与共模信号都没有

5.电路如图 3.45 所示,这是一个( )差动放大电路。

A.双端输入、双端输出　　　　　　　　B.双端输入、单端输出

C.单端输入、双端输出　　　　　　　　D.单端输入、单端输出

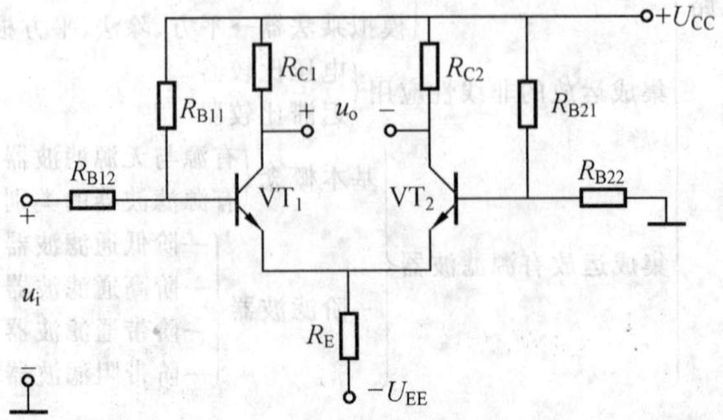

图 3.45　题 5 图

三、计算题

1. 某电路的频率特性如图 3.46 所示,已知转折点频率为 2 MHz,试分析:(1)此为_____通电路;
(2)转折点频率处偏差为_____ dB;(3)写出频率特性表达式。

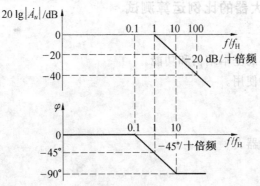

图 3.46　题 1 图

2. 电路如图 3.47 所示。设 A 为理想运放,其最大输出幅度为 ±15 V,输入信号为一三角波,试说明电路的组态,并画出相应的输出波形。

3. 电路如图 3.48 所示。设 A 为理想运放,稳压管 D_Z 稳压值为 6 V,正向压降为 0.7 V,参考电压 U_R 为 3 V。说明电路工作在什么组态,并画出该电路输入与输出关系的电压传输特性。若 U_i 与 U_R 位置互换,试画出其电压传输特性。

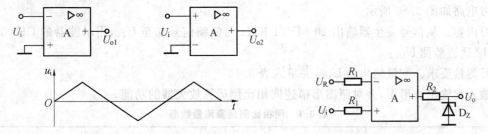

图 3.47　题 2 图　　　　　　　　　图 3.48　题 3 图

4. 假设在图 3.49 所示的反相输入滞回比较器中,比较器的最大输出电压为 $\pm U_Z = \pm 6$ V,参考电压 $U_R = 9$ V,电路中各电阻的阻值为:$R_2 = 20$ kΩ,$R_F = 30$ kΩ,$R_1 = 12$ kΩ。

(1)试估计两个门限电压 U_{TH1} 和 U_{TH2} 以及门限宽度 ΔU_{TH};

(2)画出滞回比较器的传输特性;

(3)当输入为如图波形时,画出滞回比较器的输出波形。

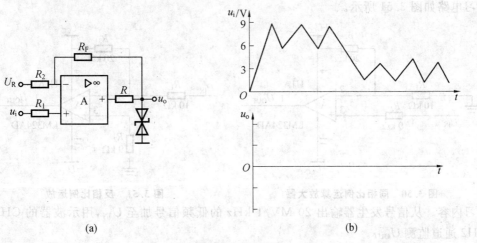

(a)　　　　　　　　　　　　　　　(b)

图 3.49　题 4 图

▶ 技能实训 >>>>>

实训 1　集成运算放大器的比例运算测试

1.训练目的

(1)掌握比例运算放大器的基本结构和功能。

(2)掌握常用测量仪器的使用。

2.训练要求

(1)能正确焊接电路。

(2)能正确使用信号发生器。

(3)能正确使用示波器。

3.训练条件

(1)相关元器件,导线。

(2)烙铁,焊锡,焊锡丝,5 连孔万能板。

(3)信号发生器,直流电源,示波器。

4.训练内容

(1)同相比例运算放大器的功能测试。

①实习电路如图 3.50 所示。

②实习内容。从信号发生器输出 20 MV/1 KHz 的低频信号加至 U_{IN},用示波器的 CH1 通道监测 U_{IN},用 CH2 通道监测 U_{OUT}。

③实习测量要求。测量输出的 U_{OUT} 并填入表 3.1。

画出输入和输出波形图,并对照图形描述同相比例运算放大器的功能。

表 3.1　同相比例运算测量数据

U_i/V	U_o/V	u_i 波形	u_o 波形	A_V	
				实测值	计算值

(2)反相比例运算放大器的功能测试。

①实习电路如图 3.51 所示。

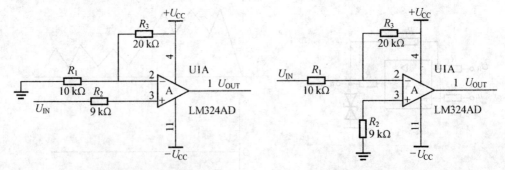

图 3.50　同相比例运算放大器　　　　　图 3.51　反相比例运放

②实习内容。从信号发生器输出 20 MV/1 kHz 的低频信号加至 U_{IN},用示波器的 CH1 通道监测 U_{IN},用 CH2 通道监测 U_{OUT}。

③实习测量要求。测量输出的 U_{OUT},填写表 3.2 测试数据。画出输入和输出波形图,并对照图形

描述反相比例运算放大器的功能。

表 3.2　反相比例运算测量数据

U_i/V	U_o/V	u_i波形	u_o波形	A_V	
				实测值	计算值

(3)比较同相比例运算放大器和反相比例运算放大器的不同。

①描述电路结构的不同。

②描述功能的不同。

实训 2　集成运算放大器的加、减法运算测试

1.训练目的

(1)掌握集成运算放大器的加、减法电路的基本结构和功能。

(2)掌握常用测量仪器的使用。

2.训练要求

(1)能正确焊接电路。

(2)能正确使用万用表。

3.训练条件

①相关元器件,导线。

②烙铁,焊锡,焊锡丝,5 连孔万能板。

③直流稳压电源,万用表。

4.训练内容

(1)反相加法比例运算放大器的功能测试。

①实习电路如图 3.52 所示。

②实习内容。输入信号采用直流信号,图 3.53 所示电路为简易可调直流信号源,由实验者自行完成。实验时要注意选择合适的直流信号幅度以确保集成运放工作在线性区。用直流电压表测量输入电压 U_{i1}、U_{i2} 及输出电压 U_o,记入表 3.3 中。

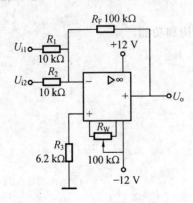

图 3.52　反相加法运算

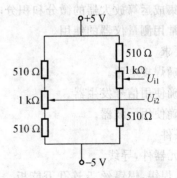

图 3.53　简易可调直流信号源

表 3.3　反相加法比例运算测量数据

U_{i1}/V					
U_{i2}/V					
U_o/V					

（2）减法比例运算放大器的功能测试。

①实习电路如图 3.54 所示。

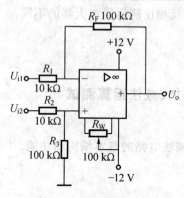

图 3.54　减法比例运算

②实习内容。直流输入信号，步骤同加法一样，将测量结果填入表 3.4。

表 3.4　减法比例运算测量数据

U_{i1}/V					
U_{i2}/V					
U_o/V					

（3）比较加法运算放大器和减法运算放大器的不同。

①描述电路结构的不同。

②描述功能的不同。

实训 3　集成运算放大器的微积分运算测试

1. 训练目的和要求

（1）掌握集成运算放大器的微分和积分电路的基本结构和功能。

（2）掌握常用测量仪器的使用。

2. 训练要求

（1）能正确焊接电路。

（2）能正确使用信号发生器。

（3）能正确使用示波器。

3. 训练条件

（1）相关元器件，导线。

（2）烙铁，焊锡，焊锡丝，5 连孔万能板。

（3）信号发生器，示波器，直流稳压电源，万用表。

4. 训练内容

（1）积分运算放大器的功能测试。

①实习电路如图 3.55 所示。

②实习内容。

a. A1 运放型号为 358,接±12 V 电源。

b. 输入端接入 100 Hz 幅值为±2 V 的方波,断开开关 K,观察输入输出波形并记录波形。

c. 输入端改接 100 Hz 有效值为 1 V 的正弦波,断开开关 K,观察输入输出波形并记录波形。

d. 改变输入信号频率,观察输入输出波形。

e. 使图中积分电容改为 0.1 μF,断开 K,U_i 分别输入 100 Hz 幅值为 2 V 的方波和正弦波信号,观察 U_i 和 U_o 大小及相位关系,并记录波形。

(2)微分运算放大器的功能测试。

①实习电路如图 3.56 所示。

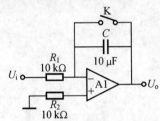 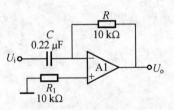

图 3.55 积分运算电路   图 3.56 微分运算电路

②实习内容。

a. 输入端接入 200 Hz 幅值为±2 V 的三角波,观察输入输出波形并记录波形;

b. 输入端改接 200 Hz 有效值为 1 V 的正弦波,观察输入输出波形并记录波形;

c. 改变输入信号频率,观察输入输出波形。

(3)积分-微分运算放大器。将上述两个电路连接在一起:

①输入端 u_i 处输入一个幅值为±2,频率为 1.8 kHz 的方波信号,用示波器分别观察 u_i 及 u_o 的波形,并将波形记录下来。

②改变输入信号频率,再用示波器观察输入输出波形,并记录波形。

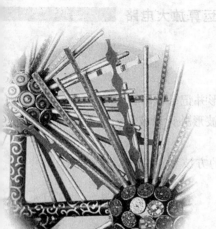

模块 4
负反馈放大电路

知识目标
◆ 正确理解反馈的概念、分类和一般表达式；
◆ 实际反馈放大电路的类型和判断方法；
◆ 负反馈对放大电路性能的影响；
◆ 深度负反馈条件下放大电路增益的计算；
◆ 负反馈放大电路的自激及消除。

技能目标
◆ 掌握放大电路反馈类型的判断方法；
◆ 掌握负反馈对放大电路性能的影响；
◆ 掌握深度负反馈条件下闭环电压放大倍数的估算方法。

课时建议
12 课时

课堂随笔

4.1 负反馈放大电路

【知识导读】

在实际的电子电路中,几乎都要引入负反馈,负反馈对放大电路有什么作用? 要弄清这个问题,就要了解反馈的概念、反馈类型和判断方法,以及负反馈对放大电路性能的影响。

4.1.1 反馈的基本概念

1. 反馈的概念

反馈是指放大电路输出量(电压或电流)的一部分或全部,通过一定的电路形式(反馈网络)送回到放大电路的输入回路,与输入信号串联或并联,以使放大电路某些性能获得改善的过程。

含有反馈网络的放大电路称反馈放大电路,其组成如图 4.1 所示。图中 A 表示没有反馈的放大电路,由单级或多级放大电路构成,称为基本放大电路;F 表示反馈网络,反馈网络通常由线性元件(R 和 C)组成。图中的 X_i、X_{id}、X_f、X_o 分别表示输入信号、净输入信号、反馈信号、输出信号。在基本放大电路中,信号 X_i 从输入端向输出端正向传输;在反馈网络中,反馈信号 X_f 由输出端反送到输入端,并在输入端与输入信号叠加。

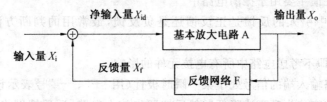

图 4.1 反馈放大电路组成框图

2. 反馈放大电路的一般表达式

若设基本放大电路的放大倍数(即开环增益)为

$$A = \frac{X_o}{X_{id}} \tag{4.1}$$

反馈网络的反馈系数为

$$F = \frac{X_f}{X_o} \tag{4.2}$$

反馈放大电路的放大倍数(即闭环增益)为

$$A_f = \frac{X_o}{X_i} \tag{4.3}$$

X_i、X_{id}、X_f 三者之间的关系为

$$X_{id} = X_i - X_f \tag{4.4}$$

将式(4.1)、(4.2)和(4.3)代入式(4.4),则

$$A_f = \frac{A}{1 + AF} \tag{4.5}$$

式(4.5)称为反馈放大电路的一般表达式,它表明了闭环放大倍数与开环放大倍数、反馈系数之间的关系。$1 + AF$ 称为反馈深度。

4.1.2 反馈的类型及判断

按反馈信号的作用效果来划分,放大电路的反馈可分为正反馈和负反馈;按反馈信号的频率或交直流性质来划分,可分为直流反馈和交流反馈;按照反馈网络在放大电路输出端的取样对象来划分,可分为电压反馈和电流反馈;按照反馈信号 X_f 与输入信号 X_i 的叠加方式来划分,可分为串联反馈和并联反馈。

1. 正反馈与负反馈

反馈有正反馈、负反馈之分。如果引入反馈信号后,放大电路的净输入信号增强($X_{id} > X_i$),使电路增益增加($A_f > A$),这种反馈称为正反馈,此时反馈深度 $1 + AF < 1$;反之,引入反馈信号后使放大电路的净输入信号减小($X_{id} < X_i$),使电路增益减小($A_f < A$),则称为负反馈,此时反馈深度 $1 + AF > 1$。这两种反馈有着截然不同的作用。

负反馈具有自动调节作用,利用这种作用,可以在很大程度上克服外界各种不稳定的因素(如环境、温度、电源、电压等变化)对放大电路增益的影响,自动且稳定地输出信号,此外,还可以有效改善放大电路的频率响应和减小非线性失真,并能够按要求改变放大电路的输入和输出电阻等。负反馈的自动调节作用是以牺牲放大电路增益为代价的。然而增益的减小很容易用多级放大电路来补偿,自动调节作用却只能通过负反馈方法获得。因此,负反馈技术对于改善放大电路的性能是必不可少的。

正反馈没有上述的自动调节作用。施加正反馈的放大电路不仅不能自动地稳定输出信号,相反,将会进一步加剧输出信号的变化,甚至产生自激振荡而破坏放大电路正常的放大作用。因此,实际放大电路均采用负反馈,而正反馈主要用于振荡电路中。

判断一个放大电路中引入的反馈是正反馈还是负反馈,最常用的判断方法是瞬时极性法,步骤如下。

(1)按中频段考虑,即不考虑电路中所有电抗元件的影响。

(2)先假定放大电路输入端的信号处于某一瞬时极性(用"+"、"-"号表示该点瞬时信号极性的正和负,即该点瞬时信号的变化为升高或降低),然后按照先放大电路、后反馈网络的传输顺序,逐级推出电路中有关各点的瞬时极性。

(3)最后判断反馈信号 X_f 的瞬时极性是增强还是削弱了原来的输入信号 X_i,继而判断是正反馈还是负反馈。

【例 4.1】 采用瞬时极性法判断图 4.2 所示反馈电路是正反馈还是负反馈。

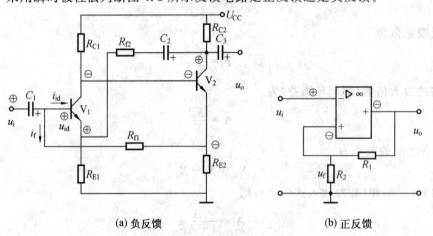

(a) 负反馈　　　　　　　　　　(b) 正反馈

图 4.2　瞬时极性法判断正、负反馈

解　图 4.2(a)为分立元件组成的两级放大电路,电路中有两路级间反馈通路。第一路反馈通路是由 R_{f1} 接于 V_2 发射极和 V_1 基极构成;第二路反馈通路是由 R_{f2} 与 C_2 串联后接于 V_2 集电极和 V_1 发射极构成。

假设输入信号 u_i 对地的瞬时极性为"+",则 V_1 的基极 B_1 的瞬时极性为"+",由于三极管的集电极

与基极相位相反,发射极与基极相位相同。V_1 集电极 C_1 的瞬时极性为"−",发射极 E_1 的瞬时极性为"+";V_2 集电极 C_2 的瞬时极性为"+",发射极 E_2 的瞬时极性为"−"。通过 R_{f1} 的反馈信号在 V_1 的基极 B_1 为"−",叠加后使净输入量 i_{id} 减小,所以是负反馈;通过 R_{f2} 的反馈信号在 V_1 的发射极 E_1 为"+",与输入信号 u_i 叠加后,$u_{id}=u_{BE1}=u_i-u_{E1}$,净输入信号($u_{BE1}$)减小,所以也是负反馈。综上所述,电路中的两路级间反馈都是负反馈。

图 4.2(b)电路中,假设反相输入端 u_i 对地的瞬时极性为"+",运放输出端对地电压为"−",这时反馈电压 u_f 对地电压为"−",于是使净输入电压 u_{id}($u_{id}=u_i+u_f$)增大,所以判定为正反馈,正反馈会使电路性能变差。

2. 直流反馈与交流反馈

按交、直流的性质,可将反馈分为直流反馈和交流反馈。

若反馈网络仅能反馈直流信号,即反馈回来的信号是直流量,则为直流反馈,直流反馈多用于稳定静态工作点。若反馈网络仅能反馈交流信号,即反馈回来的信号是交流量,则为交流反馈,交流反馈多用于改善放大电路的动态性能。当引入反馈的电路是由运放或其他形式的直接耦合放大电路组成,反馈网络可以同时反馈直流及交流信号到输入回路,则称为交直流反馈。交直流反馈既能稳定静态工作点,又能改善放大电路的动态性能。

区分直流反馈还是交流反馈,可以通过察看反馈通路(或元件)所反映的变化是直流量还是交流量来辨认,也可以通过画出整个反馈电路的交、直流通路来判定,输出、输入间构成直流通路则为直流反馈,输出、输入间构成交流通路则为交流反馈。反馈元件出现于直流通路中则为直流反馈,反馈元件出现于交流通路中则为交流反馈。既能构成交流通路又能构成直流通路,反馈元件既存在于直流通路中,又包含于交流通路中,为交、直流反馈。

> **技术提示:**
> 另外还有一种较简单的判别方法,称为电容观察法。若反馈通路含隔直电容则为交流反馈;若反馈通路有旁路电容则为直流反馈;若反馈电路无电容,则为交、直流反馈。

【例 4.2】 判断图 4.3 所示的各电路中引入的是交流反馈还是直流反馈?并判断其反馈极性。对于交流信号而言,电路中的耦合电容的容量足够大。

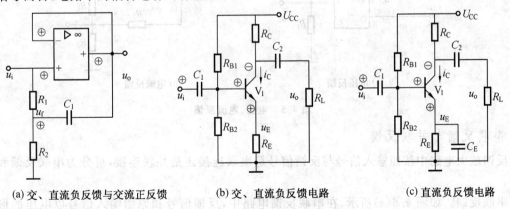

(a) 交、直流负反馈与交流正反馈 (b) 交、直流负反馈电路 (c) 直流负反馈电路

图 4.3 交、直流反馈电路

解 图 4.3(a)为基本运算放大电路。电路中有两条反馈通路,一条是从输出端到反相输入端的导线,根据瞬时极性法可知是负反馈,既可以反馈直流信号又可以反馈交流信号,所以为交、直流负反馈电路。另一条是由 C_1、R_1、R_2 构成的反馈网络,根据瞬时极性法可知是正反馈,由于电容的隔离直流通过

交流作用,所以该反馈网络只能反馈交流信号,是交流正反馈电路。

图 4.3(b)是分压偏置共射极三极管放大电路。该电路的净输入信号 u_{id} 在基极与发射极之间。输入信号 u_i 从基极输入,输出信号 u_o 从集电极输出。输出回路中的集电极电流 i_C 通过发射极电阻 R_E 产生一个电压信号 $u_E = i_E R_E$,该信号就是反馈信号 u_f,由 $u_{id} = u_i - u_E = u_i - i_E R_E$ 知,R_E 是反馈元件,且 u_f 是负反馈信号。又因为交流、直流电流均可在 R_E 上产生反馈信号,所以该电路是交、直流负反馈电路。

图 4.3(c)是在图 4.3(b)的基础上增加了一个发射极旁路电容 C_E,从而使三极管的发射极上的交流信号对地短路,反馈元件 R_E 上不再有交流反馈信号,所以此时 R_E 只能引入直流负反馈。

图 4.3(b)和图 4.3(c)都引入了直流负反馈,两电路都是为了稳定静态工作点,其中图 4.3(b)还引入了交流负反馈,故图 4.3(b)的交流电压增益 A_f 明显要比图 4.3(c)小得多。

3.电压反馈与电流反馈

在反馈放大电路中按照反馈网络从放大电路输出端取样对象不同来划分,可分为电压反馈和电流反馈两种。

①电压反馈。对交流信号而言,反馈网络、基本放大电路及负载是并联连接,如图 4.4(a)所示。在这种取样方式下,X_f 正比于输出电压,它反映的是输出电压的变化,故称之为电压反馈。

②电流反馈。其连接方式为:反馈网络、基本放大电路、负载三者为串联连接,如图 4.4(b)所示。在此方式下,X_f 正比于输出电流,它反映的是输出电流的变化,故称之为电流反馈。

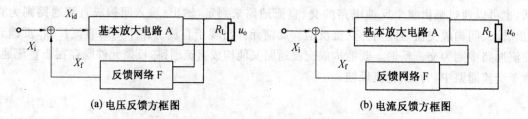

(a) 电压反馈方框图　　　　　　　　　　(b) 电流反馈方框图

图 4.4　放大电路的电压反馈与电流反馈方框图

如图 4.5 所示,图(a)为电压反馈,图(b)则为电流反馈。

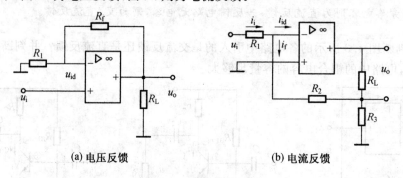

(a) 电压反馈　　　　　　　　(b) 电流反馈

图 4.5　电压、电流反馈

4.串联反馈与并联反馈

在反馈放大电路中按照输入信号与反馈信号是串联连接还是并联连接,可分为串联反馈和并联反馈两种。

①串联反馈。如图 4.6(a)所示,在串联反馈电路中,反馈信号和原始输入信号以电压的形式进行叠加,产生净输入电压信号,即 $u_{id} = u_i - u_f$。

②并联反馈。如图 4.6(b)所示,在并联反馈电路中,反馈信号和原始输入信号以电流的形式进行叠加,产生净输入电流信号,即 $i_{id} = i_i - i_f$。

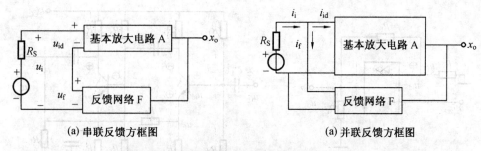

(a) 串联反馈方框图　　　　　　　(a) 并联反馈方框图

图 4.6　放大电路的串联反馈与并联反馈方框图

∴∷∴ 4.1.3　负反馈放大电路的分析

前面已经介绍了根据反馈网络对输出信号的采样方式不同,可分为电压反馈和电流反馈;根据反馈网络产生的反馈信号与输入信号的叠加方式不同,可分为串联反馈和并联反馈。实际电路中遇到的负反馈电路形式是多种多样的,但就基本连接方式来说,可以归结为以下四种类型:电压串联负反馈、电压并联负反馈、电流串联负反馈和电流并联负反馈。

对于不同类型的负反馈放大电路,式(4.5)同样适用。只是反馈类型不同,X_o、X_i的含义不同,由此导致 A_f 与 F 的量纲也不同。例如,对于电压反馈,输出信号 X_o 是电压,电流反馈时,则 X_o 是电流;同样道理,当输入端是串联反馈时,X_i 是电压,并联反馈时,则 X_i 是电流。由此,式(4.5)可扩展为四个公式,见表 4.1。表 4.1 所说的闭环放大倍数、开环放大倍数均称为广义放大倍数,对不同的反馈类型,量纲不同。

表 4.1　四种反馈类型下 A、F 和 AF 的不同含义

反馈方式	电压串联型	电压并联型	电流串联型	电流并联型
被取样的输出信号	U_o	U_o	I_o	I_o
参与比较的输入量	U_i、U_f、U_i'	I_i、I_f、I_i'	U_i、U_f、U_i'	I_i、I_f、I_i'
开环放大倍数	$A_{uu}=\dfrac{U_o}{U_i'}$ 电压放大倍数	$A_{ui}=\dfrac{U_o}{I_i'}$ 转移电阻	$A_{iu}=\dfrac{I_o}{U_i'}$ 转移电导	$A_{ii}=\dfrac{I_o}{I_i'}$ 电流放大倍数
反馈系数	$F_{uu}=\dfrac{U_f}{U_o}$	$F_{iu}=\dfrac{I_f}{U_o}$	$F_{ui}=\dfrac{U_f}{I_o}$	$F_{ii}=\dfrac{I_f}{I_o}$
闭环放大倍数	$A_{uuf}=\dfrac{A_{uu}}{1+F_{uu}A_{uu}}$	$A_{uif}=\dfrac{A_{ui}}{1+F_{iu}A_{ui}}$	$A_{iuf}=\dfrac{A_{iu}}{1+F_{ui}A_{iu}}$	$A_{iif}=\dfrac{A_{ii}}{1+F_{ii}A_{ii}}$

1.电压串联负反馈

(1)电路组成

在图 4.7(a)中,输入电压 u_i 经运放放大输出电压 u_o,输出电压 u_o 由 R_f、R_1 送回输入端,即 $u_f=R_1/(R_1+R_f)u_o$。很显然,反馈电压 u_f 取自于输出电压 u_o,所以是电压反馈。在输入回路中,反馈电压与输入电压串联后加到运放两输入端间,即 $u_{id}=u_i-u_f$,属串联反馈。因此图 4.7(a)所示电路为电压串联负反馈运放电路,图 4.7(b)所示电路为分立元件构成的电压串联负反馈放大电路。

(2)反馈的特点

电压负反馈具有稳定输出电压的作用。当 u_i 一定时,无论何种原因引起输出电压的变化,电路将进行如下的自动调节过程:

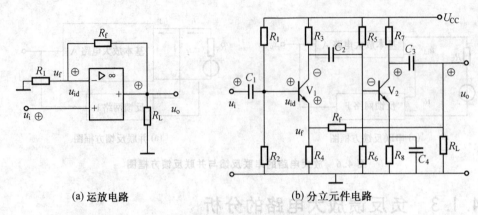

(a) 运放电路　　　　　　　　　　　　(b) 分立元件电路

图 4.7　电压串联负反馈电路

$$u_o \uparrow \rightarrow u_f \uparrow \rightarrow u_{id} \downarrow \ (u_{id} = u_i - u_f) \rightarrow u_o \downarrow$$

可见,电压负反馈具有恒压源输出特性,输出电阻小,带负载能力强。

此外,在串联负反馈中,由于 $u_{id} = u_i - u_f$,要有较好的反馈效果,就应使 u_i 一定,当信号源 u_s 的内阻 R_s 小时,其内阻压降对 u_i 的影响就小。所以,信号源内阻越小,串联负反馈的效果越好。

2. 电压并联负反馈

(1)电路组成

在图 4.8(a)中,输入电压 u_i 经运放放大输出电压 u_o,输出电压 u_o 由 R_f 送回输入端,反馈电流 i_f 取自于输出电压 u_o,所以是电压反馈。在输入回路中,输入电流与反馈电流 i_f 相减后,再送到运放的输入端,即 $i_{id} = i_i - i_f$,属并联反馈。用瞬时极性法可知,图 4.8(a)所示电路为电压并联负反馈运放电路,图 4.8(b)所示电路为分立元件构成的电压并联负反馈放大电路。

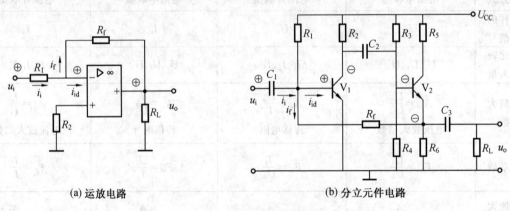

(a) 运放电路　　　　　　　　　　　　(b) 分立元件电路

图 4.8　电压并联负反馈电路

(2)反馈的特点

电压负反馈具有稳定输出电压的作用,这里不再叙述。

在并联负反馈中,由于 $i_{id} = i_i - i_f$,则只有信号源内阻 R_s 很大时,i_i 基本恒定,才能做到 i_f 减少时 i_{id} 增大,或 i_i 增大时 i_{id} 减小,以实现负反馈作用。而且 R_s 越大,并联负反馈的效果也越显著,因此,在并联负反馈放大电路中要使负反馈作用显著,信号源应选用电流源。

3. 电流串联负反馈

(1)电路组成

在图 4.9(a)中,令 $u_o = 0$,反馈电压 $u_f = i_o R_1$ 仍存在,故为电流反馈;在输入回路中,$u_{id} = u_i - u_f$,故为串联反馈;由瞬时极性法判别可知,是负反馈。所以图 4.9(a)所示电路为电流串联负反馈运放电路,

图 4.9(b)所示电路为分立元件构成的电流串联负反馈放大电路。

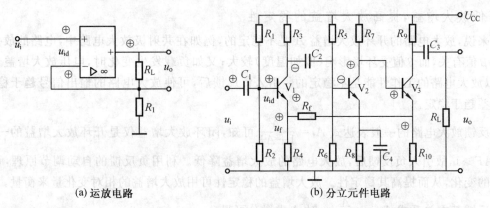

(a)运放电路   (b)分立元件电路

图 4.9 电流串联负反馈电路

(2)反馈的特点

由于引入了电流负反馈,所以能够稳定输出电流。无论何种原因引起输出电流 i_o 的变化,电路将进行如下自动调节过程:

$$i_o \downarrow \rightarrow u_f \downarrow \rightarrow u_{id} (= u_i - u_f) \uparrow \rightarrow i_o \uparrow$$

可见,电流负反馈放大电路输出具有恒流特性,输出电阻很大。

4.电流并联负反馈

(1)电路组成

在图 4.10(a)中,R_2、R_3 将输出电流 i_o 的一部分反馈到输入回路,令 $u_o = 0$,反馈信号仍存在,故为电流反馈;在输入回路,因有 $i_{id} = i_i - i_f$,故电路为并联反馈;由瞬时极性法判别可知,是负反馈。所以图 4.10(a)所示电路为电流并联负反馈运放电路,图 4.10(b)所示电路为分立元件构成的电流并联负反馈放大电路。

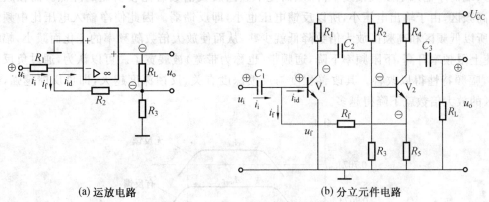

(a)运放电路   (b)分立元件电路

图 4.10 电流并联负反馈电路

(2)反馈的特点

电流负反馈具有稳定输出电流的特性。由于是并联反馈,宜采用高内阻的信号源。

4.1.4 负反馈对放大电路性能的影响

通过对四种反馈组态分析,我们知道负反馈有稳定输出量和改变输入、输出电阻的特点,在工作中可根据实际需要,选用不同类型的负反馈。负反馈的作用还不仅仅是这些,引入负反馈后,不管是什么组态,都能提高放大增益的稳定性,扩展通频带,减少非线性失真,抑制放大电路内部的干扰和噪声,改变输入、输出电阻等。当然,这些性能的改善都是以降低放大电路的放大增益为代价的。

1. 降低放大增益,提高放大增益的稳定性

一般来说,放大电路的开环放大增益 A 是不稳定的,例如在共射极放大电路中,电路的放大增益与三极管的 β 值有关,而 β 值受环境影响(例如温度)较大;又如负载发生变化时,电压放大增益也要随之变化,所以放大电路的工作性能是不稳定的。引入负反馈后,可使放大电路的输出信号趋于稳定,使闭环放大增益趋于稳定。

由负反馈放大电路的一般表达式 $A_f = \dfrac{A}{1+AF}$ 可知,闭环放大增益仅是开环放大增益的 $\dfrac{1}{1+AF}$ 倍,因为 $1+AF>1$,故引入负反馈后,放大电路的放大增益降低。利用负反馈的自动调节原理,可以抑制放大增益的变化,从而提高其稳定性。放大增益的稳定性可用放大增益的相对变化量来衡量。

将负反馈基本关系式 $A_f = \dfrac{A}{1+AF}$,对 A 求微分可得

$$dA_f = \frac{(1+AF)dA - AFdA}{(1+AF)^2} = A_f \cdot \frac{1}{1+AF} \cdot \frac{dA}{A}$$

则

$$\frac{dA_f}{A_f} = \frac{1}{1+AF} \cdot \frac{dA}{A}$$

上式表明,闭环放大增益的相对变化量仅为开环放大增益相对变化量的 $\dfrac{1}{1+AF}$ 倍,也就是说闭环放大增益的稳定性比开环放大增益的稳定性提高了 $1+AF$ 倍。

2. 扩展频带

对于阻容耦合放大电路,当信号处于低频区和高频区时,其放大倍数均要下降,如图 4.11 所示。如果在放大电路中引入负反馈,在放大电路的中频区,由于输出电压大,反馈电压也大,即反馈深,将使放大电路输入端的净输入电压大幅度下降,从而使中频区放大倍数有比较明显的降低。而在放大电路的低频区和高频区,由于输出电压小,所以反馈电压也小,即反馈弱。因此使净输入电压比中频区减小量少一些。所以低频区和高频区放大倍数降低就少些,从而使放大倍数随频率的变化而减小,幅频特性变得平坦,使上限频率升高,下限频率下降,通频带(也称为带宽)被展宽了。可以认为,通过负反馈的自动调节作用,幅频特性得以改善。其改善程度与反馈深度有关,反馈深度越大,即负反馈越强,通频带越宽,中频区的放大倍数就下降得越多。

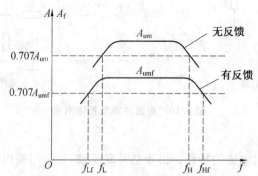

图 4.11　开环与闭环的幅频特性

3. 减少非线性失真

由于放大电路含有非线性元器件,虽然输入信号是正弦波,但输出信号并不是正弦波,造成了非线性失真。从图 4.12 可以看出,输入为正弦信号,经放大电路 A 输出的信号正半周幅度大,负半周幅度

小,出现了失真。

引入如图 4.12 所示的负反馈后,反馈信号的波形与输出信号波形相似,也是正半周大,负半周小,经过比较环节,使净输入量变成正半周小、负半周大的波形,再通过放大电路 A,就把输出信号的前半周压缩,后半周扩大,结果是前后半周的输出幅度趋于一致,输出波形接近正弦波。当然减小非线性失真的程度也与反馈深度有关。

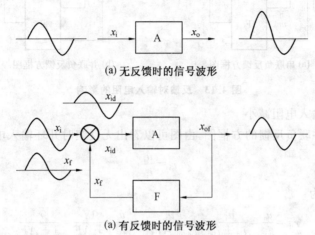

(a) 无反馈时的信号波形

(a) 有反馈时的信号波形

图 4.12 负反馈改善非线性失真

4. 抑制放大电路内部的干扰和噪声

在电声设备中,当无信号输入时,喇叭有杂音输出。这种杂音是由放大电路内部的干扰和噪声引起的。内部干扰主要是由直流电源波动或纹波引起的,内部噪声主要是电路元器件内部载流子不规则的热运动产生的。噪声对放大电路是有害的,它的影响并不单纯由噪声本身的大小来决定。当外加信号的幅度较大时,噪声的影响较小;当外加信号的幅度较小时,就很难与噪声分开,而被噪声所"淹没"。

工程上常用放大电路输出端的信号功率与噪声功率之比来反映其影响,这个比值称为信噪比,即

$$信噪比 = \frac{信号功率}{噪声功率}$$

引入负反馈后,有用信号功率和噪声功率同时减小,信噪比并没有改变。但是,有用信号的减小可以通过增大有用输入信号来补偿,而噪声的幅度是固定的,从而使整个电路的信噪比增大,减小了干扰和噪声的影响,即哪一级有内部干扰,就在哪一级引入深度负反馈。

5. 改变输入电阻

负反馈对放大电路输入电阻的影响主要取决于反馈的形式是串联还是并联。

(1) 串联负反馈使输入电阻增大

图 4.13(a)所示是串联负反馈的方框图,由图可以看出无反馈时开环输入电阻为

$$r_i = \frac{u_{id}}{i_i}$$

有反馈时闭环输入电阻为

$$r_{if} = \frac{u_i}{i_i} = \frac{u_{id} + u_f}{i_i} = \frac{u_{id}(1 + AF)}{i_i} = r_i(1 + AF)$$

上式表明,引入串联负反馈后,输入电阻是无反馈时的 $1 + AF$ 倍。也可以这样理解,由于输入信号与反馈信号串联连接,从图 4.13(a)可以看出,等效输入电阻相当于原来开环放大电路的输入电阻与反馈回路的反馈电阻串联,其结果必然是增加了。所以串联负反馈使输入电阻增大。

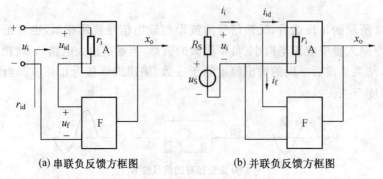

(a) 串联负反馈方框图　　　　　(b) 并联负反馈方框图

图 4.13　反馈对输入电阻的影响

（2）并联负反馈使输入电阻减小

图 4.13(b) 所示是并联负反馈的方框图,由图可以看出无反馈时开环输入电阻为

$$r_i = \frac{u_i}{i_{id}}$$

有反馈时闭环输入电阻为

$$r_{if} = \frac{u_i}{i_i} = \frac{u_i}{i_{id} + i_f} = \frac{u_i}{i_{id} + AFi_{id}} = \frac{u_i}{i_{id}} \frac{1}{1 + AF} = \frac{r_i}{1 + AF}$$

上式表明,引入并联负反馈后,输入电阻是无反馈时的 $1/(1+AF)$ 倍。也可以这样理解,由于输入信号与反馈信号并联连接,从图 4.13(b) 可以看出,等效输入电阻相当于原来开环放大电路的输入电阻与反馈回路的反馈电阻并联,其结果必然是减小了。所以并联负反馈使输入电阻减小。

6.改变输出电阻

负反馈对放大电路输出电阻的影响主要取决于反馈信号的取样对象是电压还是电流。

（1）电压负反馈使放大电路的输出电阻减小

在负反馈放大电路中,由于电压负反馈能够稳定输出电压,即使输出电阻 R_L 发生变化,也能保持输出电压稳定,放大电路近似于恒压源,其效果相当于减小了电路的输出电阻。

分析表明,电压负反馈使放大电路闭环输出电阻减小到开环输出电阻的 $1/(1+AF)$ 倍。

（2）电流负反馈使放大电路的输出电阻增大

当引入电流负反馈后,电路具有稳定输出电流的作用,即使输出电阻 R_L 发生变化,也能保持输出电流基本稳定,放大电路近似于恒流源,其效果相当于增大了电路的输出电阻。

引入电流负反馈后,电路的闭环输出电阻增加到开环输出电阻的 $1+AF$ 倍。

负反馈对放大电路输入和输出电阻的影响,可归纳为以下两点:

①放大电路引入负反馈后,输入电阻的改变取决于输入端的连接方式,而与输出端的取样对象(电压或电流)无直接关系(取样对象将决定 AF 的含义),串联负反馈使输入电阻增加,并联负反馈使输入电阻减小,增加和减小的程度取决于反馈深度。

②放大电路引入负反馈以后,输出电阻的改变取决于输出端的取样对象,而与输入端的连接方式无直接关系,电压负反馈使输出电阻减小,电流负反馈使输出电阻增加,增加和减小的程度决定于反馈深度。

以上分析说明,为了改善放大电路的性能,应引入负反馈。负反馈类型选用的一般原则为:

①要稳定放大电路的某个量,要采用某个量的反馈方式。例如,要想稳定直流量(即静态工作点)就引入直流负反馈;要想稳定交流量,就应引入交流负反馈;要想稳定输出电压,就引入电压负反馈;要想稳定输出电流,就引入电流负反馈。

②根据对输入、输出电阻的要求来选择反馈类型。放大电路引入负反馈后,都会使放大电路的增益

稳定性提高,所以实际放大电路中引入负反馈主要根据对输入、输出电阻的要求来确定反馈类型,若要求减小输入电阻,则应引入并联负反馈;若要求提高输入电阻,则应引入串联负反馈;若要求高内阻输出,则应采用电流负反馈;若要求低内阻输出,应采用电压负反馈。

③根据信号源的内阻来确定反馈类型。若放大电路输入信号源已确定,为了使反馈效果显著,就要根据输入信号源内阻的大小来确定输入端反馈类型,例如当输入信号源为恒压源时,应采用串联负反馈;而输入信号源为恒流源时,应采用并联负反馈;当要求放大电路带负载能力强时,应采用电压负反馈;而要求恒流输出时,则应采用电流负反馈。

技术提示:

负载短路法也可以判定电压、电流反馈。若输出端短路后,反馈信号消失则为电压反馈,反之,则为电流反馈。

由于负反馈的引入,在减小非线性失真的同时,降低了输出幅度。此外输入信号本身固有的失真,是不能用引入负反馈来改善的。

负反馈对来自放大电路外部的干扰和输入信号混入的噪声是无能为力的。

4.2 负反馈放大电路增益分析方法

【知识导读】

对于一个实际多级负反馈放大电路应如何分析、计算电路的放大倍数?要弄清这个问题,首先要了解深度负反馈放大电路的特点,再来完成放大电路放大倍数的计算。

4.2.1 深度负反馈的特点

在深度负反馈的条件下,即 $1+AF \gg 1$ 时,负反馈放大电路的闭环放大倍数可简化为

$$A_f = \frac{A}{1+AF} \approx \frac{A}{AF} = \frac{1}{F}$$

上式表明,深度负反馈时放大电路的闭环放大倍数近似等于反馈系数的倒数,只要知道了反馈系数就可以直接求闭环增益 A_f。需要说明的是,对于不同的反馈类型,反馈系数的物理意义不同,也就是量纲不同,相应的闭环放大倍数 A_f 也是我们所说的广义放大倍数,不一定是电压放大倍数,其量纲可能是电阻,也可能是电导等。只有电压串联负反馈时,才可以利用上式直接估算电压放大倍数。

对于其他类型的负反馈放大电路,可以采用下面的方法估算电压放大倍数。

1. 外加输入信号近似等于反馈信号,净输入信号近似为零

因为 $A_f = X_o/X_i$,$F = X_f/X_o$,且在深度负反馈时满足 $A_f \approx 1/F$,所以

$$\frac{X_o}{X_i} \approx \frac{X_o}{X_f}$$

因此 $X_i = X_f$,即净输入信号 $X_{id} = X_i - X_f \approx 0$。

当电路引入深度串联负反馈时,$X_i = u_i$,$X_f = u_f$,所以 $u_i \approx u_f$;当电路引入深度并联负反馈时,$X_i = i_i$;$X_f = i_f$,所以 $i_i \approx i_f$。

2. 闭环输入电阻和输出电阻可近似看成零或无穷大

前已讨论,如果是串联负反馈,则闭环输入电阻是开环输入电阻的 $1+AF$ 倍,即 $r_{id} = (1+AF)r_i$,而一般引入深度负反馈的前提是开环增益很大。比如运放,它的开环放大倍数在 10^6 以上,可以近似看成是无穷大,即 $A \to \infty$,则 $(1+AF) \to \infty$,所以深度串联负反馈的输入电阻也可以近似看成是无穷大;如

果反馈网络与输入端并联,则有 $r_{id} = r_i/(1+AF)$,由于 $A \to \infty$,因此 $r_{id} \to 0$,即深度并联负反馈的输入电阻约为零。

从输出端的取样来看,如果是电压负反馈,则闭环输出电阻是开环输出电阻的 $1/(1+AF)$,所以深度电压负反馈的输出电阻约为零;同样,深度电流负反馈时,其闭环输出电阻为无穷大。

❖❖❖ 4.2.2　深度负反馈条件下增益的计算

在对深度负反馈电路的分析中,主要应抓住基本放大电路净输入信号近似为零这一特点,即基本放大电路的净输入电压和净输入电流都近似为零。对于运算放大电路来说,两个输入端的电位近似相等(虚短),两个输入端的电流近似为零(虚断)。

1. 电压串联负反馈放大电路

图 4.14 所示为电压串联负反馈放大电路。其中电阻 R_f 对输出电压 u_o 采样后,通过与电阻 R_1 串联对输出电压分压,在电阻 R_1 上形成反馈电压 u_f 为

$$u_f = \frac{R_1}{R_1 + R_f} u_o$$

根据反馈系数的定义,有

$$F = \frac{u_f}{u_o} = \frac{R_1}{R_1 + R_f}$$

$$A_{uf} = \frac{u_o}{u_i} \approx \frac{u_o}{u_f} = \frac{1}{F} = \frac{R_1 + R_f}{R_1}$$

式中,A_{uf} 与负载电阻 R_L 无关,表明引入深度电压负反馈后,电路的输出可近似为受控恒压源。

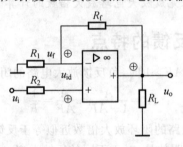

图 4.14　电压串联负反馈放大电路

2. 电压并联负反馈放大电路

图 4.15 所示为电压并联负反馈电路。闭环输入电阻可近似看作零,则

$$i_s = i_i = \frac{u_s}{R_s + r_{id}} \approx \frac{u_s}{R_s}$$

$$i_f = -\frac{u_o}{R_f}$$

由于对深度并联负反馈电路,净输入电流为零,$i_i = i_f$,则

$$\frac{u_s}{R_s} = -\frac{u_o}{R_f}$$

$$A_{usf} = \frac{u_o}{u_s} = -\frac{R_f}{R_s}$$

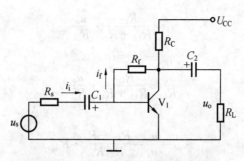

图 4.15　电压并联负反馈放大电路

3.电流串联负反馈放大电路

图 4.16 所示为电流串联负反馈放大电路。从图中可得

$$u_f = i_o R_1 = \frac{u_o}{R_L} R_1$$

因此,电压放大倍数为

$$A_{uf} = \frac{u_o}{u_i} \approx \frac{u_o}{u_f} = \frac{R_L}{R_1}$$

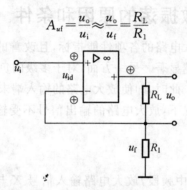

图 4.16　电流串联负反馈放大电路

4.电流并联负反馈放大电路

图 4.17 所示为电流并联负反馈放大电路。从图中可得

$$i_i \approx \frac{u_s}{R_s}, \quad i_f = \frac{-R_{E2}}{R_{E2} + R_f} i_0, \quad i_o \approx i_{E2}$$

而

$$i_o = -\frac{u_o}{R_L'}, \quad R_L' = R_{C2} // R_L$$

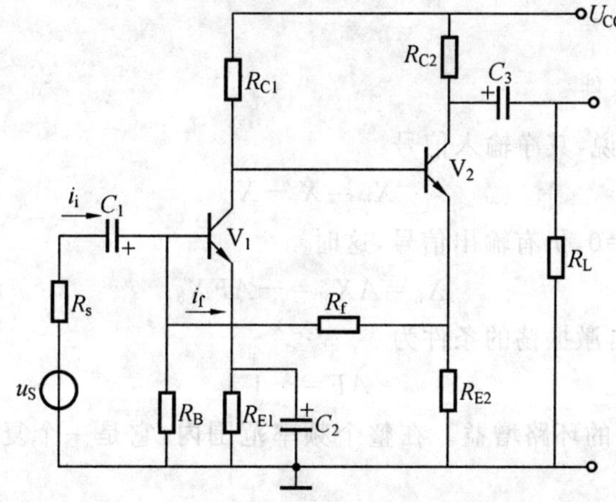

图 4.17　电流并联负反馈电路

$$i_f = \frac{R_{E2}}{R_{E2} + R_f} \cdot \frac{u_o}{R_L'}$$

根据
$$i_i \approx i_f$$

$$\frac{u_s}{R_s} \approx \frac{R_{E2}}{R_{E2} + R_f} \cdot \frac{u_o}{R_L'}$$

所以
$$A_{usf} = \frac{u_o}{u_s} = \frac{R_{E2} + R_f}{R_{E2} R_s} \cdot R_L'$$

4.3 负反馈放大电路的稳定性问题 ▌

【知识导读】

对于一个实际负反馈放大电路为何能引起电路的自激振荡？自激振荡有什么危害,如何消除负反馈放大电路的自激振荡？

4.3.1 产生自激振荡的原因和条件

由于负反馈一方面能够改善放大电路的各项性能指标,且改善的程度与反馈深度的值$|1+AF|$有关,负反馈的深度越深,改善的效果越显著。另一方面,对于多级的负反馈放大电路而言,过深的负反馈又可能引起放大电路产生自激振荡。此时,即使放大电路的输入端未加信号,在其输出端也会出现某个频率和幅度的输出信号。在这种情况下,放大电路的输出信号不受输入信号的控制,失去了放大作用,称为"自激振荡"。

1. 产生自激振荡的原因

在负反馈放大电路中,在信号的中频段,放大电路输入信号X_i与反馈信号X_f一般是同相的,因此$|X_{id}| = |X_i| - |X_f|$,净输入信号X_{id}的幅值必然小于输入信号X_i的幅值,放大电路的输出信号减小,正常地体现出负反馈作用。

然而,当信号频率超出了中频范围,特别是信号频率超过了上、下限频率时,放大电路中的电抗元件必然产生附加相移,如果附加相移达到180°,那么原来的负反馈就变成了正反馈。放大电路的净输入信号变成$|X_{id}| = |X_i| + |X_f|$,净输入信号X_{id}的幅值将大于输入信号X_i的幅值。在这种情况下,即使没有输入信号,由于电路中内部噪声中总会有某一频率成分的信号,加在放大电路的输入端,经放大、正反馈多次循环,幅度越来越大,最后受器件非线性限制,变成等幅振荡信号。这就是负反馈放大电路产生自激振荡的根本原因。

2. 产生自激振荡的条件

对于负反馈放大电路来说,其净输入信号

$$X_{id} = X_i - X_f$$

当产生自激振荡时,$X_i = 0$,仍有输出信号,这时

$$X_o = AX_{id} = -AFX_o$$

因此,负反馈放大电路产生自激振荡的条件为

$$AF = -1$$

式中,AF为负反馈放大电路的环路增益。在整个频率范围内,它是一个复数,将分解成幅值和相位两部分,有下列关系

$$|AF| = 1 \tag{4.6}$$

$$\phi_A + \phi_F = (2n+1)\pi \quad (n = 0, 1, 2, \cdots) \tag{4.7}$$

式中，n 为整数；ϕ_A 和 ϕ_F 为放大电路和反馈网络的相移。

式(4.6)和(4.7)分别称为负反馈放大电路产生自激振荡的幅值平衡条件和相位平衡条件。

◇◇◇ 4.3.2 消除自激振荡的方法

放大电路产生自激振荡是非常有害的，必须设法消除，可通过以下方法防止和消除自激振荡。

1. 降低负反馈深度

负反馈深度降低到一定的程度，限制了自激振荡产生的幅值条件，继而防止自激振荡现象。

2. 控制负反馈级数

由于附加相移是每级放大电路相位偏移之和，而每一级的相移不会达到 $90°$，若要有 $180°$ 的相移，至少必须有三级放大电路。所以，将负反馈放大电路的级数降到三级以下，即可控制自激振荡的相位条件，从而避免自激振荡现象。

3. 加"电源去耦"电路

放大电路产生低频自激振荡一般是直流电源内阻耦合引起的。由于直流电源对各级放大电路供电，各级放大电路的交流电流在电源内阻上产生的电压降自然会随电源而相互影响，因此通过供电电源内阻的交流耦合作用，使级间形成正反馈而可能产生自激。消除这种自激振荡的方法是在电路的电源进线处加"去耦电路"，如图 4.18 所示。图中的 R 一般选用几百至几千欧姆的电阻。C 选用几十到几百微法的电解电容器，用来滤除低频信号，C' 选用 $0.1\ \mu\text{F}$ 的瓷片电容器，用来滤除高频信号。

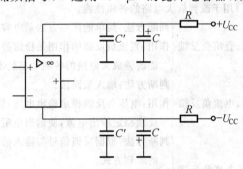

图 4.18 电源进线处加"去耦电路"

4. 采用电容滞后补偿

电容滞后补偿电路如图 4.19(a)所示。图中 C 为接入的补偿电容，C_1 为前级输出电容与后级输入端电容并联的等效电容。补偿网络的等效电路如图 4.19(b)所示。

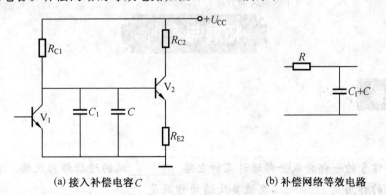

(a) 接入补偿电容 C (b) 补偿网络等效电路

图 4.19 电容滞后补偿电路

在中、低频时，由于 C 的容抗很大，其影响可以忽略。在高频时，由于 C 的容抗变小，使高频信号放大倍数下降,在高频段不会产生自激振荡。

5.电容超前补偿

电容超前补偿如图4.20所示。图中的反馈电阻 R_f 并联补偿电容 C_f 后,具有超前的附加相移,破坏了自激振荡的条件,使负反馈放大电路的工作稳定。

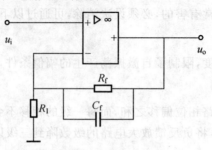

图4.20　电容超前补偿

重点串联 ▶▶▶

负反馈放大电路
- 反馈分类
  - 正反馈
    - 增强了原来的输入信号。
    - 主要用于振荡电路。
  - 负反馈
    - 减弱了原来的输入信号。
    - 用于改善放大电路的各项性能。
- 负反馈分类
  - 交流、直流负反馈
    - 判断方法:简单的区别方法是电容观察法。
    - 作用:直流负反馈的作用是稳定静态工作点;交流负反馈能改善放大电路的各项动态技术指标。
  - 电压、电流负反馈
    - 判断方法:输入短路法。
    - 作用:电压负反馈稳定输出电压,使输出电阻减小;电流负反馈稳定输出电流,使输出电阻增大。
  - 串联、并联负反馈
    - 判断方法:根据反馈信号与输入信号在放大电路输入回路中的求和方式。
    - 作用:串联负反馈和输入电阻增大,一般与电流源相连,并联负反馈使输入电阻减小,一般与电压源相连。
- 深度负反馈下放大电路增益计算原则
  - 深度负反馈下,闭环输入电阻和输出电阻可近似看成零或无穷大。
  - 串联负反馈时: $u_i = u_f$。
  - 并联负反馈有: $i_i = i_f$。

拓展与实训

▶ 基础训练 ✦✦✦✦

一、填空题

1.将_____信号的一部分或全部通过某种电路_____端的过程称为反馈。

2.直流负反馈的作用是_____,交流负反馈的作用是_____。

3.对于放大电路,若无反馈电路,称为_____放大电路;存在反馈电路,则称为_____放大电路。

4. 为提高放大电路的输入电阻,应引入交流_____反馈;为提高放大电路的输出电阻,应引入交流_____反馈。

5. 负反馈对输出电阻影响取决于_____端的反馈类型,电压负反馈能够_____输出电阻,电流负反馈能够_____输出电阻。

6. 某直流放大电路输入信号电压为 $1\ mV$,输出电压为 $1\ V$,加入负反馈后,为达到同样输出时需要的信号为 $10\ mV$,则可知该电路的反馈深度为_____,反馈系数为_____。

7. 在深度负反馈条件下,若 $A = 10\ 000,F = 0.01$,则 $A_f =$ _____。

8. 引入_____反馈可提高电路的增益,引入_____反馈可提高电路的增益的稳定性。

9. 负反馈放大电路的闭环增益可以利用虚_____和虚_____的概念求出。

10. 为稳定放大电路的输出电压,应引入_____反馈;为稳定放大电路的输出电流,应引入交流_____反馈。

二、选择题

1. 对于放大电路,所谓开环是指( )。

A. 无信号源 B. 无反馈通路 C. 无电源 D. 无负载

2. 为了稳定放大倍数,应引入( )负反馈。

A. 直流 B. 交流 C. 串联 D. 并联

3. 电压负反馈能稳定( )。

A. 输出电压 B. 输出电流 C. 输入电压 D. 输入电流

4. 引入( )反馈,可稳定电路的增益。

A. 电压 B. 电流 C. 负 D. 正

5. 负反馈所能抑制的是( )的干扰和噪声。

A. 反馈环内 B. 输入信号所包含 C. 反馈环外 D. 不确定

6. 现有一个阻抗变换电路,要求输入电阻大、输出电阻小,应选用( )负反馈。

A. 电压串联 B. 电压并联 C. 电流串联 D. 电流并联

7. 为了展宽上频带,应引入( )负反馈。

A. 直流 B. 交流 C. 串联 D. 并联

8. 为减小放大电路信号源索取的电流并能增强带负载能力,应引入( )负反馈。

A. 电压串联 B. 电压并联 C. 电流串联 D. 电流并联

9. 放大电路引入负反馈是为了( )。

A. 提高放大倍数 B. 稳定输出电流

C. 稳定输出电压 D. 改善放大电路的性能

10. 在输入量不变的情况下,若引入反馈后( ),则说明引入的是负反馈。

A. 输入电阻增大 B. 输出量增大

C. 净输入量增大 D. 净输入量减小

三、计算分析题

1. 试分析图 4.21 所示各电路中的反馈。

(1)反馈元件是什么?

(2)是正反馈还是负反馈?

(3)是直流反馈还是交流反馈?

(4)对负反馈放大电路,判断其反馈组态。

2. 有一负反馈放大电路,当输入电压为 $0.1\ V$ 时,输出电压为 $2\ V$,而开环时,对于 $0.1\ V$ 的输入电压,其输出电压则有 $4\ V$。试计算其反馈深度和反馈系数。

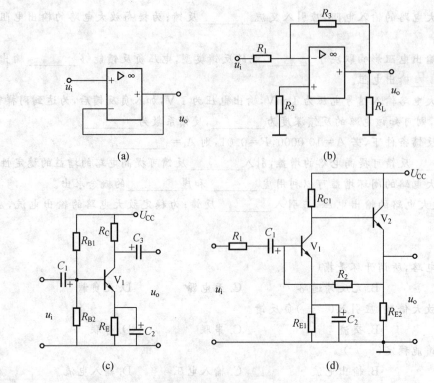

图 4.21　负反馈放大电路

3. 计算图 4.22 所示运算放大电路的电压放大倍数 A_{uf}。

4. 电路如图 4.23 所示。

(1) 判断电路引入何种交流负反馈(级间)。

(2) 求出在深度负反馈条件下的电压放大倍数 A_{uf}。

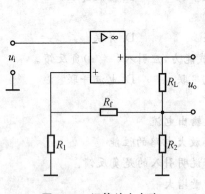

图 4.22　运算放大电路

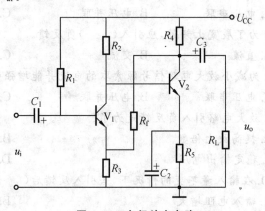

图 4.23　多级放大电路

▶ 技能实训 ⬥⬥⬥⬥

实训　多级负反馈放大电路测试

1. 训练目的

(1) 深入理解负反馈对放大电路性能的影响。

(2) 了解负反馈放大电路的各项性能指标及其测量方法。

2. 实验原理

如图 4.24 所示,由于晶体管的参数会随着环境温度的改变而改变,不仅放大电路的工作点、放大倍数不稳定,还存在失真和干扰等问题。为了改善放大电路的这些性能,常在放大电路中引入反馈环节。

根据输出端取样方式和输入端比较方式的不同,可以将负反馈放大电路分为四种基本组态:电压串联负反馈、电压并联负反馈、电流串联负反馈和电流并联负反馈。

实验电路如图 4.24 所示,这是一个两级阻容耦合放大电路。当电阻 R_f 的左端接地时,为基本放大电路;当电阻 R_f 的左端与 V_1 的发射极相连时,为电压串联负反馈放大电路。

电压串联负反馈电路对基本放大电路的性能改善作用是:提高了放大电路的稳定性,降低了电压放大倍数,提高了输入电阻,降低了输出电阻,拓展了频带和改善了非线性失真等。

3. 预习要求

(1)复习电压串联负反馈电路的工作原理及其对基本放大电路性能的影响。

(2)复习基本放大电路及负反馈放大电路电压放大倍数的估算方法。

(3)查阅有关放大电路性能参数的测量技术。

(4)写出预习报告,准备好实验数据记录表格。

4. 实验仪器与设备

双踪示波器,信号发生器,交流毫伏表,数字万用表,模拟电路实验箱。

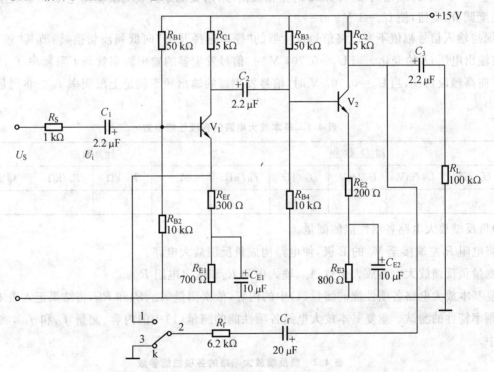

图 4.24 多级负反馈放大电路

5. 实验内容及步骤

(1)基本放大电路各项性能的测量。

①将电阻 R_f 左端接地,使电路构成基本放大电路。

②测量基本放大电路的放大倍数 A_u、输入电阻 R_i 和输出电阻 R_o。

从电路 U_S 输入端送入 $f = 1$ kHz 的正弦波信号,调节信号发生器的"幅度调节"旋钮,用交流毫伏表测量 U_i 端的输入电压。当 $U_i = 5$ mV 时,开始测量:

a. U_S 的值。

b. 当 $R_L = \infty$ 时输出电压的值，将此电压记为 U_o。

c. 当 $R_L = 4.7 \text{ k}\Omega$ 时输出电压的值，将此电压记为 U_L。

利用下面的公式计算 A_u、R_i 和 R_o，将计算结果记入表 4.1 中。无论是基本放大电路还是负反馈放大电路，都是基于下列公式测量各项性能指标：

电压放大倍数测量

$$A_u = \frac{U_o}{U_i}$$

输入电阻测量

$$R_i = \frac{U_i}{U_S - U_i} R_s$$

输出电阻测量

$$R_o = \left(\frac{U_o}{U_L} - 1\right) R_L$$

其中 U_S、U_i、U_o、U_L 分别为信号源输入电压、放大电路输入电压、空载和有载输出电压，R_S、R_L 分别为信号源和负载电阻。

③频率特性的测试。

a. $R_L = \infty$。从 U_S 端输入 $f = 1 \text{ kHz}$ 的正弦波信号，用交流毫伏表测量输出电压 U_o。调节信号发生器的"幅度调节"旋钮，使 $U_o = 1 \text{ V}$。

b. 保持输入信号幅值不变。将信号发生器的"频率选择开关"向低频段切换，调节其"频率调节"旋钮，观察输出电压 U_o 的变化。当 $U_o = 0.707 \text{ V}$ 时，信号发生器的输出频率就是下限频率 f_L；将"频率选择开关"向高频段切换，当 $U_o = 0.707 \text{ V}$ 时，信号发生器的输出频率就是上限频率 f_H。将测量结果记入表 4.1 中。

表 4.1　基本放大电路的各项性能参数

测 量 数 据					计 算 数 据			
U_i/mV	U_S/mV	U_o/mV	f_L/Hz	f_H/kHz	A_u	R_i/kΩ	R_o/kΩ	频宽

(2)负反馈放大电路各项性能的测量。

①将电阻 R_f 左端接至 V_1 的 E 极，使电路构成负反馈放大电路。

②测量负反馈放大电路放大倍数 A_{uf}、输入电阻 R_{if} 和输出电阻 R_{of}。

重复基本放大电路各项性能的测量(1)中的内容，依次测量 A_{uf}、R_{if} 和 R_{of}，将结果记入表 4.2 中。

③频率特性的测试。重复基本放大电路各项性能的测量(1)中的内容，测量 f_{Lf} 和 f_{Hf}，将结果记入表 4.2 中。

表 4.2　负反馈放大电路的各项性能参数

测 量 数 据					计 算 数 据			
U_i/mV	U_S/mV	U_o/mV	f_{Lf}/Hz	f_{Hf}/kHZ	A_{uf}	R_{if}/kΩ	R_{of}/kΩ	频宽

(3)负反馈对失真的改善。

①将电阻 R_f 左端接地，逐渐加大 U_i 的幅度，使输出信号出现失真(注意不要过分失真)，记录失真波形幅度。

②将电阻 R_f 左端接至 V_1 的 E 极，观察输出情况，并适当增加 U_i 的幅度，使输出幅度接近开环时失

真波形幅度。

③比较负反馈放大电路对信号的改善程度。

6.实验报告要求

(1)整理实验数据,并根据公式计算 A_u、R_i、R_o、A_{uf}、R_{if} 和 R_{of},将结果填入相应的表格中。

(2)总结电压串联负反馈对放大电路性能的影响作用,并与理论值进行比较。

模块 5

波形产生电路

知识目标

◆掌握正弦波振荡电路的振荡条件、RC 串并联及 LC 并联网络的选频特点及组成振荡电路的基本结构；

◆掌握正弦振荡频率、RC 串并联振荡电路阻值的计算；

◆了解各类正弦波振荡电路适用频率范围、石英晶体振荡电路特点。

技能目标

◆会测试 RC 正弦波振荡器；

◆能计算 RC 正弦波振荡器的频率。

课时建议

14 课时

课堂随笔

5.1 正弦波振荡电路 ▮

【知识导读】

不外接输入信号如何将直流能量转换成具有一定频率、一定幅度和一定波形的交流能量输出电路，如何在电路中产生正弦波振荡，电路应满足什么条件，电路结构有何特点，振荡频率如何确定等问题。要弄清这些问题，首先要知道正弦波振荡电路振荡的条件。

◈◈◈ 5.1.1 正弦波振荡电路基础知识

1. 自激振荡的现象

如图 5.1 所示，通过扩音系统中的自激现象，感受放大器自激的效果。

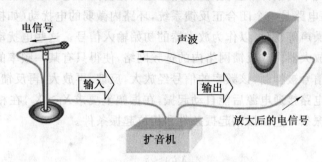

图 5.1 扩音中的自激现象

2. 振荡条件

(1) 振荡平衡条件

正弦波振荡电路是一个无外加输入信号、具有选频特性的正反馈电路。可以产生一定频率和幅值的正弦波信号。其电路原理框图如图 5.2 所示。

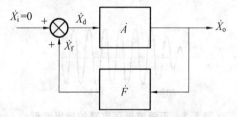

图 5.2 正弦波振荡电路方框图

如果 $\dot{X}_d$ 为一个外接一定频率、一定幅度的正弦波信号，经基本放大电路放大后输出为 $\dot{X}_o$，再通过反馈网络输出反馈信号为 $\dot{X}_f$。如果 $\dot{X}_f$ 与 $\dot{X}_d$ 两个信号大小相等、相位相同，那么 $\dot{X}_f$ 可以取代原有外加信号 $\dot{X}_d$，连成闭环系统，电路就能维持稳定输出。因而，从 $\dot{X}_f = \dot{X}_d$ 可引出自激振荡条件。

正弦波振荡电路的基本原理是利用正反馈产生自激振荡。该电路的关键是维持输出信号所需的 $\dot{X}_i$ 完全由反馈信号 $\dot{X}_f$ 提供，无需外加输入信号 $\dot{X}_i$。

放大电路的输出为

$$\dot{X}_o = \dot{A} \cdot \dot{X}_d$$

$$\dot{X}_f = \dot{F} \cdot \dot{X}_o$$

$$\dot{X}_f = \dot{F} \cdot \dot{X}_o = \dot{A}\dot{F}\dot{X}_d = \dot{X}_d$$

当 $\dot{X}_f = \dot{X}_d$ 时，则有

$$\dot{A} \cdot \dot{F} = 1 \tag{5.1}$$

式(5.1)就是振荡电路的自激振荡条件。因此,振荡平衡条件应当同时满足幅值平衡条件和相位平衡条件。

① 幅值平衡条件

$$|\dot{A}F| = 1 \tag{5.2}$$

② 相位平衡条件

$$\varphi_{AF} = \varphi_A + \varphi_F = \pm 2n\pi \quad (n \text{ 为整数}) \tag{5.3}$$

幅值平衡条件是指自激振荡已经建立且电路已进入稳定的等幅振荡时所必须满足的幅值条件。

式(5.2)和式(5.3)要求反馈信号$\dot{X}_f$与净输入信号$\dot{X}_d$等值同相。

(2)振荡起振条件

振荡的建立必须具有选频特性的正反馈放大器。

式(5.1)是维持振荡的平衡条件,是对振荡电路已进入振荡的稳定状态而言。而振荡电路最初的输入电压从何而来呢? 振荡电路是一个闭合正反馈系统,环路内微弱的电扰动(如接通电源瞬间引起的电流突变,放大器内部的热噪声等)都可以作为放大器的初始输入信号。这些电扰动包含了多种频率的微弱正弦波信号,经设置在放大器内或反馈网络内的选频网络,使得只有某一频率的信号能反馈到放大器的输入端,而其他频率的信号被抑制,该频率的信号经放大,反馈,再放大,再反馈,使之不断增大而建立起振荡。可见,为使振荡电路接通电源后能自动起振,在振幅上要求$\dot{X}_i > \dot{X}_f$,在相位上要求反馈电压与输入电压相位相同,即起振条件包括振幅起振条件和相位起振条件。

① 振幅起振条件

$$|\dot{A}F| > 1$$

② 相位起振条件

$$\varphi_{AF} = \varphi_A + \varphi_F = \pm 2n\pi \quad (n \text{ 为整数})$$

③ 振荡电路的稳定:靠非线性条件限制振荡幅度。

振荡电路起振后,振荡幅度迅速增大,最后将使放大器进入非线性工作区,放大器的增益下降,直至振荡幅度不再增大,振荡进入稳定状态。用示波器可观察到正弦波振荡电路在开启电源后立即起振时的波形,如图5.3所示。

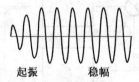

起振　　　稳幅

图 5.3　正弦波振荡电路的输出波形

3.振荡电路的组成与分析方法

(1)振荡电路的组成

由上面分析可知,一个正弦振荡电路应具有四个功能部分组成:放大电路,正反馈网络,选频网络,稳幅电路,如图5.4所示。

①放大电路。放大电路保证电路能够在起振到动态平衡的过程中使电路获得一定幅值的输出量。

②反馈网络。放大电路和正反馈网络共同满足振荡的条件。

③选频网络。选频网络实现单一频率振荡,选频网络往往由R、C和L、C等电抗性元件组成。反馈网络与选频网络可以是两个独立的网络,也可以合二为一。正弦波振荡电路是在没有外加输入信号的条件下,在电路内部自发持续地产生具有一定频率和幅度的振荡。所以它必须满足产生自激振荡的相位条件和幅值条件。为了使振荡的频率是单一的,要求回路增益具有选频特性,即仅对某一频率的信号才满足起振和维持自激振荡的条件。选频网络应该是一个对频率有选择作用的电路,对不同频率分量

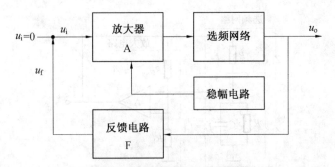

图 5.4 正弦波振荡电路的组成

呈现不同的特性。选频网络若由电阻和电容元件组成,则称之为 RC 正弦波振荡电路;若由电感和电容元件组成,则构成 LC 正弦波振荡电路;若由石英晶体组成,则为石英晶体振荡电路。

RC 振荡电路一般用来产生低频信号,LC 振荡电路则主要用来产生数百千赫兹以上的高频信号。

④稳幅电路。稳幅电路使输出信号幅值稳定,一般采用非线性环节限幅。随着起振过程的进行,电路中的信号幅度越来越大,为了使振荡的幅度能够自动稳定而不产生非线性失真,必要时可以在电路中设置稳幅环节来实现。

(2)正弦波振荡电路分析方法

一般可以采用以下步骤来分析振荡电路的工作原理。

①判断能否产生正弦波振荡。

a.检查电路是否具备正弦波振荡的组成部分,即是否具有放大电路、反馈网络、选频网络等。

b.检查放大电路的静态工作点是否能保证放大电路正常工作。

c.判断电路是否满足自激振荡条件。主要检查是否满足相位平衡条件,至于幅值条件一般比较容易满足。若不满足幅值条件,可改变电路的 $|\dot{A}|$ 或 $|\dot{F}|$ 使电路满足条件。

判断是否满足相位平衡条件的方法:瞬时极性法。

②估算振荡频率和起振条件。振荡频率由相位平衡条件决定,而起振条件可由幅值条件 $|\dot{A}\dot{F}| > 1$ 的关系求得。一般情况下,主要估算振荡频率,而起振条件可通过测试调整来满足。

5.1.2 RC 串并联正弦波振荡电路

1. RC 串并联正弦波振荡电路组成

RC 正弦波振荡电路根据选频网络的结构的不同,分别有 RC 串并联网络振荡电路、RC 移相式振荡电路、RC 双 T 网络振荡电路等等。

RC 串并联网络振荡电路是一种最常见的 RC 振荡电路,如图 5.5 所示。由 RC 串并联网络构成具有选频作用的正反馈支路,由同相输入运放构成放大电路,二者构成了正反馈放大器。其主要特点是采用 RC 串并联网络作为选频网络和反馈网络。

2. RC 串并联网络的选频特性

RC 串并联网络如图 5.6(a)所示。R_1 与 C_1 的串联阻抗为 Z_1,R_2 与 C_2 的并联阻抗为 Z_2,即

$$Z_1 = R_1 + \frac{1}{j\omega C_1}, \quad Z_2 = R_2 // \frac{1}{j\omega C_2} = \frac{R_2}{1 + j\omega R_2 C_2}$$

假设输入一个幅值恒定的正弦波电压 $\dot{U}$。当频率较低时,则 $Z_1 \approx 1/(j\omega C_1)$,$Z_2 \approx R_2$,低频等效电路是一高通电路。$\omega$ 越低,$\dot{U}_f$ 的幅值越小且 $\dot{U}_f$ 超前于 U 的相位角 φ_F 也就越大,当 ω 趋近于零时,$|\dot{U}_f|$ 趋近于零,φ_F 接近于 $90°$。

当频率较高时,则 $Z_1 \approx R_1$,$Z_2 \approx 1/(j\omega C_2)$,高频等效电路是一低通电路。$\omega$ 越高,$|\dot{U}_f|$ 越小,而 $\dot{U}_f$ 滞

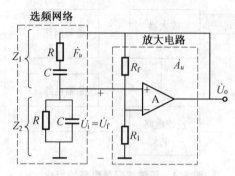

图 5.5 RC 串并联正弦波振荡电路

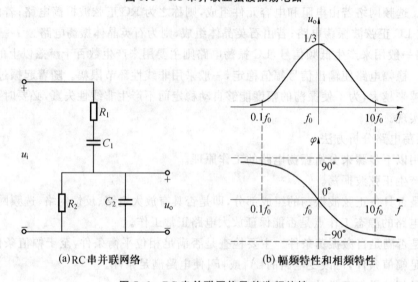

(a)RC串并联网络   (b)幅频特性和相频特性

图 5.6 RC 串并联网络及其选频特性

后于 $\dot{U}$ 的相位角 φ_F 越大,当 ω 趋近于无穷大时,$|\dot{U}_f|$ 趋近于零,φ_F 接近 $-90°$。

分析 随着 $\dot{U}$ 的频率从低到高变化,只有当频率为某一中间值时,$|\dot{U}_f|$ 才可能有某一最大值,同时,相位角 φ_F 从超前到滞后的过程中,在某一频率下必有 $\varphi_F=0$,即 $\dot{U}_f$ 与 U 同相位。

RC 串并联网络的电压传输系数(即反馈系数)为

$$\dot{F}_u=\frac{\dot{U}_f}{\dot{U}}=\frac{Z_2}{Z_1+Z_2}=\frac{\dfrac{R_2}{1+j\omega R_2 C_2}}{R_1+\dfrac{1}{j\omega C_1}+\dfrac{R_2}{1+j\omega R_2 C_2}}=\frac{1}{\left(1+\dfrac{R_1}{R_2}+\dfrac{C_2}{C_1}\right)+j\left(\omega R_1 C_2-\dfrac{1}{\omega R_2 C_1}\right)}$$

通常取 $R_1=R_2=R$,$C_1=C_2=C$,此时如令 $\omega_0=\dfrac{1}{RC}$,则上式可简化为

$$\dot{F}_u=\frac{1}{3+j\left(\dfrac{\omega}{\omega_0}-\dfrac{\omega_0}{\omega}\right)}$$

由上式可分别得 $\dot{F}_u$ 的幅频特性为

$$|\dot{F}_u|=\frac{1}{\sqrt{3^2+\left(\dfrac{\omega}{\omega_0}-\dfrac{\omega_0}{\omega}\right)^2}}$$

$\dot{F}_u$ 的相频特性为

$$\varphi_F=-\arctan\left(\frac{\dfrac{\omega}{\omega_0}-\dfrac{\omega_0}{\omega}}{3}\right)$$

结论 当 $\omega=\omega_0=\dfrac{1}{RC}$ 时，F_u 的幅值最大，为 $|\dot{F}_u|=\dfrac{1}{3}$，且 $\dot{F}_u$ 的相位角为零，即 $\varphi_F=0$。这说明当 $f=f_0=\dfrac{1}{2\pi RC}$ 时，$\dot{U}_f$ 的幅值达到最大，等于 $\dot{U}$ 幅值的 $1/3$，且 $\dot{U}_f$ 与 $\dot{U}$ 同相位。

RC 串并联网络的幅频特性和相频特性曲线如图 5.6(b) 所示。

3. RC 串并联正弦波振荡电路分析

(1) 电路组成

RC 串并联正弦波振荡器(又称文氏电桥振荡器)电路的基本形式如图 5.5 所示。它由放大电路、反馈网络两部分组成。即放大电路 $\dot{A}_u$ 和选频网络 $\dot{F}_u$。选频网络(即反馈网络)的选频特性已知，在 $\omega=\omega_0$ 处，RC 串并联反馈网络的 $|\dot{F}_u|$，$\varphi_F=0$，根据振荡平衡条件 $|\dot{A}\dot{F}|=1$ 和 $\varphi_A+\varphi_F=2n\pi$，可知放大电路的输出与输入之间的相位关系应是同相，放大电路的电压增益不能小于 3，即用增益为 3(起振时，为使振荡电路能自行建立振荡，$A_f=1+\dfrac{R_f}{R_1}$ 应大于 3)的同相比例放大电路即可。根据这个原理组成的电路如图 5.5 所示，由于 Z_1、Z_2 和 R_1、R_f 正好形成一个四臂电桥，电桥的对角线顶点接到放大电路的两个输入端，因此这种振荡电路常称为 RC 桥式振荡电路。

(2) 振荡的建立与稳定

对于图 5.5 所示的电路，在 $\omega=\omega_0=1/(RC)$ 时，经 RC 反馈网络传输到运放同相端的电压与 $\dot{U}$ 同相，即有 $\varphi_F=0$ 和 $\varphi_A+\varphi_F=2n\pi$。这样，放大电路和由 Z_1、Z_2 组成的反馈网络刚好形成正反馈系统，可以满足相位平衡条件，因而有可能振荡。所谓建立振荡，就是要使电路自激，从而产生持续的振荡。由于电路中存在噪声，它的频谱分布很广，其中一定包括有 $\omega=\omega_0=1/(RC)$ 这样一个频率成分。这种微弱的信号，经过放大器和正反馈网络形成闭环。由于放大电路的 $\dot{A}_u$ 开始时略大于 3，反馈系数 $|\dot{F}_u|=\dfrac{1}{3}$，因而使输出幅度越来越大，最后受电路中非线性元件的限制，使振荡幅度自动地稳定下来，此时 $|\dot{A}_u|=3$，达到 $|\dot{A}\dot{F}|=1$ 振幅平衡条件。

(3) 振荡频率与振荡波形

由于集成运放接成同相比例放大电路，它的输出阻抗可视为零，而输入阻抗远比 RC 串并联网络的阻抗大得多，可忽略不计，因此，振荡频率 $f_0=\dfrac{1}{2}\pi RC$ 即为 RC 串并联网络的频率。当适当调整负反馈的强弱，使 $|\dot{A}_u|$ 的值略大于 3 时，其输出波形为正弦波，如 $|\dot{A}_u|$ 的值远大于 3，则因振幅的增长，致使波形将产生严重的非线性失真。

(4) 稳幅措施

对于图 5.5 所示的电路，调整 R_1 或 R_f 可以使输出电压达到或接近正弦波。然而，由于温度、电源电压或者元件参数的变化，将会破坏 $|\dot{A}\dot{F}|=1$ 的条件，使振幅发生变化。当 $|\dot{A}\dot{F}|$ 增加时，将使输出电压产生非线性失真；反之，当 $|\dot{A}\dot{F}|$ 减小时，将使输出波形消失(即停振)。因此，必须采取措施，使输出电压幅度达到稳定。

实现稳幅的方法是使电路的 R_f/R_1 值随输出电压幅度增大而减小。例如，R_f 用一个具有负温度系数的热敏电阻代替，当输出电压 $|\dot{U}_o|$ 增加使 R_f 的功耗增大时，热敏电阻 R_f 减小，放大器的增益 $A_f=1+\dfrac{R_f}{R_1}$ 下降，使 $|\dot{U}_o|$ 的幅值下降。如果参数选择合适，可使输出电压幅值基本恒定，且波形失真较小。同理，R_f 用一具有正温度系数的电阻代替，也可实现稳幅。稳幅的方法还有很多，读者可自行分析。

技术提示：

式(5.2)和式(5.3)的幅值平衡和相位平衡两个条件,是分析正弦波振荡电路的重要理论根据,必须牢记,在后面分析中经常用到。

要充分理解 RC 串并联反馈网络的频率特性中选频特性的含义和参数特点,这是分析正弦波振荡电路的重要依据。

RC 串并联振荡电路由 RC 串并联选频网络和同相运算放大器构成,这一电路结构在分析中常用,必须熟记。

❖❖❖ 5.1.3 LC 正弦波振荡电路

LC 正弦波振荡电路主要用于产生高频正弦波信号,其振荡频率大于 1 MHz。

LC 正弦波振荡电路同样是利用正反馈产生振荡,因 LC 谐振电路选频特性较好,振荡频率也更高些,所以它主要用来产生几兆赫以上的高频正弦波信号。根据其电路结构,有变压器反馈式、电感反馈式和电容反馈式及其改进型等多种电路形式。

1. LC 并联回路的选频特性

LC 并联回路如图 5.7 所示,其中 R 表示回路中和回路所带负载的等效总损耗电阻。由图 5.7 可得 LC 并联谐振回路的等效阻抗为

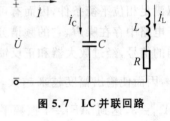

图 5.7 LC 并联回路

$$Z = \frac{\dot{U}}{\dot{I}} = \frac{\frac{1}{j\omega C} \cdot (R + j\omega L)}{\frac{1}{j\omega C} + (R + j\omega L)}$$

通常,$\omega L \gg R$,上式分子中 R 可忽略不计,因此上式改为

$$Z = \frac{\frac{L}{C}}{R + j\left(\omega L - \frac{1}{\omega C}\right)}$$

当回路发生谐振时,$\dot{U}$,$\dot{I}$ 同相,Z 为一实数,则上式虚部为零,即

$$\omega L - \frac{1}{\omega C} = 0$$

谐振时的角频率 $\omega = \omega_0 = \frac{1}{\sqrt{LC}}$,故谐振频率为

$$f = f_0 = \frac{1}{2\pi\sqrt{LC}} \tag{5.4}$$

谐振时,回路的等效阻抗为纯电阻性质,其值最大,即

$$Z_0 = \frac{L}{RC}$$

通常令

$$Q = \frac{1}{R}\sqrt{\frac{L}{C}} = \frac{\omega_0 L}{R} = \frac{1}{\omega_0 CR}$$

Q 称为谐振回路的品质因数,是用来衡量回路损耗大小的指标。在 L、C 为定值的情况下,回路损耗 R 越小,则 Q 值越大。一般 Q 值为几十到几百。

$$Z_0 = \frac{L}{RC} = \frac{Q}{\omega_0 C} = Q\omega_0 L$$

由上式可知,Q 值越大,谐振时回路的阻抗 Z_0 也越大。

关于电流谐振的说明:

谐振时,若电压 $\dot{U}$ 一定的情况下,电流 $|\dot{I}|$ 将达到最小值,即

$$|\dot{I}| = |\dot{I}_0| = \frac{|\dot{U}|}{|Z_0|}$$

所以,此时各并联支路的电流为

$$\dot{I}_C = \frac{\dot{I}Z_0}{Z_{0c}} = \dot{I}\frac{\dfrac{Q}{\omega_0 C}}{\dfrac{1}{j\omega_0 C}} = jQ\dot{I}, \quad \dot{I}_L = \frac{\dot{I}Z_0}{Z_{0L}} \approx \dot{I}\frac{Q\omega_0 L}{j\omega_0 L} = -jQ\dot{I}$$

结论 谐振时,电容、电感中 $\dot{I}_C$ 和 $\dot{I}_L$ 大小相等、相位相反,且其模值是电流 $|\dot{I}|$ 的 Q 倍,即谐振时,只需模值较小的激励电流便可在并联谐振回路内产生很大的谐振电流。所以并联谐振又称为电流谐振。

推导阻抗的频率特性

$$Z \approx \frac{L/C}{R + j\left(\omega L - \dfrac{1}{\omega C}\right)} = \frac{L/(RC)}{1 + j\dfrac{\omega L}{R}\left(1 - \dfrac{1}{\omega^2 LC}\right)} = \frac{Z_0}{1 + j\dfrac{\omega L}{R}\left(1 - \dfrac{\omega_0^2}{\omega^2}\right)}$$

如果上式中所讨论的并联等效阻抗只局限于 ω_0 附近,即当 $\omega \approx \omega_0$,可认为

$$\frac{\omega L}{R} \approx \frac{\omega_0 L}{R} = Q, \quad Z \approx \frac{Z_0}{1 + jQ\left(1 - \dfrac{\omega_0^2}{\omega^2}\right)}$$

从而阻抗的模为

$$|Z| \approx \frac{Z_0}{\sqrt{1 + Q^2\left(1 - \dfrac{\omega_0^2}{\omega^2}\right)}}$$

其阻抗角为

$$\varphi_Z \approx -\arctan\left[Q\left(1 - \frac{\omega_0^2}{\omega^2}\right)\right]$$

图 5.8 所示为幅频特性曲线和相频特性曲线。

从图 5.8 中看出:

① 谐振时,Z 达最大值 $Z_0 = L/(RC)$。当角频率 ω 偏离 ω_0 时,$|Z|$ 将减小,且 $|\omega - \omega_0|$ 越大,$|Z|$ 越小。

② 谐振时,电路中 $\dot{U}$ 与 $\dot{I}$ 同相;等效阻抗为纯电阻性。当 $\omega \gg \omega_0$ 时,等效阻抗为电容性,φ_Z 为负值,即 $\dot{U}$ 滞后于 $\dot{I}$。反之,当 $\omega \ll \omega_0$ 时,等效阻抗为电感性,φ_Z 为正值,$\dot{U}$ 超前于 $\dot{I}$。

③ 选频特性与回路的 Q 值有密切联系,Q 值越大,曲线越尖锐,且相角变化越快,在 ω_0 附近 $|Z|$ 值和 φ_Z 值变化更急剧,选频特性越好;同时,谐振时的阻抗值 $|Z_0|$ 也越大。

2. 变压器反馈式振荡电路

(1) 电路组成

图 5.9 所示电路中,变压器反馈式振荡电路采用分压式偏置的共射放大电路,$L_1 C$ 并联回路为选频振荡回路,变压器二次绕组 L_2 作为反馈绕组,将输出电压的一部分反馈到输入端,L_3 作为振荡信号输出。

(2) 振荡原理

① 幅度条件。只要三极管的电流放大倍数 β 及 L_1 和 L_2 的匝数比合适,一般情况下,幅度平衡条件容易满足。

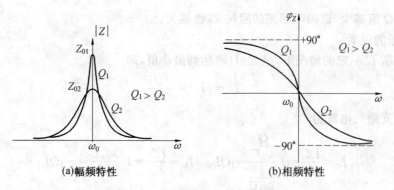

(a)幅频特性　　　　　　　　　(b)相频特性

图 5.8　LC 并联回路的频率特性

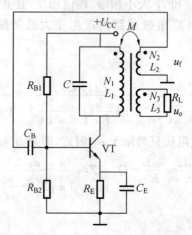

图 5.9　变压器反馈式 LC 正弦波振荡电路

② 相位条件。必须正确连接反馈绕组 L_2 的极性,使之符合正反馈的要求,满足相位平衡条件。

判断电路是否满足相位平衡条件通常采用瞬时极性法,具体判断步骤如下:

a. 断开反馈支路与放大电路输入端的连接点。

b. 在断点处的放大电路输入端引入信号 u_i,并设其极性对地为正,然后按照先放大支路、后反馈支路的顺序,逐次推断有关电路各点的电位极性,从而确定 u_i 和 u_f 的相位关系。

c. 如果 u_i 和 u_f 同相,则电路满足相位平衡条件。否则,不满足相位平衡条件。

③振荡频率。变压器反馈 LC 振荡电路的振荡频率与并联 LC 谐振电路相同,其振荡频率为

$$f_0 \approx \frac{1}{2\pi\sqrt{LC}} \tag{5.5}$$

【例 5.1】 判断如图 5.10 所示电路能否产生自激振荡。

解　(1)图 5.10(a)所示电路中,三极管 VT 基极偏置电阻 R_{B2} 被反馈绕组 L_2 短路接地,使 VT 处于截止状态,不能进行放大,所以电路不能产生自激振荡。

(2)图 5.10(b)所示电路中,经检查,放大电路、反馈和选频电路都能正常工作。用瞬时极性法判断电路是否满足相位平衡条件,具体做法是:断开 P 点,在断开处引入信号 u_i,给定极性对地为正(用 ⊕ 表示),根据共射电路的倒相作用,可知集电极电位为负(用 ⊖ 表示),于是 L_1 同名端为正,根据同名端的定义可知,L_2 同名端也为正,反馈电压 $\dot{U}_f$ 极性为正,显然 $\dot{U}_f$ 和 $\dot{U}_i$ 同相,所以电路能产生自激振荡。

变压器反馈式振荡电路易于产生振荡,波形失真度小,应用范围广泛,振荡频率通常在几兆赫至几十兆赫之间,但振荡频率的稳定性较差,适用于固定频率的振荡电路。

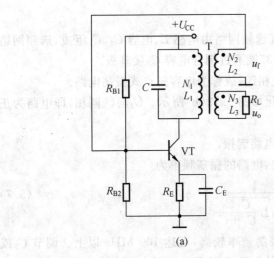
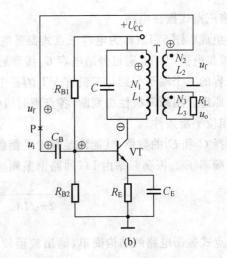

图 5.10 例 5.1 的电路

3. 三点式 LC 振荡电路

（1）电感三点式振荡电路

①电路组成。图 5.11 为电感三点式振荡电路，R_{B1}、R_{B2} 和 R_E 为偏置电阻，L_1、L_2 和 C 组成了选频网络，反馈电压取自 L_2 两端，C_B 为耦合电容，C_E 为旁路电容。由于电感的三个引出端分别与三极管的三个电极相连，所以称为电感三点式振荡电路。

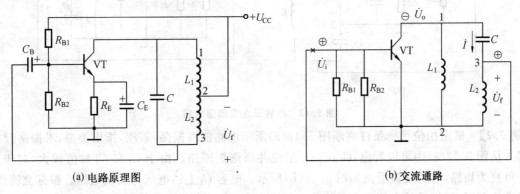

(a) 电路原理图   (b) 交流通路

图 5.11 电感三点式振荡电路

②振荡原理。

a. 相位平衡条件。采用瞬时极性法判断，从三极管基极引入一个 $\dot{U}_i$，其瞬时极性为 ⊕ 的信号，如图 5.11(b)所示。

b. 幅度条件。改变绕组的抽头，可以调节反馈量的强度，使电路满足振幅平衡条件，就能振荡并产生一定频率的正弦信号。

c. 振荡频率。电路的振荡频率等于 LC 并联电路的谐振频率，即

$$f_0 \approx \frac{1}{2\pi\sqrt{LC}} = \frac{1}{2\pi\sqrt{(L_1 + L_2 + 2M) \cdot C}} \tag{5.6}$$

式中 M 是 L_1 与 L_2 之间的互感系数。

电感三点式振荡电路结构简单，容易起振，改变绕组抽头的位置，可调节振荡电路的输出幅度。采用可变电容 C 可获得较宽的频率调节范围，工作频率一般可达几十千赫至几十兆赫。但波形较差，其频率稳定性也不高，通常用于对波形要求不高的设备中，如接收机的本机振荡电路等。

（2）电容三点式振荡电路

①电路组成。图 5.12(a) 为电容三点式振荡电路，其选频网络由电感 L、电容 C_1、C_2 组成，选频网络中的"1"端接集电极，"2"端通过旁路电容 C_E 接发射极，"3"端通过耦合电容 C_B 接基极。

由于电容的三个端子分别与三极管 VT 的三个电极相连，故称为电容三点式振荡电路。

②振荡原理。用瞬时极性法判断：各点瞬时极性变化如图 5.12(b) 所示。$\dot{U}_f$ 与 $\dot{U}_i$ 同相，即电路为正反馈，满足相位平衡条件。

适当选择 C_1 和 C_2 的数值，就能满足幅度平衡条件，电路起振。

③振荡频率 f_0。振荡频率由 LC 回路谐振频率确定，电路的振荡频率为

$$f_0 \approx \frac{1}{2\pi\sqrt{LC}} = \frac{1}{2\pi\sqrt{L\dfrac{C_1 C_2}{C_1 + C_2}}} \tag{5.7}$$

电容三点式振荡电路的结构简单，输出波形较好，振荡频率较高，可达 100 MHz 以上。调节 C_1 或 C_2 可以改变振荡频率，但同时会影响起振条件，因此，这种电路适用于产生固定频率的振荡。实用中改变频率的办法是在电感 L 两端并联一个可变电容，用来微调频率。

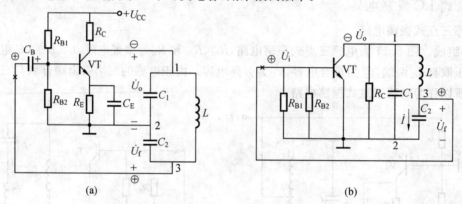

图 5.12　电容三点式振荡电路

【例 5.2】　试用相位平衡条件判断图 5.13(a) 所示电路能否振荡，若能，指出类型，求振荡频率 f_0。

解　从图 5.13(a) 中可以看出，C_1、C_2、L 组成并联谐振回路。由于 C_B 和 C_E 数值较大，对于高频振荡信号可视为短路，它的交流通路如图 5.13(b) 所示。电容 C_1 上的电压为反馈电压。根据交流通路，用瞬时极性法判断，可知反馈电压 U_f 和放大电路输入电压 U_i 极性相同，故满足相位平衡条件。

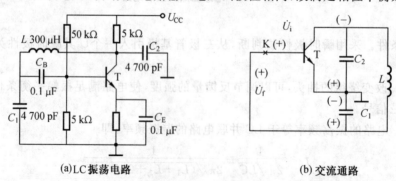

图 5.13　例 5.2 的电路

振荡频率为

$$f_0 = \frac{1}{2\pi\sqrt{L\dfrac{C_1 C_2}{C_1 + C_2}}} = \frac{1}{2\pi\sqrt{300\times10^{-6}\times\dfrac{4\,700\times4\,700\times10^{-24}}{(4\,700+4\,700)\times10^{-12}}}} \approx 190 \text{ kHz}$$

图 5.13(b) 表明，三极管的三个电极分别与电容 C_1、C_2 的三个端子相接，所以该电路为电容三点式振荡电路。

图 5.13(a) 中 C_E 为高频旁路电容，如果去掉 C_E，信号在发射极电阻 R_E 上将产生损失，放大倍数降低，甚至难以起振。C_B 为高频耦合电容，它将振荡信号耦合到三极管基极。如果去掉 C_B，则三极管基极直流电位与集电极电位近似相等，由于静态工作点不合适，使电路无法工作。

技术提示：

要求会利用 LC 并联回路的频率计算公式 $f = f_0 = \dfrac{1}{2\pi\sqrt{LC}}$ 计算振荡电路的频率及幅频特性曲线和相频特性曲线的分析。

用瞬时极性法判断各种变压器反馈式振荡电路、各种 LC 振荡电路是否符合相位平衡条件的方法。记住各种 LC 振荡电路的频率适用范围的区别。

5.1.4 石英晶体振荡器

1. 频率稳定度

频率稳定度是振荡电路的一项重要的质量指标。频率稳定度常用频率的相对变化量 $\Delta f / f_0$ 表示，Δf 表示实际因某些因素引起的实际振荡频率与 f_0 的偏差，f_0 为额定振荡频率，$\Delta f / f_0$ 越小表示振荡电路的频率稳定性越好。

造成振荡频率不稳定的因素主要有选频网络元件参数随温度和时间而变化，晶体管参数变化和负载变动等。

问题：LC 振荡电路中，Q 值越大，频率的稳定度越高。但一般 LC 并联谐振回路的 Q 值只可达数百，使其频率稳定度 $\Delta f / f_0$ 很难突破 10^{-5} 的数量级。

解决办法：石英晶体谐振器可以代替 LC 回路的谐振电感，由于石英晶体具有性能稳定、等效 Q 值极高等优点，使得振荡频率具有很高的稳定性和准确度，一般石英晶体振荡电路的频率稳定度可达 10^{-9} 甚至 10^{-11} 数量级。

2. 石英晶体谐振器的基本特性和等效电路

石英晶体是一种各向异性的晶体，其化学成分是二氧化硅（SiO_2），具有稳定的物理化学性质。将石英晶体按一定方位角切割成薄片，称为晶片，在晶片的两个对应表面用喷涂工艺涂上银层形成一对极板，且在每个极板上焊接一根引线，装在支架上密封后就成为石英晶体谐振器，简称石英晶体。其结构与符号如图 5.14(a)、(b) 所示。

如果加一个电场，晶片会产生机械变形；相反，如果对晶体施加机械力使其变形，又会在极板上产生相应的电荷，这种物理现象称为压电效应。该现象如图 5.15 所示。

如果在石英晶体的两个极板上加上交变电压，晶片便会产生机械变形振动，同时伴随着这种机械振动又会产生交变电场。这种机械变形振动的振幅一般非常微小，伴随产生的交变电场也较弱。但当外加交变电压的频率与晶片的固有频率（取决于晶片形状和几何尺寸）相等时，机械振动的幅度会急剧增加，伴随产生的交变电场强度也增大。此时晶片发生机械谐振，这种现象称为压电谐振。这种压电谐振现象与一般 LC 回路的谐振现象非常相似，故可以用电参数来模拟等效。

用静电电容 C_0 等效晶片两金属极板间的静电电容，C_0 的值与晶片的几何尺寸和电极面积有关，一般为几 pF 到几十 pF。用电感 L 模拟晶片机械振动的惯性，L 的值为 $10^{-3} \sim 10^2$ H。用电容 C 模拟晶

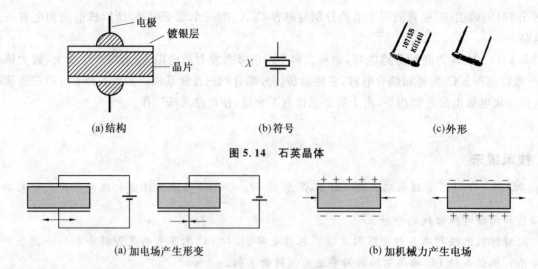

电极
镀银层
晶片
X
10715B
K1114H
(a)结构
(b)符号
(c)外形

图 5.14　石英晶体

(a) 加电场产生形变
(b) 加机械力产生电场

图 5.15　压电效应示意图

片的弹性，C 的值为 $10^{-2}\sim10^{-1}$ pF。电阻 R 用来模拟晶片振动时的摩擦损耗，约为几十 Ω。

电感 L、电容 C 的值与晶体的切割方式及晶片和电极的尺寸、形状等有关。晶片的等效电感 L 很大，等效电容 C 很小，等效电阻 R 也小，所以回路的品质因数 Q 很大，可高达 $10^4\sim10^6$。

晶片的固有频率仅与晶片的自身的形状、几何尺寸有关，所以很稳定且很精确。基于上述原因，由石英晶体谐振器组成的振荡电路具有很高的频率稳定度。

因等效电阻 R 很小，可以忽略。此时图 5.16(a)所示回路的等效电抗为

$$X=\frac{-\frac{1}{\omega C_0}\left(\omega L-\frac{1}{\omega C}\right)}{-\frac{1}{\omega C_0}+\left(\omega L-\frac{1}{\omega C}\right)}=\frac{\omega^2 LC-1}{\omega(C+C_0-\omega^2 LC_0 C)} \tag{5.8}$$

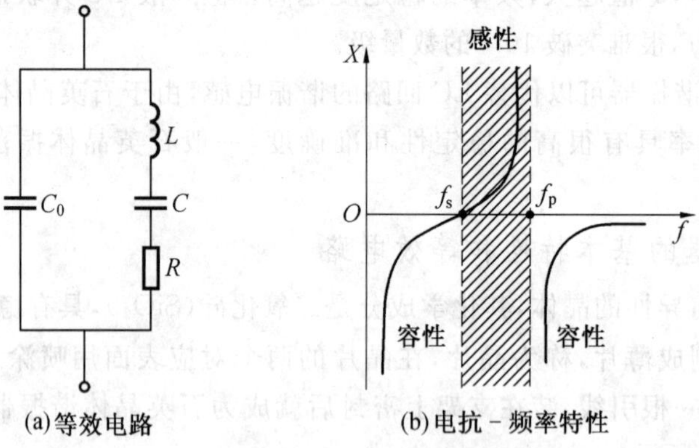

L
C₀
C
R
(a)等效电路
X
感性
O
f_s
f_p
f
容性
容性
(b)电抗－频率特性

图 5.16　石英晶振等效电路及阻抗特性

当 $X=0$ 时，即 L、C 支路的串联谐振角频率 ω_s 为

$$\omega_s=\frac{1}{\sqrt{LC}},\quad f_s=\frac{\omega_s}{2\pi}=\frac{1}{2\pi\sqrt{LC}}$$

$X\to\infty$ 时，上式分母为零，并联谐振角频率为

$$\omega_p=\frac{1}{\sqrt{L\left(\frac{CC_0}{C+C_0}\right)}}=\frac{1}{\sqrt{LC}}\sqrt{1+\frac{C}{C_0}}=\omega_s\sqrt{1+\frac{C}{C_0}} \tag{5.9}$$

由于 $C\ll C_0$，所以 ω_s 和 ω_p 非常接近。由图 5.16(b)可知，当 $\omega<\omega_s$ 或 $\omega>\omega_p$ 时，电抗 X 为容性，只有

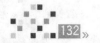

$\omega_s < \omega < \omega_p$ 时,X 呈感性。

由式(5.9)可得石英晶体并联谐振频率 f_p 为

$$f_p = \frac{1}{2\pi\sqrt{L\dfrac{CC_0}{C+C_0}}} = f_s\sqrt{1+\frac{C}{C_0}} \tag{5.10}$$

3. 石英晶体振荡电路

两种基本电路类型:并联型晶体振荡电路和串联型晶体振荡电路。

(1)并联型石英晶体振荡电路

用石英晶体取代电容反馈式振荡电路中的电感 L,就构成了并联型石英晶体振荡电路,电路原理图如图 5.17(a)所示。振荡电路的选频网络由石英晶体和电容 C_1、C_2 组成。电路的交流通路如图 5.17(b)所示。

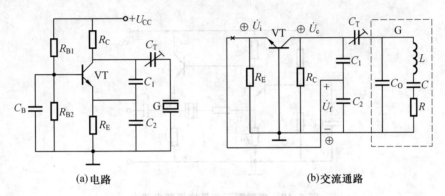

(a)电路   (b)交流通路

图 5.17 并联型石英晶体振荡电路

若将石英晶体视为电感,则该电路类似于电容反馈式振荡电路,石英晶体与电容 C_1、C_2 组成并联谐振回路,因此该电路为并联型石英晶体振荡电路,电路的振荡频率即是并联谐振回路的谐振频率,即

$$f_0 = \frac{1}{2\pi\sqrt{LC''}}$$

C'' 为回路的总电容,即晶体等效电路内电感两端的等效电容。

$$\frac{1}{C''} = \frac{1}{C'+C_0} + \frac{1}{C'}$$

其中 C' 是与晶体有关联的外部电容,即

$$C' = \frac{1}{\dfrac{1}{C_1} + \dfrac{1}{C_2} + \dfrac{1}{C_T}}$$

由于通常有 $C_T \ll C_1$、$C_T \ll C_2$,所以 $C' \approx C_T$。可得

$$C' = \frac{C(C_T+C_0)}{C+C_T+C_0}$$

振荡频率

$$f_0 = \frac{1}{2\pi\sqrt{L\dfrac{C(C_T+C_0)}{C+C_T+C_0}}} = f_s\sqrt{1+\frac{C}{C_0+C_T}} \tag{5.11}$$

由式(5.10)与式(5.11)可知,振荡频率 f_0 在 f_s 和 f_p 之间,此时石英晶体的电抗呈感性,即可把石英晶体视为一个电感。

事实上因为通常 $C \ll C_0+C_T$,所以在回路中起决定性作用的是电容 C,即 $C'' \approx C$,振荡频率近似为

$$f_0 \approx \frac{1}{2\pi\sqrt{LC}} = f_s$$

由上式可知振荡频率基本上由石英晶体的固有频率来决定,与 C' 的关系很小,因此振荡频率的稳定度很高。实际电路通常用外接微调电容 C_T 来微调晶体的振荡频率使之达到要求的频率。

(2)串联型石英晶体振荡电路

如图 5.18 所示为串联型石英晶体振荡电路。

电路在利用石英晶体仅在串联谐振频率处构成正反馈。电容 C_b 为旁路电容,对交流信号可视为短路。电路的第一级为共基放大电路,第二级为共集放大电路。若断开反馈,给放大电路加输入电压时,极性上"+"下"-",则 T_1 管集电极动态电位为"+",T_2 管的发射极动态电位也为"+"。只有在石英晶体呈纯阻性,即产生串联谐振时,反馈电压才与输入电压同相,电路才满足正弦波振荡的相位平衡条件。所以电路的振荡频率为石英晶体的串联谐振频率 f_s。调整 R 的阻值,可使电路满足正弦波振荡的幅值平衡条件。

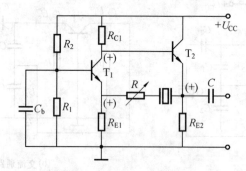

图 5.18　串联型石英晶体振荡电路

由于石英晶体特性好、安装简单、调试方便,所以石英晶体在电子钟和手表、通信设备、显示游戏机、手机、电子计算机等领域得到广泛应用。

技术提示：

　　石英晶体工作状态为串联谐振时,其等效电路电抗 $X \approx 0$,而并联谐振时,电抗 X 很大,等效为电感。这是分析石英晶体振荡器的重要依据。

5.2 非正弦信号产生电路

所谓非正弦信号产生电路是指产生振动波形为非正弦波形,常见的有方波、矩形波和锯齿波等。利用集成运放组成这些波形的产生电路是以比较器原理为基础。模块 3 已介绍了比较器的基本原理。

5.2.1　方波产生电路

1. 工作原理

方波产生电路的工作原理如图 5.19 所示。图中的运放和正反馈电路 R_2 和 R_3 构成滞回比较器;R_1 和 C 构成定时电路,以决定电路的振荡频率;R_4 和双向稳压管将电路的输出电压限制在 $+U_Z$ 和 $-U_Z$ 之间。

①在 $0 \sim t_1$ 期间:设电源接通时,$u_o = +U_{o(sat)}$, $u_C(0) = 0$。

$u_o = +U_Z$,电容 C 充电,按指数曲线上升,在 $t = t_1$ 时刻,使输出翻转为 $u_o = -U_Z$,如图 5.19(b)波形所示。

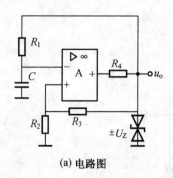
(a) 电路图

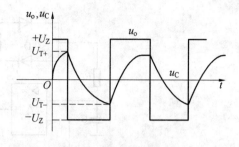
(b) 波形图

图 5.19　方波产生电路

②在 $t_1 \sim t_2$ 期间：电容 C 放电，按指数曲线下降，在 $t = t_2$ 时刻，使输出又翻转为 $u_o = +U_Z$。这样又回到初始状态，以后按上述过程周而复始，形成振荡，输出 u_o 为方波。

③振荡周期由 R_1C 充、放电快慢决定。

2. 周期与频率

为计算振荡频率先计算振荡周期，可由 R_1C 充放电暂态过程的三要素公式

$$u_C(t) = u_C(\infty) - [u_C(\infty) - u_C(0)]e^{-\frac{t}{R_1C}} \tag{5.12}$$

解得暂态过程时间

$$t = R_1 C \ln \frac{u_C(\infty) - u_C(0)}{u_C(\infty) - u_C(t)} \tag{5.13}$$

结合图 5.19(b) 所示 u_C 波形，电容放电时间 $T_L = t_1 - t_2$，其放电初始时值为

$$u_C(0) = u_C(t_1) = \frac{U_Z \cdot R_3}{R_2 + R_3}$$

放电暂态终止值为

$$u_C(t) = u_C(t_2) = -\frac{U_Z \cdot R_3}{R_2 + R_3}$$

放电稳态值 $u_C(\infty) = -U_Z$。将这些参数代入式(5.13)，可得输出方波低电平的时间为

$$T_L = t_2 - t_1 = R_1 C \ln(1 + \frac{2R_3}{R_2}) \tag{5.14}$$

由于充电时间常数也为 R_1C，而其他电容时间参数仅与放电时间差一个负号，故放电时间 $T_H = t_3 - t_2$ 与 T_L 相等，其振荡周期为

$$T = T_1 + T_2 = 2R_1 C \ln\left(1 + \frac{2R_3}{R_2}\right), \quad f = \frac{1}{T} \tag{5.15}$$

3. 占空比可调的矩形波电路

显然为了改变输出方波的占空比，必须改变电容器 C 的充电和放电时间常数。占空比可调的矩形波电路如图 5.20 所示，和图 5.19 相比就增加了一个电位器。其振荡周期为

$$T = (2R_1 + R_W) \cdot C \ln\left(1 + \frac{2R_3}{R_2}\right) \tag{5.16}$$

5.2.2　三角波产生器

三角波产生器如图 5.21(a) 所示。A_1 组成迟滞比较器，A_2 组成反相积分电路。

1. 工作原理

A_1：迟滞比较器，因 $u_- = 0$，所以当 $u_+ = 0$ 时，A_1 状态改变。

135

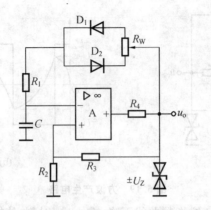

图 5.20　占空比可调的矩形波产生器

当

$$u_+ = \frac{R_2}{R_1+R_2}u_{o1} + \frac{R_1}{R_1+R_2}u_o = 0$$

即当 $u_o = -\dfrac{R_2}{R_1}u_{o1} = -\dfrac{R_2}{R_1}(\pm U_Z)$，输出 u_{o1} 改变（$+U_Z$ 跃变到 $-U_Z$ 或 $-U_Z$ 跃变到 $+U_Z$），同时积分电路的输入、输出电压也随之改变。波形如 5.21(b) 所示。

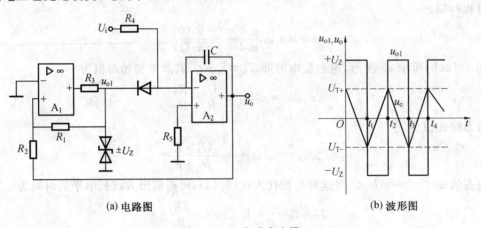

(a) 电路图　　　　　　　　　　　　　　(b) 波形图

图 5.21　三角波产生器

2. 周期与频率

$$T = T_1 + T_2 = 2T_1 = 2T_2$$

$$T_1 = T_2 = 2\frac{R_2}{R_1}U_Z / \frac{U_Z}{RC}, \qquad f = \frac{1}{T} = \frac{R_1}{4R_2RC} \tag{5.17}$$

①改变比较器的输出 u_{o1}、电阻 R_1、R_2 即可改变三角波的幅值。
②改变积分常数 RC 即可改变三角波的频率。

❖❖❖ 5.2.3　锯齿波产生器

锯齿波产生器的电路如图 5.22(a) 所示。该电路的主要特点是同相输入滞回比较器（A_1）起开关作用；积分运算电路（A_2）起延时作用。

在三角波产生器的电路中，使积分电路的正、反向积分的时间常数不同，即可使其输出锯齿波。

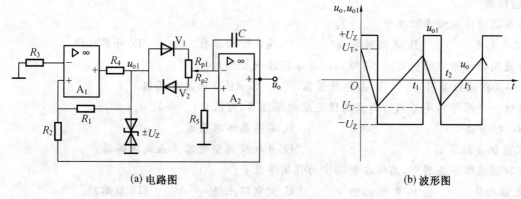

(a) 电路图   (b) 波形图

图 5.22   锯齿波产生器

重点串联 ▶▶▶

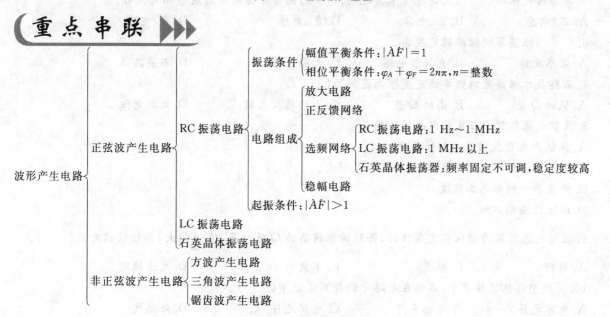

拓展与实训

▶ 基础训练 ∶∶∶∶∶∶

一、填空题

1. 振荡器的振幅平衡条件是＿＿＿＿＿＿＿＿，相位平衡条件是＿＿＿＿＿＿＿＿。

2. 石英晶体振荡器频率稳定度很高，通常可分为＿＿＿＿＿＿＿和＿＿＿＿＿＿＿两种。

3. 电容三点式振荡器的发射极至集电极之间的阻抗 Z_{ce} 性质应为＿＿＿＿＿＿＿＿，发射极至基极之间的阻抗 Z_{be} 性质应为＿＿＿＿＿＿＿，基极至集电极之间的阻抗 Z_{cb} 性质应为＿＿＿＿＿＿＿。

4. 要产生较高频率信号应采用＿＿＿＿＿＿＿＿振荡器，要产生较低频率信号应采用＿＿＿＿＿＿＿振荡器，要产生频率稳定度高的信号应采用＿＿＿＿＿＿＿振荡器。

5. LC 三点式振荡器电路组成的相位平衡判别是与发射极相连接的两个电抗元件必须＿＿＿＿＿＿＿，而与基极相连接的两个电抗元件必须为＿＿＿＿＿＿＿。

二、选择题

1. 振荡器的振荡频率取决于(　　)。

A. 供电电源　　　　B. 选频网络　　　　C. 晶体管的参数　　　　D. 外界环境

2. 为提高振荡频率的稳定度,高频正弦波振荡器一般选用(　　)。

A. LC 正弦波振荡器　　　B. 晶体振荡器　　　C. RC 正弦波振荡器

3. 设计一个振荡频率可调的高频高稳定度的振荡器,可采用(　　)。

A. RC 振荡器　　　　　　　　　B. 石英晶体振荡器

C. 互感耦合振荡器　　　　　　　D. 并联改进型电容三点式振荡器

4. 串联型晶体振荡器中,晶体在电路中的作用等效于(　　)。

A. 电容元件　　　　B. 电感元件　　　　C. 大电阻元件　　　　D. 短路线

5. 振荡器是根据(　　)反馈原理来实现的,(　　)反馈振荡电路的波形相对较好。

A. 正、电感　　　　B. 正、电容　　　　C. 负、电感　　　　D. 负、电容

6. (　　)振荡器的频率稳定度高。

A. 互感反馈　　　　B. 克拉波电路　　　　C. 西勒电路　　　　D. 石英晶体

7. 石英晶体振荡器的频率稳定度很高是因为(　　)。

A. 低的 Q 值　　　B. 高的 Q 值　　　C. 小的接入系数　　　D. 大的电阻

8. 正弦波振荡器中正反馈网络的作用是(　　)。

A. 保证产生自激振荡的相位条件

B. 提高放大器的放大倍数,使输出信号足够大

C. 产生单一频率的正弦波

D. 以上说法都不对

9. 在讨论振荡器的相位稳定条件时,并联谐振网络的 Q 值越高,值 $\dfrac{\partial \varphi}{\partial \omega}$ 越大,其相位稳定性(　　)。

A. 越好　　　　B. 越差　　　　C. 不变　　　　D. 无法确定

10. 并联型晶体振荡器中,晶体在电路中的作用等效于(　　)。

A. 电容元件　　　　B. 电感元件　　　　C. 电阻元件　　　　D. 短路线

三、计算题

1. 图 5.23 是一个三回路振荡器的等效电路,设有下列两种情况:

(1)$L_1C_1<L_2C_2<L_3C_3$　　　　(2)$L_1C_1<L_2C_2=L_3C_3$

试分析上述两种情况是否能振荡,如能,给出振荡频率范围。

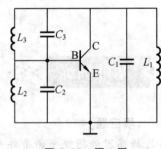

图 5.23　题 1 图

2. 某振荡器原理电路如图 5.24 所示,已知 $C_1=470$ pF,$C_2=1\ 000$ pF,若振荡频率为 10.7 MHz。

求:(1)画出该电路的交流通路;

(2)该振荡器的电路形式;

(3)回路的电感;

(4)反馈系数。

3. 某振荡电路如图 5.25 所示,$C_1=200$ pF,$C_2=400$ pF,$C_3=10$ pF,$C_4=50\sim200$ pF,$L=10\ \mu$H。

(1)画出交流等效电路。

(2)回答能否振荡。

(3)写出电路名称。

(4)求振荡频率范围。

(5)求反馈系数。

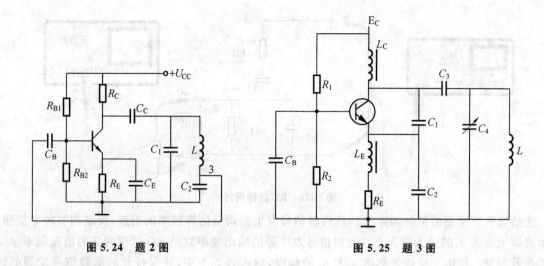

图 5.24 题 2 图   图 5.25 题 3 图

▶ 技能实训 ﹥﹥﹥

实训 RC 正弦波振荡电路的测试

1. 训练目的和要求
(1)会根据原理图绘制装接图和布线图;
(2)会在通用印制电路板上搭建 RC 桥式正弦波振荡电路;
(3)能说明电路中各元器件的作用,并能检测元器件;
(4)学会对电路参数的调试和测量;
(5)加深对振荡电路的理解。

2. 训练条件
(1)通用印制电路板、直流稳压电源、万用表、信号发生器、示波器和毫伏表;
(2)常用装联和焊接工具;
(3)RC 桥式振荡电路元器件套件。

3. 实施步骤
(1)识读电路原理图;
(2)绘制安装布线图;
(3)清点元器件;
(4)元器件检测;
(5)插装和焊接;
(6)通电前检查;
(7)通电调试与测量;
(8)数据记录。

4. 调试与测量
检查元器件安装正确无误后,才可以接通电源。测量时,先连线后接电源(或打开电源开关),拆线、改线或维修时一定要先关断电源;电源线不能接错,否则将可能损坏元器件。
(1)测量 RC 选频网络的参数。
①电路连接。按图 5.26 连接 RC 串并联网络。
把函数信号发生器调至正弦波输出。输出端接至网络,作为输入电压 u_1,把网络的输出端接至示

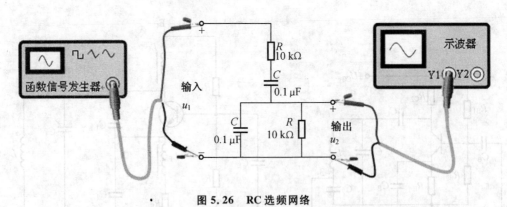

图 5.26　RC 选频网络

波器。先估算选频网络的谐振频率 f_{01}，然后将信号发生器调至估算频率的附近，反复调节频率旋钮，直到在示波器上找到 u_2 的最大值为止。此时信号发生器的输出频率就是 RC 选频网络的谐振频率 f_0。

②参数测量。用电子毫伏表测出 u_1 和 u_2 的幅度，填入表 5.1 中，并保持此时函数信号发器的输出频率不变，待下一步与振荡电路的振荡频率相比较。

表 5.1　RC 选频网络参数

测量值 f_0		计算值 f_{01}
u_1	u_2	

(2)RC 桥式正弦波振荡器测量

①按图 5.27 接线，将稳压电源的 ±12 V 电压接入运放 7 脚和 4 脚。电源的零端接电路中 u_o 的地端。

②用双踪示波器观测振荡电路的输出波形 u_o，调节 R_P 使 u_o 为不失真的正弦波。用示波器测量电路的振荡频率 f_0 记入表 5.2 中，再将函数信号发生器的原输出频率送入到示波器中与振荡电路的输出频率相比较。然后将此值与计算值进行比较。

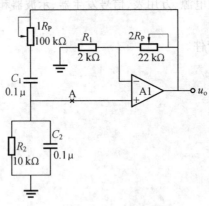

图 5.27　RC 振荡电路

表 5.2　振荡电路参数的测试

测量值 f_0	计算值 $f_{01}=\dfrac{1}{2\pi RC}$	误差 $\dfrac{f_{01}-f_0}{f_0}\times 100\%$

③反复调节电位器 R_P，用示波器监测波形为不失真时，用电子毫伏表分别测试输出 u_o 的最大值和

最小值，同时测量相应的 R_P 值，记录在表 5.3 中。

表 5.3 u_o 值与 R_P 大小的关系

波形	示波器		万用表
	时间挡位：	测量值： $u_{o(P-P)}$ 最大值：	R_P 值： 最大值：
	幅度挡位：	$u_{o(P-P)}$ 最小值：	最小值：

5.问题讨论

(1)根据 u_o 值与 R_P 大小的关系分析振荡电路的输出电压与负反馈强弱的关系。

(2)通过电路的制作，写出安装调试的整个过程。

(3)学会了哪些收集和整理资料的方法。

(4)谈谈你对此电路实用化的进一步设想。

模块 6

功率放大器

知识目标

◆掌握功率放大电路的基本概念、基本要求,互补、准互补功放电路的组成、工作原理、图解分析法及有关计算。

◆了解功放管的选择方法,集成功率放大电路的工作原理。

技能目标

◆画出音频功率放大器的结构方框图。

◆能通过查阅书籍和上网等其他途径掌握各单元电路的作用。

课时建议

12 课时

课堂随笔

6.1 功率放大器简介

【知识导读】

对于一个实际功率放大器电路应如何分析、计算? 要弄清这个问题,首先要弄清功率放大器是利用三极管的电流控制作用或场效应管的电压控制作用将电源的功率转换为按照输入信号变化的电流。

6.1.1 功率放大器的种类

功率放大器的作用是放大来自前放大器的音频信号,产生足够的不失真输出功率,以推动扬声器发声。功率放大器的种类繁多,且有不同的分类方法。

1. 按输出级与扬声器的连接方式分类

(1)变压器耦合电路

这种电路效率低、失真大、频响曲线难以平坦,在高保真功率放大器中已极少使用。

(2)OTL 电路

OTL 电路是一种输出级与扬声器之间采用电容耦合的无输出变压器功放电路,其大容量耦合电容对频响也有一定影响,是高保真功率放大器的基本电路。

(3)OCL 电路(Output Capacitor Less)

OCL 电路是一种输出级与扬声器之间无电容而直接耦合的功放电路,频响特性比 OTL 好,也是高保真功率放大器的基本电路。

(4)BTL(Balanced Transformer Less)

BTL 电路是一种平衡无输出变压器功放电路,其输出级与扬声器之间以电桥方式直接耦合,因而又称为桥式推挽功放电路,也是高保真功率放大器的基本电路。

2. 按功率管的工作状态分类

(1)甲类

甲类又称为 A 类。在输入正弦电压信号的整个周期内,功率管一直处于导通工作状态。其特点是失真小,但效率低、耗电多。

(2)乙类

乙类又称为 B 类。每只功率管导通半个周期,截止半个周期,两只功率管轮流工作。其特点是失真小,但效率低、耗电多。

(3)甲乙类

甲乙类又称为 AB 类。每只功率管导通时间大于半个周期,但又不足一个周期,截止时间小于半个周期,两只功率管推挽工作。这种电路可以避免交越失真,因而在高保真功率放大器中应用最多。

3. 按所用的有源器件分类

按这种方式功率放大器可以分为:晶体管功率放大器、场效管功率放大器、集成电路功率放大器及电子管功率放大器等。

目前三种功率放大器应用广泛,但在高保真音响系统中,电子管功率放大器仍有一席之地。特别是由于其对数字音响系统的特殊适应性,近年来在优质音响设备中更有长足的发展。

4. 其他新方式

为了让功率放大器兼有甲类放大器的低失真和乙类放大器的高效率,除了甲乙类外,近年来还出现一些新型功率放大器电路,例如超甲类、新甲类电路等。这些电路的名称虽然不同,但所采取的措施是:一是使功率管不工作在截止状态,没有开关过程,可以减少失真;二是设法使功率管的工作点随输入信号大小滑动,进行动态偏置,以提高效率。

⊹⊹⊹ 6.1.2　功率放大器的特点及技术指标

1.特点

(1)研究的主要问题

功率放大电路的输出功率、效率、非线性失真以及电路在大信号工作状态下器件的安全和散热等问题。

(2)分析方法

主要采用图解分析法。

2.甲类、乙类和甲乙类功放电路的特点

甲类、乙类和甲乙类功放电路的特点见表6.1。

3.主要技术指标

(1)最大输出功率 P_{om}

功率放大电路提供给负载的信号功率称为输出功率,是交流功率,表达式为 $P_o = I_o U_o$。最大输出功率是在电路参数确定的情况下,负载上可能获得的最大交流功率。

(2)转换效率 η

η 是功率放大电路的最大输出功率与电源提供的直流功率之比。直流功率等于电源输出电流平均值及电压之积。

(3)最大输出电压 U_{om}

表 6.1　甲类、乙类和甲乙类功放电路的特点

类别	工作点位置	电流波形	特　　　点
甲类			(1)管子的导通角 $\theta = 2\pi$ (2)静态电流不为零,电路的电源供给的功率始终等于静态功率损耗 (3)电路的静态功耗大,效率低 (4)非线性失真小
乙类			(1)管子的导通角 $\theta = \pi$ (2)静态电流和功耗均为零 (3)效率高 (4)非线性失真大
甲乙类			(1) $\pi < \theta < 2\pi$ (2)静态电流和功耗都很小 (3)效率较高 (4)非线性失真比甲类大,比乙类小

⊹⊹⊹ 6.1.3　高保真和 AV 功放

1.高保真音频放大器

(1)高保真音频放大器的组成

高保真音频放大器最少有两个声道,每个声道由前置放大器和功率放大器组成,如图6.1所示。

①前置放大器。作用——音源的选择、信号的放大和音质的控制。

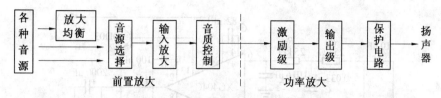

图 6.1 高保真音频放大器的组成

组成——音源选择电路、输入放大电路和音质控制电路等。

②功率放大器。作用——放大前级送来的音频信号,产生足够大的不失真输出功率,推动扬声器发声。

组成——激励级、输出级和保护电路。

(2)高保真放大器的性能指标。

①过载音源电动势;

②有效频率范围;

③总谐波失真;

④输出功率:输出额定功率、音乐功率(MPO)、峰值音乐功率(PMPO)。

(3)高保真功率放大器典型电路

①50 W 高保真音频集成功放电路(TDA1514A)。

如图 6.2 所示是由音频集成功放 TDA1514A 组成的典型应用电路。TDA1514A 是飞利浦公司生产的 50 W 高保真音频放大集成电路,其内部保护电路齐全,除了一般的过热、输出短路保护外,还具有安全工作区域保护。电路还设置了无声开关,用来抑制开机噪声的出现。电路设计中也考虑了较好的纹波抑制和较低的失调,同时还具有很低的热阻。

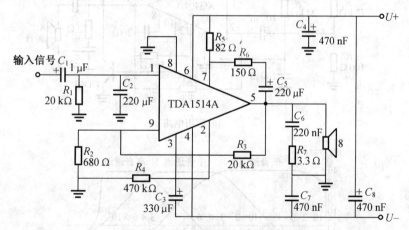

图 6.2 50 W 高保真音频集成功放电路

②新型电子分频功率放大电路。如图 6.3 所示电路为由 XG404 构成的新型电子分频功率放大电路。该电路在功率放大的同时实现了特性良好的滤波分频,是一种较为理想的高保真功率放大器。

③用 SF404 接成的 OCL 和 OTL 功放电路。SF404 具有保真度高、驱动能力强、热稳定性好、电源电压适应范围宽、使用可靠等优点,在直流、交流、瞬变特性方面的性能都很好,而且外围元件连接灵活多变,能接成多种应用电路,如图 6.4 所示。

图 6.4(a)和图 6.4(b)所示电路为用 SF404 接成 OCL 和 OTL 功放应用电路。

④μPC 2002 9W 音频功率放大电路。μPC2002 是音频功率放大集成电路,采用 5 脚单列直插塑料封装,按引线的形状可分为 H 型与 V 型。该电路输出功率大、失真度小,噪声低,开机时冲击声小,并具有电源浪涌、过电压和负载短路等保护电路,因而广泛用于汽车立体声收音机、录放机中作音频功率放

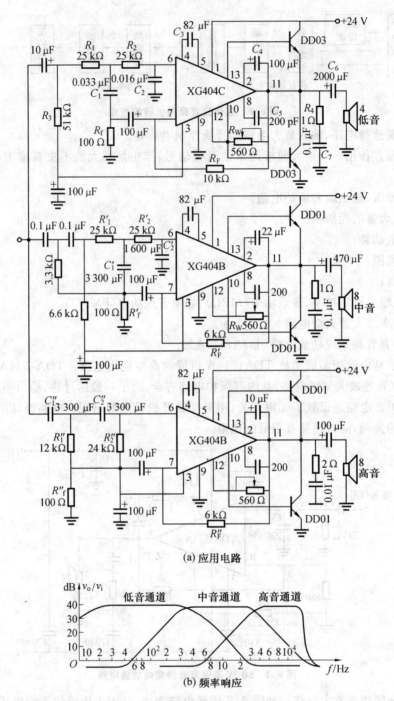

(a) 应用电路

(b) 频率响应

图 6.3　新型电子分频功率放大电路

大器。其典型应用电路如图 6.5 所示。

2. AV 功放

(1)AV 的概念

一般来说有画面有声音的器材我们都可以称为 AV 器材,比如我们平时最常见的电视等系统都可以称为 AV 系统。正是因为 AV 系统有影像输出功能,所以严格意义上来说一般的音响器材不应该算入 AV 系统中,但是近年来人们对 AV 系统的要求不仅停留在视觉感官刺激的表面,对音响效果的要求也越来越严格,并且近年来纯正的音响已经无法满足现代人的追求,所以我们只能定义出一个真正广义

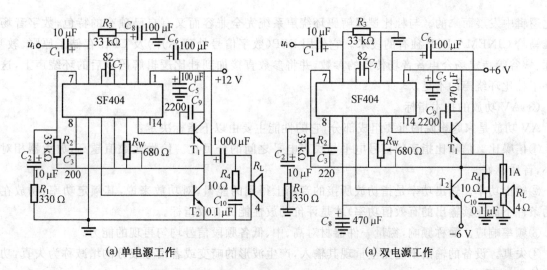

(a) 单电源工作　　　　　　　　　(a) 双电源工作

图 6.4　用 SF404 接成的 OCL 和 OTL 功放电路

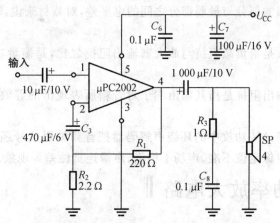

图 6.5　μPC 2002 9W 音频功率放大电路

的 AV 系统,它包括了电视、电脑、卫星电视、网络等诸多概念结合在一个系统上才算是真正广义的 AV。

(2)AV 功放原理

AV 功放,顾名思义,它是用于和影像源相配合、产生视听合一的效果、以营造声场为主要设计目的、专门供家庭影院使用的放大器。它通过内部的延迟、混响处理电路来控制放音时各声道之间的延迟时间,通过调整延迟时间的长短来模拟出各种声音环境下的声场,例如大厅、教室、体育场、演播室等。AV 功放强调声道隔离度、延迟时间范围、各种声场模式等指标参数。AV 功放的声道少则四路,多至九路,目前市场上的 AV 功放结合家庭放音的需要,多为五路或七路。

AV 系统主要由大屏幕彩电、影碟机或高保真录像机,AV 多声道环绕功放,一只中置音箱,一对主音箱,一对环绕音箱组成。AV 系统着重于表现大动态的效果声,以此烘托气氛,配合画面的声场定位制造出惊心动魄的场面。人们在家中就可以享受电影院中所特有的视听效果。

AV 多声道环绕声系统主要有杜比逻辑环绕声系统、THX 系统、雅马哈的影院 CINEMA DSP 系统。这三大系统各有千秋,杜比逻辑环绕声是多声道录制的,一般地说是四声道,录制时,用多只拾音器,按不同距离安置在演奏者的各个方向,将拾取的声音信号经过 AD 变为数码,再将这些数码按一定规则编码,编为两声道的数码,最后录制在两声道的影碟上。当人们要欣赏影碟时,杜比逻辑解码系统将两声道上的数码反变换为四声道或五声道的数码,再经过 DA 转换,经过 AV 多声道放大器,分别送到几对不同位置的音箱,以此实现环绕声,力求重现现场录音时的风采。雅马哈的 CINEMA DSP 是从杜比逻辑中发展而来的。与杜比逻辑解码环绕声系统完全兼容而又有自己独有的特色,数字音场处理是雅马哈 CINEMA DSP 独有的技术。它使用 DSP(数字信号处理芯片)及 CPU 存储了原野、教堂、音乐厅、峡谷等特定场合声音音场传播的参数,并将参数直接加到杜比逻辑解码以后的环绕声上,这样就弥补了杜比环绕声的不足。

(3)AV 功放的技术指标

AV 功放是家庭影院的重要组成部分,它的性能主要由以下指标决定:

①信噪比。信噪比指音频信号电平与噪声电平之间的分贝比。信噪比数值越高,放大器相对噪声越小,音质越好。

②输出功率。输出功率是指功放所接的音箱上得到的能量,对功放来说,其额定功率(功放在不失真的条件下能连续输出的有效值功率)才是评价功放性能的有效指标。

③频率响应。简称频响,衡量一件器材对高、中、低各频段信号均匀再现的能力。

④失真。设备的输出不能完全重现其输入,产生波形的畸变或者信号成分的增减称为失真,功放的失真越小,音质越好。

⑤动态范围。信号最强的部分与最弱部分之间的电平差,对器材来说,动态范围表示这件器材对强弱信号的响应能力。

⑥阻尼系数。阻尼系数是指负载阻抗与放大器输出阻抗之比,是衡量功放内阻对音箱所起阻尼作用大小的一项性能指标。

⑦输出阻抗。功放的输出阻抗是指其输出端子对音箱所表现出的等效内阻,它应与音箱的额定输入阻抗一致。

⑧分离度。分离度是指 AV 功放中的环绕声解码器把音频编码信号还原为各个声道信号的能力。分离度较差的功放会出现声像定位不准、声场不饱满、声像连贯性差等现象。

6.2　互补对称功率放大电路

【知识导读】

互补对称功率放大电路是一种在单端放大电路基础上发展的一种性能优良的电路,它采用两只不同极性的晶体管组成,它是怎么工作的呢?就像俩人拉锯你推一下我拉一下,这样两只晶体管都处于半波工作状态,它是又怎么克服交越失真呢?

6.2.1　OCL 互补对称功率放大电路

1.OCL 电路组成及工作原理

射极输出器输入电阻高、输出电阻低,并有电流放大作用,很适合作为功率放大级。乙类互补对称功放是由两个射极输出器组成,如图 6.6 所示。假设晶体管为理想情况,由于管子 T_1 和 T_2 发射结都未加偏置,故当输入信号为 0 时,两个管子都截止,即工作于乙类状态。

利用两只特性对称的反型管子(一个为 NPN 型,另一个为 PNP 型),把它们的基极相连作为输入,射极相连作为输出。在输入信号的作用下,T_1 和 T_2 轮流导通,每管各承担半个周期的放大任务,就像两个人拉锯似的,你推我拉(挽),所以把这种工作方式称为推挽方式。

在电路中,由于 T_1、T_2 互相对称,交替工作,相互补充,共同完成放大功能,所以称该电路为乙类互补对称功率放大电路。这种电路又称为无输出电容的功率放大电路,即 OCL 电路。图 6.7(a)表示电路在为正半周时 T_1 的工作情况。T_2 的工作情况和 T_1 相似,T_1 和 T_2 的合成曲线如图 6.7(b)所示。

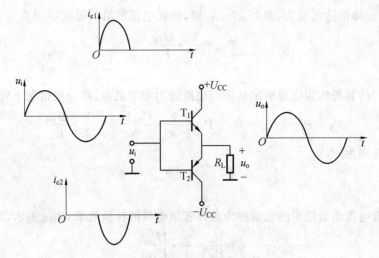

图 6.6　OCL 电路组成

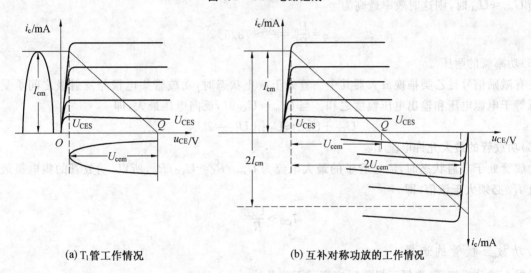

(a) T_1 管工作情况　　　　　　(b) 互补对称功放的工作情况

图 6.7　OCL 输出特性曲线

2. 电路性能参数指标

根据以上分析，不难求出乙类互补对称电路的输出功率、电源供给功率、管耗和效率。

(1) 输出功率 P_o

$$P_o = U_o I_o = \frac{U_{om}}{\sqrt{2}} \cdot \frac{U_{om}}{\sqrt{2}R_L} = \frac{1}{2} \cdot \frac{U_{om}^2}{R_L} = \frac{1}{2} \cdot \frac{U_{cem}^2}{R_L}$$

当输入信号足够大，使 $U_{im} = U_{om} = U_{cem} = U_{CC} - U_{CES} \approx U_{CC}$ 和 $I_{om} = I_{cm}$ 时，可获得最大。输出最大功率为

$$P_{om} = \frac{1}{2} \cdot \frac{U_{om}^2}{R_L} = \frac{1}{2} \cdot \frac{U_{cem}^2}{R_L} \approx \frac{1}{2} \cdot \frac{U_{CC}^2}{R_L}$$

(2) 直流电源供给的功率 P_V

设输入信号为正弦波，则

$$\bar{I}_C = \frac{1}{2\pi} \int_0^\pi I_{cm} \sin \omega t \, \mathrm{d}\omega t = \frac{-I_{cm}}{2\pi} \cos \omega t \bigg|_0^\pi = \frac{I_{cm}}{\pi}$$

由此求得在一个周期内双电源供给的功率为

$$P_V = 2U_{CC} \cdot \bar{I}_C = 2U_{CC} \cdot \frac{1}{\pi} I_{cm} = \frac{2U_{CC}}{\pi} \cdot \frac{U_{om}}{R_L}$$

显然，当输出电压幅值达到最大，即 $U_{om} \approx U_{CC}$ 时，得到电源供给的最大功率为

$$P_{Vm} = \frac{2}{\pi} \cdot \frac{U_{CC}^2}{R_L}$$

(3)管耗 P_T

输出回路(两管)的管耗约为电源输出功率与电路输出功率之差，在一般情况下管耗为

$$P_T = P_{T1} + P_{T2} = P_V - P_{om} = \frac{2}{\pi} \cdot \frac{U_{CC} U_{om}}{R_L} - \frac{1}{2} \cdot \frac{U_{om}^2}{R_L}$$

每个管子的最大管耗则为

$$P_{T1m} \approx 0.2 P_{om}$$

(4)效率 η

输出功率与直流电源供给功率的比值称为晶体管集电极的转换效率，用 η 表示，即

$$\eta = \frac{P_o}{P_V} = \frac{\pi}{4} \cdot \frac{U_{om}}{U_{CC}}$$

当 $U_{om} \approx U_{CC}$ 时，则这时效率最高为

$$\eta = \frac{P_o}{P_V} = \frac{\pi}{4} \approx 78.5\%$$

(5)功率管的耐压

在有激励信号且乙类推挽放大器其中一管处于截止状态时，功放管集电极与发射极之间承受的反向电压等于电源电压和输出电压幅度之和。当 $U_{cem} \approx U_{CC}$ 时，反向电压最大，即

$$U_{CC} + U_{cem} \approx U_{CC} + U_{CC} = 2U_{CC}$$

(6)功放管的最大允许电流 I_{CM}

功放管处于导通状态时，流过管子的最大电流为 $U_{cem}/R_L \approx U_{CC}/R_L$，所以，功放管的集电极最大允许电流 I_{CM} 必须大于该值，即

$$I_{CM} > \frac{U_{CC}}{R_L}$$

3.功放三极管的选择

根据上述分析知道，选择三极管时应满足下列条件：

(1)功放三极管集电极的最大允许管耗为

$$P_{CM} > 0.2 P_{om}$$

(2)功放三极管的最大耐压为

$$U_{BR(CEO)} > 2U_{CC}$$

(3)功放三极管的最大集电极电流为

$$I_{CM} > \frac{U_{CC}}{R_L}$$

4.交越失真

前面讨论了由两个射极输出器组成的乙类互补对称电路中，我们是在忽略三极管的门坎电压情况下得到的，实际上这种电路并不能使输出波形很好地反映输入的变化，因为没有直流偏置，管子必须在大于某一个数值时才有显著变化。当输入信号低于这个数值时，T_1 和 T_2 都截止，i_{C1} 和 i_{C2} 基本为零，负载上无电流通过，出现一段死区，如图 6.8(b)所示，这种现象称为交越失真。

5.甲乙类互补对称功率放大电路

为了改善输出波形，通常在两个基极间加入二极管(或电阻，或二极管和电阻结合)，以供给 T_1 和 T_2 两管一定的正向偏压，避开输入特性的弯曲部分，使两管在静态时都处于微导通状态，从而消除了交

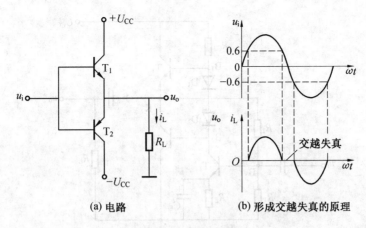

(a) 电路   (b) 形成交越失真的原理

图 6.8　交越失真

越失真。严格地讲,这时已不是乙类状态,而是甲乙类工作状态,如图 6.9 所示。

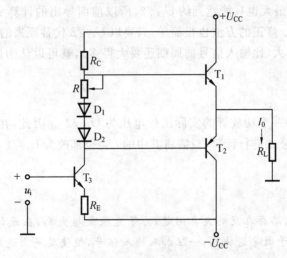

图 6.9　甲乙类互补对称功率放大电路

6.2.2　OTL 互补对称功率放大电路

前述 OCL 互补对称功率放大电路中需要正、负两个电源。在实际应用中,通常希望采用单电源供电。

1. 电路结构

图 6.10 中是采用一个电源的互补对称功率放大电路,这种形式的电路称为 OTL 电路(无输出变压器)。图中的 T_3 组成前置放大级,T_2 和 T_1 组成互补对称电路输出级。在输入信号 $u_i=0$ 时,一般只要 R_1、R_2 有适当的数值,就可使 I_{C3}、V_{B2} 和 V_{B1} 达到所需大小,给 T_2 和 T_1 提供一个合适的偏置,从而使 K 点电位 $V_K=V_C=U_{CC}/2$。

2. 电路工作原理

当加入信号 u_i 时,在信号的负半周,T_1 导电,有电流通过负载 R_L,同时向 C 充电;在信号的正半周,T_2 导电,则已充电的电容 C 起着双电源互补对称电路中电源 $-U_{CC}$ 的作用,通过负载 R_L 放电。只要选择时间常数 $R_L C$ 足够大(比信号的最长周期还大得多),就可以认为用电容 C_2 和一个电源 U_{CC} 可代替原来的 $+U_{CC}$ 和 $-U_{CC}$ 两个电源的作用。

值得指出的是,采用一个电源的互补对称电路,由于每个管子的工作电压不是原来的 U_{CC},而是

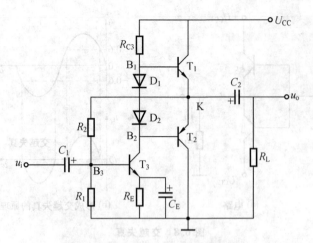

图 6.10　OTL 电路(无输出变压器)

$U_{CC}/2$,即输出电压幅值 U_{om} 最大也只能达到约 $U_{CC}/2$,所以前面导出的计算 P_o、P_T 和 P_V 的最大值公式,必须加以修正才能使用。修正的方法也很简单,只要以 $U_{CC}/2$ 代替原来的公式中的 U_{CC} 即可。

只要选择时间常数足够大(比输入信号的周期还要大得多),就可以认为用一个电源和电容 C 可起到原来两个电源的作用。

3.性能分析

在 OTL 功放电路中,每一个功放管的实际工作电压为 $U_{CC}/2$ 。因此,在估算输出功率等指标时,可采用与 OCL 电路同样的公式进行计算,只需将其中的 U_{CC} 全部改为 $U_{CC}/2$ 即可。

技术提示:
　　互补对称功率放大电路存在交越失真问题,为了克服交越失真,在设计电路时,增加一个偏置电路,使每一晶体管处于微导通状态,一旦加入输入信号,便使其马上进入线性工作区。

6.3 集成功率放大器

【知识导读】

集成功率放大器与分立元件三极管低频功率放大器比较,有哪些优点呢?

1.集成功率放大器的特点

(1)组成

前置级、中间级、输出级、偏置电路。

(2)特点

输出功率大、效率高,有过流、过压、过热保护,体积小、成本低、外接元件少、调试简单。

2.常用功放简介

(1) DG4100 系列集成功率放大电路

DG4100 系列集成功率放大电路引脚如图 6.11 所示。

(2) 集成功放 DG4100 典型的外部接线图

集成功放 DG4100 典型的外部接线图如图 6.12 所示。

外部元件的作用如下:

R_F、C_F——与内部电阻组成交流负反馈支路。

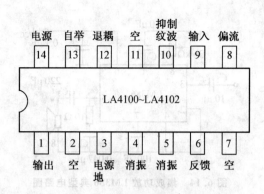

图 6.11　DG4100 系列功放引脚示意图

C_4——相位补偿。

C_{10}——输出端电容，两端充电电压等于 $U_{CC}/2$。

C_5——反馈电容，消除自激振荡。

C_3、C_7——滤除波纹。

C_9——自举电容，使复合管的导通电流不随输出电压的升高而减小。

C_2——电源退耦滤波，可消除低频自激。

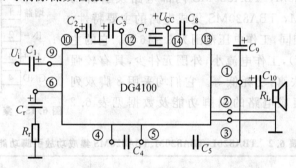

图 6.12　集成功放 DG4100 典型的外部接线图

（3）LM386 集成功率放大器

①典型应用参数。直流电源：4～12 V，额定功率：660 mW，带宽：300 kHz，输入阻抗：50 kΩ。

②内部电路。集成功放 LM386 内部电路如图 6.13 所示，其典型电路如图 6.14 所示。

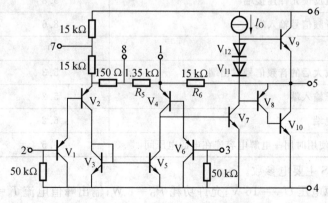

图 6.13　集成功放 LM386 内部电路图

V_1、V_6：射级跟随器，高输入阻抗

V_2、V_4：双端输入单端输出差分电路

V_3、V_5：恒流源负载

V_7～V_{12}：功率放大电路

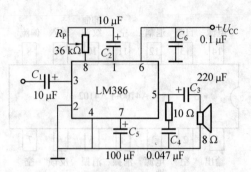

图 6.14　集成功放 LM386 典型电路图

V_7 为驱动级(I_0 为恒流源负载)

V_{11}、V_{12} 用于消除交越失真

V_8、V_{10} 构成 PNP→准互补对称

(4)TBA820L、TBA820M、TBA820MS——低频乙类功率放大集成电路

TBA820L,TBA820M,TBA820MS 集成电路常用作低频乙类功率放大。多应用于盒式收录机、袖珍式立体声放音机、计算机音响系统中作音频功率放大。

①TBA820L,TBA820M,TBA820MS 内部电路及引脚功能。TBA820L,TBA820M,TBA820MS 集成电路的主要特性、电参数、内部等效电路均相同,工作电压范围为 3~16 V。它的主要特点是工作电压低(3 V),工作电流小,外围元件少,具有较强的纹波抑制能力,无交越失真,功耗低等。它们均采用 8 脚双列封装,如图 6.15 所示。集成电路的引脚功能及数据见表 6.2 所列。

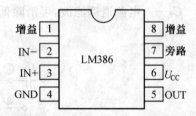

图 6.15　集成功放 LM386 电路引脚功能

表 6.2　TBA820L、TBA820M、TBA820MS 集成功放引脚功能

引脚	功能	开路电阻/kΩ	
		红笔测量 黑笔接地	黑笔测量 红笔接地
1	相应补偿元件连接端	6.3	7.2
2	放大器交流负反馈元件连接端	5.8	57
3	功率放大器音频信号输入端	8.6	∞
4	接地端	0	0
5	功率放大器放大后的音频信号输出端	5.3	62
6	工作电源电压输入端	5.2	26.5
7	功放电路供电端	6.2	∞
8	不用时悬空,使用时用一电解电容连在电源电压间	9.5	18

②TBA820L/M/MS 主要电参数。

极限使用条件:电源电压 $U_{CC}=16$ V;允许功耗 $P_D=1$ W;输出峰值电流 $I_0=1.5$ A。

主要电参数。在 $R_L=8$ Ω,$f=1$ kHz 条件下,有以下主要电参数:

静态电流 I_{OQ} 最大值为 12 mA,典型值为 4 mA。

电源工作电压 U_{CC} 最大值为 16 V,最小值为 3 V,典型值为 6 V,9 V,12 V。

开环电压增益 $G_{VO}=75$ dB,闭环电压增益在 $R_i=33$ Ω。时,$G_{VG}=34$ dB。

输出功率 P_O 当 $U_{CC}=9$ V,$T_{HD}=10\%$ 时,最大 $P_O=1.2$ W,最小 $P_O=0.9$ W。

谐波失真 T_{HD} 当 $P_o = 500\ mW, R_i = 33\ \Omega$ 时，$T_{HD} = 0.8\%$（典型值）。

输入电阻 R_i 3 脚输入电阻为 5 MΩ。

③TBA820L/M/MS 典型应用电路。TBA820L/M/MS 集成块两种常见典型应用电路如图 6.16 所示，前者负载与电源相连，后者负载与地相连。

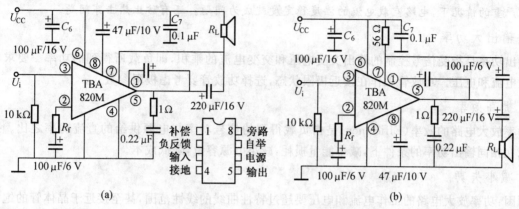

图 6.16 TBA820LJM/MS 集成块两种常见典型应用电路

④故障检修提示。如图 6.17 所示，检修无声故障时，应先检查 TBA820M⑥脚上的供电是否正常。若电压无问题，可通过测量功放电路的静态电流来判断故障原因。正常在 $U_{CC} = 9\ V$ 时，流过功放电路的静态电流最大值为 12 mA 左右。如果测得的电流远大于此值，且检查 C_6、C_7 电容均无漏电（可采用分别脱开某一引脚的方法检查），则故障多为 IC 本身损坏引起的。

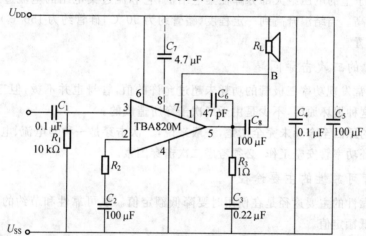

图 6.17 由 TBA820M 构成的一种常用的功率放大器电路

>>>

技术提示：

集成功率放大器由集成功放电路和一些外部阻容元件构成。集成功率放大器和分立元件功率放大器相比具有体积小、质量轻、调试简单、效率高、失真小、使用方便等优点，已经成为在音频领域中应用十分广泛的功率放大器。功率放大电路的电路形式很多，有单电源供电的 OTL 功放电路，双电源供电的 OCL 互补对称功放电路，BTL 桥式推挽功放电路等。

6.4 功率放大电路中的问题

【知识导读】

功率放大电路的关键问题有哪些? 通常,在电流放大级使用射极跟随器和源极输出电路,但在器件发热很严重的情况下,电路空载电流的温度稳定度就成为问题。还有防止热击穿问题。

1.输出大功率

输出功率是指受信号控制的输出交变电压和交变电流的乘积,即负载所得到的功率。要求功放管输出大电流和电压。功放管工作在接近极限状态,选择功放管要考虑极限参数。

2.提高效率

功率放大电路的效率(Efficiency)是指负载得到的信号功率与电源供给的直流功率之比。提高效率可以在相同输出功率的条件下,减小能量损耗,减小电源容量,降低成本。

3.减小失真

原因:功率放大电路的工作电流和电压要超过特性曲线的线性范围,甚至接近晶体管的饱和区和截止区。

造成非线性失真较严重,因此在使用中必须兼顾提高交流输出功率和减小非线性失真这两方面的指标。

4.功率三极管的散热问题

在三极管中,管子上的电压绝大部分降在集电结上,它和流过集电结的电流造成集电极功率损耗,使管子发热、结温升高。当结温升高到一定程度(锗管约为 90 ℃,硅管约为 150 ℃)以后,要造成管子损坏,通常要加散热装置。

5.功率三极管的二次击穿问题

在实际工作中,常发现功率三极管的功耗未超过允许的值,管身也并不烫,但三极管却突然失效或者性能显著下降。这种损坏原因,不少是由于二次击穿所造成的。

产生二次击穿的原因至今尚未完全清楚,一般来说,二次击穿是一种与电流、电压、功率和结温都有关的效应。为了保证功率管安全工作,必须考虑二次击穿因素。

6.提高功率管可靠性的主要途径

提高功率管可靠性的主要途径是在使用时要降低额定值。从可靠性和节约的角度来看,推荐使用下面几种方法来降低额定值。

①最坏的条件下工作电压不应超过极限值的80%。

②最坏的条件下工作电流不应超过极限值的80%。

③最坏的条件下工作功耗不应超过器件在最大工作环境温度下的最大允许功耗的50%。

④工作时,器件的结温不应超过器件允许的最大结温的70%~80%。

7.为保证器件正常运行,可采取适当保护措施

例如,为了防止由于感性负载而使管子产生过压或过流,可在负载两端并联二极管(或二极管和电容),此外,也可对三极管加以保护,保护的方法很多,例如可以用稳压管并联在功率管的C、E两端,以吸收瞬时的过电压等等。

重点串联 ▶▶▶

功率放大器

　功率放大器的特点
　　甲类：电路的静态功耗大，效率低；
　　乙类：静态电流和功耗均为零，效率高；
　　甲乙类：静态电流和功耗都很小，效率较高。

　互补对称功率放大器

　　输出功率 P_o

$$P_o = U_o I_o = \frac{U_{om}}{\sqrt{2}} \cdot \frac{U_{om}}{\sqrt{2} R_L} = \frac{1}{2} \cdot \frac{U_{om}^2}{R_L} = \frac{1}{2} \cdot \frac{U_{cem}^2}{R_L}$$

　　直流电源供给的功率 P_V

$$P_V = 2U_{CC} \cdot \bar{I}_C = 2U_{CC} \cdot \frac{1}{\pi} I_{cm} = \frac{2U_{CC}}{\pi} \cdot \frac{U_{om}}{R_L}$$

　　管耗 P_T

$$P_T = P_{T1} + P_{T2} = P_V - P_{om} = \frac{2}{\pi} \cdot \frac{U_{CC} U_{om}}{R_L} - \frac{1}{2} \cdot \frac{U_{om}^2}{R_L}$$

　　效率 η

$$\eta = \frac{P_o}{P_V} = \frac{\pi}{4} \cdot \frac{U_{om}}{U_{CC}}$$

　功率放大器应注意问题
　　散热
　　二次击穿

拓展与实训

▶ 基础训练 ◆◆◆◆

一、填空题

1. 功率放大电路采用甲乙类工作状态是为了克服_____，并有较高的_____。

2. 乙类互补对称功率放大电路中，由于三极管存在死区电压而导致输出信号在过零点附近出现失真，称之为_____。

3. 乙类互补对称功率放大电路的效率比甲类功率放大电路的_____，理想情况下其数值可达_____。

4. 某乙类双电源互补对称功率放大电路中，电源电压为 ±24 V，负载为 8 Ω，则选择管子时，要求 $U_{(BR)CEO}$ 大于_____，I_{CM} 大于_____，P_{CM} 大于_____。

5. 功率放大器中，由于静态工作点设置不同而分三种工作状态是_____、_____和_____。

6. 功率放大器的主要特点是_____、_____和_____。

7. 互补对称功率放大电路有_____和_____两种形式。

8. 乙类互补对称功率放大电路输出最大功率为 10 W，应选用最大管耗 P_{CM} 等于_____的功率管。

9. OTL 功放电路中，电源电压为 $U_{CC} = 60$ V，应选用耐压 $U_{(BR)CEO}$_____的功率管。

10. 互补对称功率放大电路由于晶体管存在_____电压会产生_____失真。

二、选择题

1. 分析功率放大电路时，应着重研究电路的（　　）。

A. 电压放大倍数和电流放大倍数　　　　　　B. 输出功率与输入功率之比

C. 最大输出功率和效率　　　　　　　　　　D. 失真程度

2. 乙类互补对称功率放大电路会产生( )。

A. 线性失真　　　　　B. 饱和失真　　　　C. 截止失真　　　　D. 交越失真

3. 图 6.18 电路中 D_1 和 D_2 管的作用是消除( )。

A. 饱和失真　　　　　B. 截止失真　　　　C. 交越失真　　　　D. 线性失真

4. 图 6.18 电路中如 D_1 虚焊,则 T_1 管( )。

A. 可能因功耗过大烧坏　B. 始终饱和　　　　C. 始终截止　　　　D. 使 T_2 管截止

5. 图 6.18 电路中,当输入为正弦波时,若 R_1 虚焊,即开路,则输出电压( )。

A. 为正弦波　　　　　B. 仅有正半波　　　C. 仅有负半波　　　D. 为正弦波三角波

6. 图 6.18 电路中,静态时,晶体管发射极电位 U_{EQ}( )。

A. >0 V　　　　　　B. $=0$ V　　　　　　C. <0 V　　　　　　D. $=1$ V

7. 电路如图 6.19 所示,最大输出功率为( )。

A. 4.5 W　　　　　　B. 0.75 W　　　　　C. 2.25 W　　　　　D. 18 W

8. 图 6.19 中 T_1、T_2 管最大管耗为( )。

A. 0.45 W　　　　　　B. 0.9 W　　　　　　C. 1.5 W　　　　　D. 3.6 W

9. 电路如图 6.20 所示,电路的最大输出功率为( )。

A. 2.25 W　　　　　　B. 0.375 W　　　　　C.　0.5 625 W　　　D. 9 W

10. 图 6.20 电路中 N 点电位应该是( )。

A. 6 V　　　　　　　　B. 3 V　　　　　　　C. -3 V　　　　　　D. 0 V

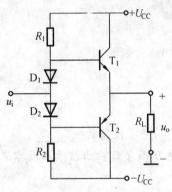　　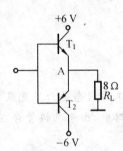　　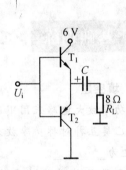

图 6.18　题 3,4,5,6 图　　　　　图 6.19　题 7,8 图　　　　　图 6.20　题 9,10 图

三、计算分析题

1. 双电源互补对称电路如图 6.21 所示,电源电压 $U_{CC}=6$ V,负载电阻 $R_L=4$ Ω。试求:

(1)若输入电压幅值 $U_{im}=2$ V,输出功率是多少?

(2)该电路最大的输出功率是多少? 理想情况 $U_{CES}=0$。

(3)各晶体管的最大功耗是多少?

2. 电路如图 6.22 所示,已知电源电压 $U_{CC}=26$ V,负载电阻 $R_L=8$ Ω,T_1、T_2 的饱和压降 $U_{CES}=1$ V,求电路的最大输出功率及效率。

3. 在图 6.23 所示电路中,设 u_i 为正弦波,$R_L=8$ Ω,要求最大输出功率 $P_{om}=9$ W。试求在 BJT 的饱和压降 U_{CES} 可以忽略不计的条件下,求:

(1)正、负电源 U_{CC} 的最小值;

(2)根据所求 U_{CC} 的最小值,计算相应的 I_{CM}、$|U_{(BR)CEO}|$ 的最小值;

(3)输出功率最大($P_{om}=9$ W)时,电源供给的功率 P_V;

(4)每个管子允许的管耗 P_{CM} 的最小值;

(5)当输出功率最大($P_{om}=9$ W)时的输入电压有效值。

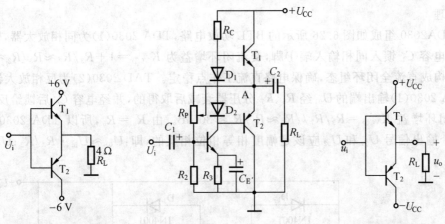

图 6.21 题 1 图　　　　图 6.22 题 2 图　　　　图 6.23 题 3 图

4.电路如图 6.24 所示,电源电压 $U_{CC}=12$ V,负载电阻 $R_L=8$ Ω,问:二极管 D_1、D_2 的作用是什么? A 点电位是多少? 调整什么元件使 U_A 符合要求。

5.图 6.25 电路中,当 $U_{CC}=U_{EE}=9$ V,$R_L=16$ Ω,在理想状态下的每一晶体管的极限参数 P_{CM}、$U_{(BR)CEO}$、I_{CM} 为多少?

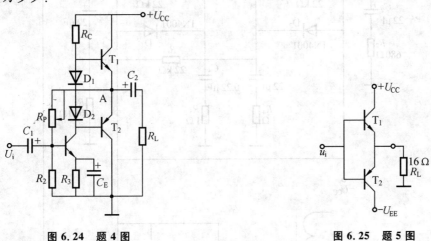

图 6.24 题 4 图　　　　　　　　图 6.25 题 5 图

▶ 技能实训 ▸▸▸▸

实训　TDA2030 集成功率放大电路的制作

【实习目的】

(1)复习巩固前面所学的有功率放大器的理论知识;

(2)通过动手,加深对理论知识的掌握,并培养和加强动手能力。

【实习内容】

1.电路结构及参数

BTL 电路元件清单(单声道)

电容:1 μF×1　　　22 μF×2　　0.22 μF×2　　2 200 μF×2　　0.1 μF×2

电阻:22 kΩ×5　　　680 Ω×2　　1 Ω 1W×2

二极管:1N4001×4　　　1N4004×4

电位器:22 kΩ　　　集成电路:TDA2030×2

2.工作原理

用两块 TDA2030 组成如图 6.26 所示的 BTL 功放电路,TDA 2030(1)为同相放大器,输入信号 U_{in} 通过交流耦合电容 C_1 馈入同相输入端①脚,交流闭环增益为 $K_{vc①} = 1 + R_3/R_2 \approx R_3/R_2 \approx 30$ dB。R_3 同时又使电路构成直流全闭环组态,确保电路直流工作点稳定。TAD 2030(2)为反相放大器,它的输入信号是由 TDA 2030(1)输出端的 U_{01} 经 R_5、R_7 分压器衰减后取得的,并经电容 C_6 后馈给反相输入端② 脚,它的交流闭环增益 $K_{vc②} = R_9/R_7//R_5 \approx R_9/R_7 \approx 30$ dB。由 $R_9 = R_5$,所以 TDA 2030(1)与 TDA 2030(2)的两个输出信号 U_{01} 和 U_{02} 应该是幅度相等相位相反的,即:$U_{01} \approx U_{in} \cdot R_3/R_2$;$U_{02} \approx -U_{01} \cdot R_9/R_5$。

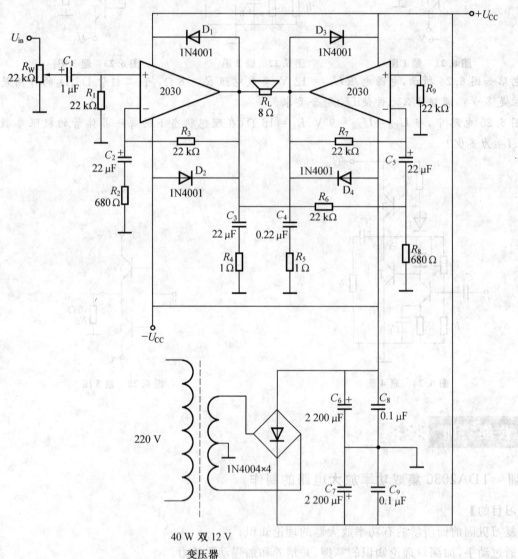

图 6.31　BTL 功率放大电路

【工具材料】

示波器、万用表、电工刀、螺丝刀、测电笔、电烙铁、尖嘴钳、电路板、焊锡等。

【实习指导】

1.电路焊接要求

(1)元器件在电路板插装的顺序是先低后高,先小后大,先轻后重,先易后难,先一般元器件后特殊元器件,且上道工序安装后不能影响下道工序的安装。

(2)元器件在电路板上的插装应分布均匀,排列整齐美观,不允许斜排、立体交叉和重叠排列;不允许一边高、一边低,也不允许引脚一边长、一边短。

(3)电烙铁要接地,以防止在焊接时由于漏电而击穿元器件。因此推荐使用白光可调电烙铁,一般温度调节在 350 ℃左右为宜,焊接时间少于 2 s。

(4)焊接时要保持焊点饱满,有光泽度,焊锡不应过多。

(5)焊接时应保证所有插装好的器件不移动位置。

2.制作步骤

(1)根据具体电路图计算电路参数。

(2)选取元件、识别和测试。包括各类电阻、电容、变压器的数值、质量、电器性能的准确判断、解决大功率放大器散热的问题。

(3)了解有关集成电路特点和性能资料情况。

(4)根据实际机壳大小设计 1∶1 印刷板布线图。

(5)制作印刷线路板。

(6)电路板焊接、调试(调试步骤可以参考《模拟电子技术实验指导书》有关放大器测试过程)。

(7)实训期间必须遵守实训纪律、听从老师安排和注意用电安全。

【实习总结】

按要求格式撰写实习总结,主要内容:

(1)TDA 2030 功放电路的工作原理分析;

(2)电路板的制作及功放电路主要性能指标的测试方法;

(3)调试过程中出现的问题及解决方法;

(4)实训的心得体会。

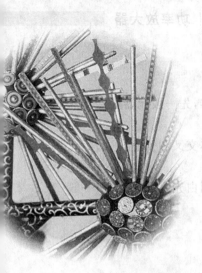

模块 7
直流稳压电源

知识目标

◆掌握整流、滤波、稳压的基本工作原理。

◆掌握三端固定式、可调式稳压电路的典型接法。

◆掌握串联型线性稳压源的元件选择。

◆了解开关型稳压电路的基本工作原理与优缺点。

技能目标

◆掌握稳压电源电压的测算方法与部分元件选择方法。

◆掌握相关电子仪器的使用方法、部分电源指标的测量方法。

课时建议

20 课时

课堂随笔

7.1 单相整流滤波电路 ▮

【知识导读】

电网的供电是交流电,而我们在前面的电路中多使用的是直流电,交流电是怎么变成平直的直流电的呢?

7.1.1 单相整流电路

1. 半波整流电路

(1) 基本概念

我们日常使用的电由电厂提供,这种电为了传输的需要是交流电,但是在电路中,我们需要的往往是直流电,因此需要通过一定的电路将交流电变成直流电。将交流电变为直流电的过程就称整流。

根据整流电路的不同,我们将整流分为半波整流、全波整流、桥式整流、倍压整流等。

交流电是一个正弦波,电流的方向随着时间变化,有正向和反向,如图 7.1(a)所示。如果我们通过某种电路,将其反向部分去掉,只剩下正向部分,那么电流方向就只有一个方向,交流电也就变成了直流电,如图 7.1(b)所示。因为这种电路整流后只剩下一半的正弦波,所以我们将这种方式称为半波整流。

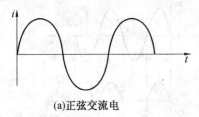

(a)正弦交流电 　　　　　　　　　　　　　(b)半波直流

图 7.1　半波整流

(2)工作原理

电路如图 7.2 所示,因为二极管具有单向导电性,所以只有正向电流通过,反向电流不能通过,流过负载的电流为直流。假设二极管导通电压为 0,当 u_2 为正半周时,二极管导通,其两端电压 $u_D = 0$,负载上的电压 $u_L = u_2$;当 u_2 为负半周时,二极管截止,负载电压 $u_L = 0$,二极管上的电压为 u_2。其波形如图 7.3 所示。负载上的电压是一个单向半波脉动电压,通常用一个周期内的平均值来表示。

$$U_L = 0.45 U_2 \tag{7.1}$$

式中,U_2 为变压器次级交流电压的有效值。

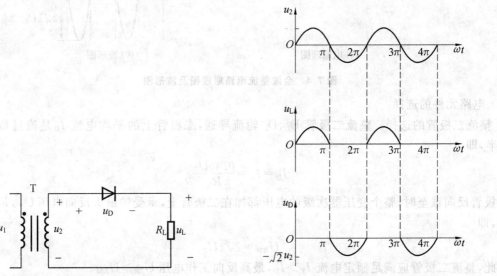

图 7.2　半波整流电路原理图 　　　　　　图 7.3　半波整流电压波形图

（3）整流二极管的选择

流过整流二极管的平均电流 I_D 与流过负载的电流 I_L 相等，即

$$I_D = I_L = \frac{0.45U_2}{R_L} \tag{7.2}$$

当二极管反向截止时，承受的最大反向电压 U_{RM} 是 u_2 的最大值，即

$$U_{RM} = \sqrt{2}\,U_2 \tag{7.3}$$

因此，整流二极管应满足额定电流 $I_F > I_D$，最高反向工作电压 $U_{BR} > U_{RM}$。

2. 全波整流电路

（1）工作原理

电路如图 7.4（a）所示，当 u_2 为正半周时，D_1 导通，$u_{D1} = 0$，$i_{D1} = i_o$，$u_o = u_2$，$i_{D2} = 0$，$u_{D2} = -2u_2$。当 u_2 为负半周时，D_2 导通，$u_{D2} = 0$，$i_{D2} = i_o$，$u_o = u_2$，$i_{D1} = 0$，$u_{D1} = -2u_2$。如图 7.4（b）所示，可以看出在正负半周时，负载上均有电流流过，因此我们将这种电路称为全波整流电路。该电路中负载上的电压依然用一个周期内的平均值来表示，其值是半波整流的一倍，即

$$U_o = 0.9U_2 \tag{7.4}$$

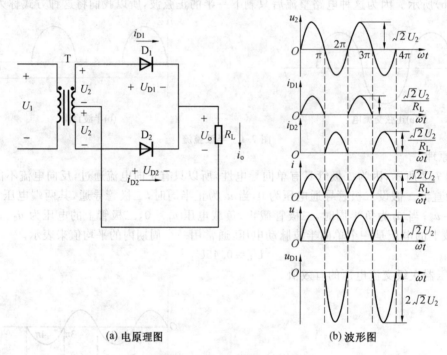

| (a) 电原理图 | (b) 波形图 |

图 7.4　全波整流电路原理图及波形图

（2）电路元件的选择

① 整流二极管的选择。整流二极管 D_1、D_2 轮流导通，二极管上的平均电流 I_D 是流过负载的电流 I_o 的一半，即

$$I_D = I_L = \frac{0.45U_2}{R_L} \tag{7.5}$$

二极管反向截至时，整个变压器次级的电压都加在二极管上，承受的最大反向电压 U_{RM} 是两倍 u_2 的最大值，即

$$U_{RM} = 2\sqrt{2}\,U_2 \tag{7.6}$$

因此，整流二极管应满足额定电流 $I_F > I_D$，最高反向工作电压 $U_{BR} > U_{RM}$。

② 变压器的选择。变压器要选用有中心抽头、两边对称性好的。

3.桥式整流电路

（1）工作原理

电路如图 7.5 所示，当 u_2 正半周时，二极管 D_1、D_3 导通，D_2、D_4 截止（见图 7.6(a)），$u_{D1} = u_{D3} = 0$，$u_o = u_2$，$i_{D1} = i_{D3} = i_o$，$u_{D2} = u_{D4} = -u_2$；当 u_2 负半周时，二极管 D_2、D_4 导通，D_1、D_3 截止（见图 7.6(b)），$u_{D1} = u_{D3} = -u_2$，$u_o = u_2$，$i_{D2} = i_{D4} = i_o$，$u_{D2} = u_{D4} = 0$，如图 7.7 所示。

该电路中负载上的电压依然用一个周期内的平均值来表示，值与全波整流一样，即

$$U_o = 0.9U_2 \tag{7.7}$$

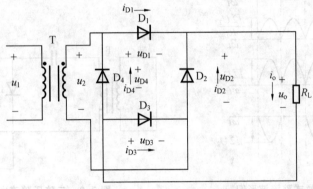

图 7.5　桥式整流电路原理图

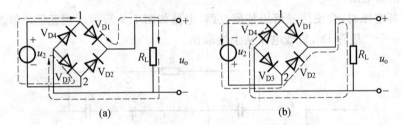

(a)　　　　　　　　　　(b)

图 7.6　桥式整流电流流动示意图

（2）整流二极管的选择

桥式电路中，二极管 D_1、D_3 与 D_2、D_4 轮流导通，流过二极管的平均电流值 I_D 是流过负载的电流 I_o 的一半，即

$$I_D = I_L = \frac{0.45U_2}{R_L} \tag{7.8}$$

当二极管反向截止时，承受的最大反向电压 U_{RM} 是 u_2 的最大值，即

$$U_{RM} = \sqrt{2}U_2 \tag{7.9}$$

因此，整流二极管应满足额定电流 $I_F > I_D$，最高反向工作电压 $U_{BR} > U_{RM}$。

4.倍压整流电路

（1）二倍压整流电路

当电路需要大电压、小电流时，往往采用倍压整流。倍压整流可以将较低的交流电压，通过二极管和电容"整"出一个高的直流电压来。电路如图 7.8 所示，当电源电压正半周时，二极管 D_1 导通，D_2 截止，电源通过 D_1 给电容 C_1 充电，将 C_1 上的电压充到电源最大值，当电源电压负半周时，二极管 D_1 截止，D_2 导通，电容 C_1 和电源通过 D_2 一起给 C_2 充电，将 C_2 上的电压充到两倍的电源最大值。最后在负载上形成二倍电源最大值的电压。

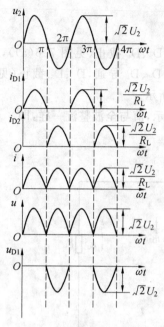

图 7.7　桥式整流波形图

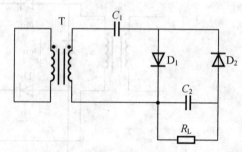

图 7.8　二倍压整流电路

（2）三倍压整流电路

当有需要更高电压时，会使用三倍压整流电路，电路如图 7.9 所示。在三倍压整流电路的后面增加了一个电容 C_3，一个二极管 D_3，负载电压从上端取出。

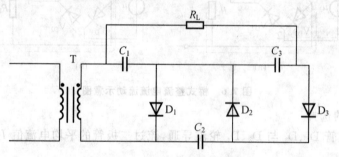

图 7.9　三倍压整流电路图

当交流电压 u_2 为正半周时（第一个半周，这时 1 端为正，2 端为负），V_{D1} 导通，电容 C_1 被充电到 U_{2m}，如图 7.10(a)所示。

当 u_2 为负半周时（第二个半周，这时 1 端为负，2 端为正），V_{D1} 截止，于是 u_2 与 C_1 上的电压串联在一起，经 V_{D2} 对电容 C_2 充电，使 C_2 上电压达到 $2U_{2m}$，如图 7.10(b)所示。在 u_2 的第三个半周（正半周）时，u_2 与 C_1、C_2 上电压相串联，经 V_{D3} 对 C_3 进行充电，使 C_3 上电压达到 $2U_{2m}$，如图 7.10(c)所示。这样，在 1、3 两端的电压（C_1、C_3 电压相串联）将等于 $3U_{2m}$，从而实现了三倍压整流。

如果需要更高的电压，可采用多倍压整流电路，通过类似于二倍扩展为三倍的情况进行扩展，将得到更高的电压。当偶数倍时，从下端取出电压，当奇数倍时，从上端取出电压。

◇◇◇ 7.1.2　滤波电路

1. 基本概念

经过二极管整流电路得到的是脉动直流电压，这种脉动直流电压通常不能满足电子电路对电源的要求。为此，需要使脉动成分降低到实际应用所允许的程度。这种脉动的直流从数学的角度分析，都是

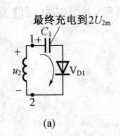
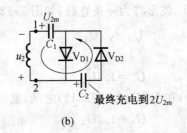
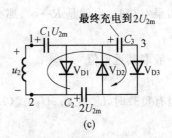

(a)　　　　　　　　(b)　　　　　　　　(c)

图 7.10　三倍压整流示意图

由直流信号和各种谐波信号叠加构成的,通过电容(电感)元件的通高阻低(通低阻高)特性可以将脉动信号中的谐波分量滤除掉。这个过程就被称为滤波。从物理的角度分析,电容(电感)元件具有阻碍电压(电流)变化的特性,将会使输出电压(电流)的变化变弱,从而达到降低脉动成分的效果。

2.电容滤波电路

单相桥式整流滤波电路如图 7.11 所示,在 u_2 的正半周,整流电流分为两路,一路对 C 充电,另一路对负载 R_L 供电。由于二极管导通时,内阻很小,所以 C 被迅速充电,在 t_1 时刻,电容上的电压被充到最大值,$U_o = \sqrt{2}U_2$,经过 t_1 时刻后,u_2 电压下降,电容通过 R_L 放电,直到 t_2 时刻,u_2 电压再次大于 U_o 时,u_2 再次给电容 C 充电,如图 7.12(b)所示。这样,在负载 R_L 上得到一个接近于直线的脉动直流电压 U_o。

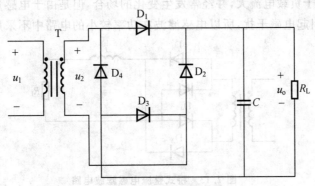

图 7.11　单相桥式整流滤波电路

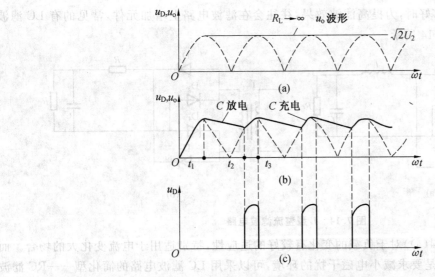

图 7.12　单相桥式滤波电路波形

如果空载时,也就是 $R \rightarrow \infty$,那么 U_o 波形将为一条直线,如图 7.12(a)所示,并且其电压值为

$$U_o = \sqrt{2}U_2 \tag{7.10}$$

一般取其近似值

$$U_o = 1.4U_2 \tag{7.11}$$

当有负载时,U_o 在 $0.9U_2$(式(7.7))和 $1.4U_2$(式(7.11))之间,通常取

$$U_o = 1.2U_2 \tag{7.12}$$

需要注意的是,因为滤波电容 C 的影响,二极管导通时间变短,只在输入电压 u_2 大于输出电压 u_o 时才导通,如图 7.12(c)所示。

输出电压的小脉动,我们可以将它看成是一个稳定的直流电压上面叠加了一些小的脉动信号,将这种小的脉动信号称为纹波。电容容量 C 越大,上面所带的电荷越多,输出电压的波形越平直,纹波越小。

3.其他形式的滤波电路

(1)电感滤波

在桥式整流电路和负载电阻 R_L 之间串联接入一个电感器,即构成桥式整流电感滤波电路,如图 7.13 所示,利用电感可以阻碍电流变化的特点,可以得到比较平滑的直流电压。电感的电感量 L 越大,滤波后得到的输出电压波形越平直。

电感滤波电路适用于负载电流大,并经常发生变化的场合,但是由于电感量越大的线圈其体积和质量越大,而且电感容易引起电磁干扰,所以电感滤波在功率较小的电路中不采用。

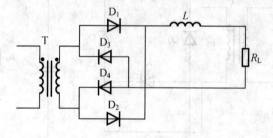

图 7.13　桥式整流电感滤波电路

(2)L 型滤波电路

单元件的滤波效果不够好时,为提高滤波效果,往往会在滤波电路上增加元件,常见的有 LC 滤波电路、RC 滤波电路,如图 7.14 所示。

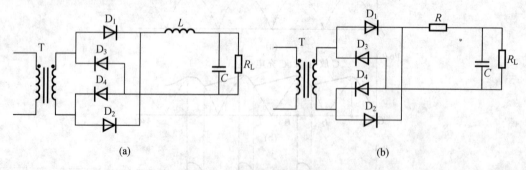

(a)　　　　　　　　　　　(b)

图 7.14　L 型整流滤波电路

LC 滤波电路(见图 7.14(a))对于负载的变化有较好的适应性,特别适用于电流变化大的场合。而当滤波要求不那么高,或者是要求减小电磁干扰的环境,可以采用 LC 滤波电路的简化型——RC 滤波电路,如图 7.14(b)所示。

（3）л型滤波电路

在 L 型滤波电路仍不能满足滤波要求，纹波仍然过大的情况下，可采用 л 型滤波电路，如图 7.15
所示。

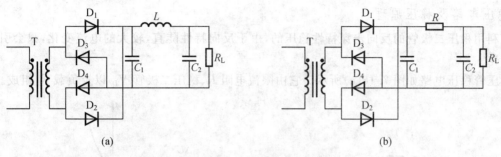

图 7.15　л 型滤波电路

和 L 型一样，在 л 型中，正型依然是 CLC 型，如图 7.15（a）所示，简化型依然是 CRC 型，如图 7.15
（b）所示。

4.滤波器比较

通过比较可以进一步知道各滤波器的特性，便于在设计时更好地选用滤波电路。各滤波器的特性
见表 7.1。

表 7.1　各滤波器的特性

性能 类型	U_o/U_2 （小电流）	适用性	整流管的 冲击电流	外特性
电容滤波	≈1.2	小电流	大	
RC—л 型滤波	≈1.2	小电流	大	
LC—л 型滤波	≈1.2	小电流	大	
电感滤波	≈0.9	大电流	小	
LC 滤波	≈0.9	适应性强	小	

7.2　稳压电路

【知识导读】

经过整流滤波后的电压基本是一个平滑的直流电压，但是它还不符合我们在电子电路需要的固定
电压值的电压的要求，怎么实现这样一个稳定的电压呢？本节将介绍一种简单实现稳定电压的方法。

7.2.1　硅稳压二极管稳压电路

因为存在电网波动，为整流滤波电路提供输入电压的电源通常是市电，而市电系统作为公共电网，
上面连接了成千上万的各种各样的负载。这些负载中有感性、容性还有开关电源等，它们不仅从电网中
获得电能，同时也会反过来对电网造成影响，其中一些大型的必然会造成电网电压波动。同时，由于电
网上的负载用电量在不同时段有不同的变化，造成输电网络上损耗的电压是不固定的，这也会造成电网
电压的波动。我国规定这个波动范围在 +5% ～ -10% 之间。也就是输入电压 u_1（见图 7.2）会有波动，
也就会造成输出电压存在这个波动。

所以,经过滤波后电路已经得到了一个接近于平滑的直流电压,但是它还不符合电子电路中需要的固定电压值电压的要求。它还需要再经过稳定电路来实现输出稳定平滑的直流电压,以满足电子电路的使用需求。最简单的办法就是用一个稳压二极管来实现稳压。

1. 稳压电路及稳压原理

它是利用稳压二极管的反向击穿特性稳压的,由于反向特性陡直,较大的电流变化,只会引起较小的电压变化。

硅稳压管稳压电路如图7.16(a)所示。它由限流电阻R、稳压二极管V_{DZ}以及负载R_L组成。

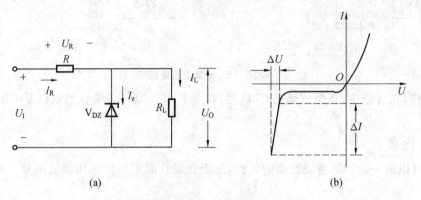

(a)　　　　　　　　　　　(b)

图7.16　硅稳压管稳压电路

其输出电压

$$U_o = U_I - U_R = U_I - I_R R \tag{7.13}$$

其中

$$I_R = I_Z + I_L \tag{7.14}$$

(1)输入电压变化时的影响

输入电压U_I的增加,必然导致I_R增加,看起来会导致I_Z和I_L增加,但是由于稳压二极管的特性(见图7.16(b)),当I_L增加,导致U_o增加时,I_Z急速增加,因此增加的电流会主要集中在I_Z上,从而基本不会引起输出电压的变化。这一变化过程可以表述为

$$U_I \uparrow \rightarrow I_R \uparrow \rightarrow I_L \uparrow \rightarrow U_o \uparrow \rightarrow I_Z \uparrow \rightarrow I_L \downarrow \rightarrow U_o \downarrow$$

需要说明的是式中的U_o上升和下降均表示一个趋势,最终的结果是U_o有很轻微的增加。当U_I减小时情况相反。

(2)负载电流变化时的影响

当负载电流I_L增加时,U_o增加,I_Z快速增加,I_R增加,U_R增加,最后导致U_o减少。这一变化过程可以表述为

$$I_L \uparrow \rightarrow U_o \uparrow \rightarrow I_Z \uparrow \rightarrow I_R \uparrow \rightarrow U_R \uparrow \rightarrow U_o \downarrow$$

2. 稳压电阻的选择

为了使稳压电路稳定安全地工作,限流电阻R和稳压管的选择必须满足一定的要求。

当输入电压最小、负载电流最大时,流过稳压二极管的电流最小。此时I_Z不应小于I_{Zmin},否则稳压二极管达不到击穿条件,不能形成稳压。因此可计算出稳压电阻的最大值,即

$$R_{max} = \frac{U_{imax} - U_o}{I_{Zmin} + I_{Lmax}} \tag{7.15}$$

当输入电压最大、负载电流最小时,流过稳压二极管的电流最大。此时I_Z不应超过I_{Zmax},否则会造成稳压管损坏,因此可计算出稳压电阻的最小值,即

$$R_{\min} = \frac{U_{\text{imax}} - U_{\text{o}}}{I_{Z\min} + I_{\text{omax}}} \tag{7.16}$$

注意 稳压二极管在使用时,一定要串入限流电阻,并使它的功耗不超过规定值,否则会造成损坏。

7.2.2 主要技术指标

硅稳压二极管稳压电路有稳压系数、输出电阻、温度系数、纹波电压等技术指标。

1. 稳压系数 S_r

S_r 反映电网电压波动时,对稳压电路的影响,定义为当负载电流和温度不变时,输出电压的相对变化量与输入电压的相对变化量之比,即

$$S_r = \frac{\Delta U_O / U_O}{\Delta U_I / U_I} \tag{7.17}$$

仅考虑 $\Delta U_O / \Delta U_I$ 时,可用图 7.17 的交流等效电路,则有

$$\frac{\Delta U_O}{\Delta U_I} = \frac{r_z // R_L}{R + r_z // R_L} \approx \frac{r_z}{R + r_z} \tag{7.18}$$

因此,S_r 为

$$S_r = \frac{\Delta U_O}{\Delta U_I} \frac{U_I}{U_O} \approx \frac{r_z}{R + r_z} \frac{U_I}{U_O} \tag{7.19}$$

当 $R \gg r_z$ 时

$$S_r \approx \frac{r_z}{R} \frac{U_I}{U_O} \tag{7.20}$$

2. 输出电阻 r_o

由图 7.17 及输出电阻的定义可以看出,输出电阻为

$$r_o = r_z // R \tag{7.21}$$

当 $R \gg r_z$ 时

$$r_o \approx r_z \tag{7.22}$$

性能优良的稳压电源,输出电阻可小到 $1\ \Omega$,甚至 $0.01\ \Omega$。

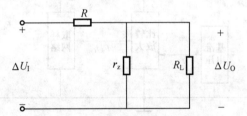

图 7.17 稳压电路的交流等效电路

3. 电压温度系数

当环境温度变化时,会引起输出电压的漂移。良好的稳压电源,应在环境温度变化时,有效地抑制输出电压的漂移,保持输出电压稳定,输出电压的漂移用温度系数 K_T 来表示

$$K_T = \frac{\Delta U_O}{\Delta T} \bigg|_{\Delta U_I = 0, \Delta I_O = 0} \tag{7.23}$$

4. 输出电压纹波

所谓纹波电压,是指输出电压中 50 Hz 或 100 Hz 的交流分量,通常用有效值或峰值表示。经过稳压作用,可以使整流滤波后的纹波电压大大降低,降低的倍数反比于稳压系数 S。

7.3 串联型稳压电路

【知识导读】

稳压管电路只能用于电流小、负载基本不变的场合,在要求高时,就需要用其他电路来解决,常用的有串联型稳压电路。串联型稳压电路是如何达到这样的要求的?

7.3.1 串联型稳压电路工作原理

稳压管稳压电路虽然简单,但由于输出电流的变化范围小,因此只能用于电流较小、负载基本不变的场合。在要求高时,需要对电路做出一定的改变,将限流电阻变为一个射随器电路,如图 7.18 所示。将稳压二极管两端电压 U_{DZ} 通过一个由电阻 R 和三极管 Q 组成的射随器,传送到负载 R_L,这样输出电压 U_O 基本保持 U_{DZ} 不变,而输出电流可以得到调整。

但是这样一个电路的电压是不可调的,因此通常会增加取样比较电路,使输出电压具有可调性。它通过在输出端取样,将取样电压与基准电压(通常由稳压二极管产生的电压)进行比较达到控制由三极管 V 形成的射随器的输入电压,从而控制输出电压的目的,如图 7.19 所示。

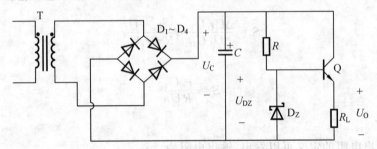

图 7.18 串联型稳压电路基本模型电路图

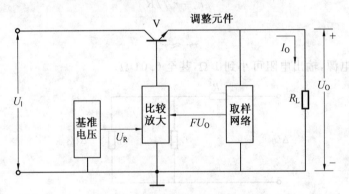

图 7.19 串联型稳压电路原理框图

具体电路如图 7.20 所示,由 R_1,R_P,R_2 构成取样网络,从输出端取出一个电压,并将这个电压与由限流电阻 R_7、稳压管 D_Z 产生的基准电压进行比较,其差值就是 V_2 的 U_{be},而 U_{be} 将可以控制 V_2 的输出电压 U_{c2}。下面分析该电路的稳压原理和调压原理。

①当可调端不变,负载电流不变,输入电压 U_I 改变时,电路的稳压情况如下:

当输入电压 U_I 增加时,U_O 增加,导致 V2 管的 U_{b2} 增加,从而导致 U_{be2} 增加,导致 U_{c2} 下降,最后导致 U_O 下降。其调整过程可表述为

$$U_I \uparrow \rightarrow U_O \uparrow \rightarrow U_{b2} \uparrow \rightarrow U_{c2} \downarrow \rightarrow U_O \downarrow$$

当输入电压下降时,其过程相反。

②当可调端不变,输入电压不变,负载电阻增大时,电路的稳压情况如下:

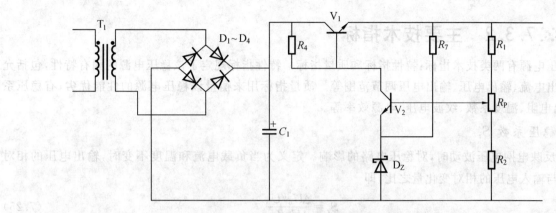

图 7.20 输出电压可调的串联型稳压电源

当负载电阻增大时,输出电流减小,U_O 增加,导致 V_2 管的 U_{b2} 增加,从而导致 U_{be2} 增加,导致 U_{c2} 下降,最后导致 U_O 下降。其调整过程可表述为

$$R_L \uparrow \to I_O \downarrow \to U_O \uparrow \to U_{b2} \uparrow \to U_{c2} \downarrow \to U_O \downarrow$$

③可调情况。当调整滑动变阻器,使 V_2 管的 U_{b2} 增加时,将导致 U_{be2} 增加,导致 U_{c2} 下降,最后导致 U_O 下降。其过程为

$$U_{b2} \uparrow \to U_{c2} \downarrow \to U_O \downarrow$$

④输出电压的调节范围计算。由图可知

$$U_o \approx U_{c2} = \left(1 + \frac{R_1 + R'_P}{R_2 + R''_P}\right)U_{DZ} \tag{7.24}$$

式中,R'_P 表示可调电阻 R_P 的上半部分,R''_P 表示可调电阻的下半部分。U_{DZ} 为稳压二极管导通电压,通常会表示为基准电压 U_{REF}。

从上面的叙述可以看出,这种稳压电源都具备同样的特征:起电压调节作用的调整管与负载串联,所以被称为串联型稳压电源。图 7.21 是串联型稳压电源的几种形式。

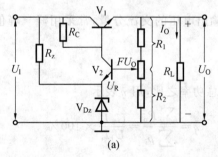

(a)

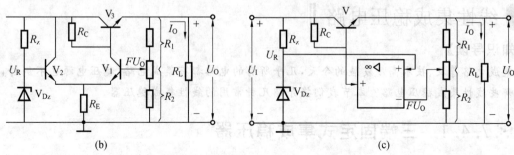

(b)   (c)

图 7.21 其他几种串联稳压电路的形式

7.3.2 主要技术指标

稳压电源有两类技术指标：特性指标和质量指标。特性指标规定了该稳压电源的固有特性，包括允许的输出电流、输出电压、输出电压调节范围等。质量指标用来衡量该稳压电源的性能优劣，有稳压系数、输出电阻、温度系数、纹波电压、电源效率等。

1. 稳压系数 S_r

S_r 反映电网电压波动时，对稳压电路的影响。定义为当负载电流和温度不变时，输出电压的相对变化量与输入电压的相对变化量之比，即

$$S_r = \frac{\Delta U_o / U_o}{\Delta U_i / U_i} \tag{7.25}$$

S_r 越小，稳压效果越好。

2. 输出电阻 r_o

输出电阻 r_o 是指当输入电压 U_i 及环境温度不变时，由于负载电流 I_o 的变化引起的 U_o 变化，即

$$r_o = \frac{\Delta U_o}{\Delta I_o} \bigg|_{\Delta U_i = 0, \Delta T = 0} \tag{7.26}$$

r_o 越小，输出电压的稳定性能越好，其值与电路形式和参数有关。

3. 温度系数

当环境温度变化时，会引起输出电压的漂移。输出电压的漂移用温度系数 K_T 来表示，即

$$K_T = \frac{\Delta U_o}{\Delta T} \bigg|_{\Delta U_I = 0, \Delta I_o = 0} \tag{7.27}$$

良好的稳压电源，应在环境温度变化时，能有效地抑制输出电压的漂移，保持输出电压稳定，所以温度系数应越小越好。

4. 纹波电压

纹波电压 ΔU_{oP-P}，是指叠加在输出电压的交流分量，常采用峰—峰值表示，一般为毫伏级，也可以用有效值表示。

5. 电源效率

电源效率为输出总功率与输入总功率之比，用 η 表示

$$\eta = \frac{\sum P_o}{\sum p_i} = \frac{U_o I_o}{U_i I_i} \times 100\% \tag{7.28}$$

7.4 线性集成稳压电路

【知识导读】

在集成电路普及、技术高度发展的今天，几乎所有的电路都有集成电路，稳压电源也不例外，实际应用中有哪些线性集成稳压电路？本节我们将介绍几种常用的线性集成稳压器。

7.4.1 三端固定式集成稳压器

1. 三端集成稳压器工作原理

78XX 和 79XX 系列三端固定式集成稳压器由于具有性能好、体积小、可靠性高、成本低、使用方便等特点而被广泛应用，其特点是输出电压为固定值，所以被称为固定式三端稳压器。其中 78XX 系列其

输出为正电压,79XX 系列输出为负电压;而 XX 代表输出电压值,例如:7805 代表输出电压为正向 5 V。
它们的输出电压有 5 V,6 V,9 V,12 V,15 V,18 V 和 24 V 七挡。

而根据输出电流的不同,又分为 78LXX,78MXX,78XX 三种不同的型号,它们的最大输出电流分别为 0.1 A,0.5 A 和 1.5 A。

三端固定式集成稳压器原理框图如图 7.22 所示。可以看出,它由启动电路、基准电压源、比较放大电路、调整电路、采样电路和保护电路等组成。三端固定式集成稳压器内部原理图如图 7.23 所示。

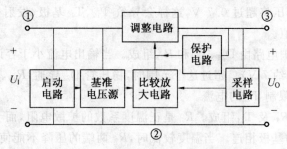

图 7.22　三端固定式集成稳压器原理框图

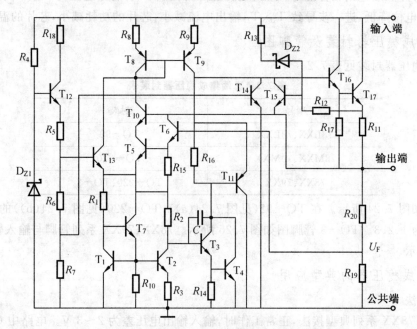

图 7.23　三端固定式集成稳压器内部原理图

(1) 基准电压源

基准电压源由 $T_1 \sim T_7$ 管和电阻 R_1、R_2、R_3、R_{10}、R_{14}、R_{15} 组成。

(2) 比较放大电路

比较放大电路由 T_3 和 T_4 管组成的复合管构成,而 T_9 构成的电流源作为它的有源负载。根据电路图有输出电压为

$$U_O = U_F \left(1 + \frac{R_{20}}{R_{19}}\right) \tag{7.29}$$

(3) 调整电路

调整电路受比较放大电路的控制来调整输出电压,要求有足够的电流和承受较大的耗散功率,因此在图中由 T_{16}、T_{17} 构成复合电路。

（4）取样电路

取样电路取出输出电压的一部分送至比较放大器，由图中的 R_{19}、R_{20} 组成。

（5）保护电路

保护电路的目的是为了保证集成稳压器安全工作，它包含过流保护、芯片过热保护和调整管安全工作区保护电路。

过流保护电路由 R_{11} 和 T_{15} 组成，R_{11} 在调整管 T_{17} 的发射极与输出端之间。当输出电流超过规定值时，根据设定，R_{11} 两端的电压将超过 0.7 V，这样会导致 T_{16}、T_{17} 基极、发射极间电压下降，从而可以有效地限制输出电流的最大值。

调整管安全工作区保护电路由 D_{Z2}、T_{15} 和 R_{13} 组成。当输出电流小于容许电流时，T_{17} 的集射极间电压被限制在一定的范围内（约 7 V）。超过这个范围时，稳压管 D_{Z2} 导通，R_{13}、D_{Z2} 支路内的部分电流注入 T_{15} 基极，使 T_{15} 导通，从而限制 T_{17} 的电流。

芯片过热保护电路由 R_7 及 T_{14} 组成。R_7 是正温度系数的扩散电阻，而 T_{14} 的发射结则具有负温度系数，T_{14} 的集电极与 T_{16} 的基极相连。当温度较低时，R_7 两端的压降不能使 T_{14} 导通，T_{14} 对输出管 T_{16} 没有影响。当芯片温度达到临界值时，R_7 两端的压降升高，而 T_{14} 的导通压降 U_{BE14} 却减小，从而 T_{14} 导通，它的集电极电位降低，进一步导致 T_{16}、T_{17} 输出电流减小，芯片的功耗减小，芯片的温度降低。

2. 三端集成稳压器封装及管脚图

三端集成稳压器封装见表 7.2。

表 7.2　三端集成稳压器封装表

型号	封装
78LXX、79LXX	TO—92
78MXX、79MXX	TO—220
78XX、79XX	TO—220、TO—3

各封装图如图 7.24 所示。在 TO—92（见图 7.24(a)），TO—220（见图 7.24(b)）的正面图中，引脚从左至右分别为 1、2、3。TO—3 管脚图如图 7.25 所示。78XX、79XX 系列管脚与输入输出端的对应关系如图 7.26 所示。

3. 三端集成稳压器的典型应用

（1）典型接法

图 7.27 为 78XX 系列典型接法，正常工作时，输入输出电压差为 2~3 V。电路中 C_1、C_2 的作用是频率补偿，主要作用是防止稳压器产生高频自激振荡和抑制电路引入的高频干扰，C_3 的作用是减小电源引起的电源干扰。二极管 D 是保护二极管，作用是当输入端短路时，给 C_3 一个放电回路，防止损坏调整管。

（2）输出电压可调稳压电路

图 7.28 为由 78XX 系列构成的输出电压可调电路，它由稳压器和跟随器 A 构成。因为是跟随器，所以输出电压应等于输入电压，即

$$U_o' = U_{XX} \qquad (7.30)$$

因此调节滑动变阻器，可以调节输出电压。其调节范围为

$$U_{omin} = \frac{R_1 + R_P + R_2}{R_1 + R_P} U_{XX} \qquad (7.31)$$

$$U_{omax} = \frac{R_1 + R_P + R_2}{R_1} U_{XX} \qquad (7.32)$$

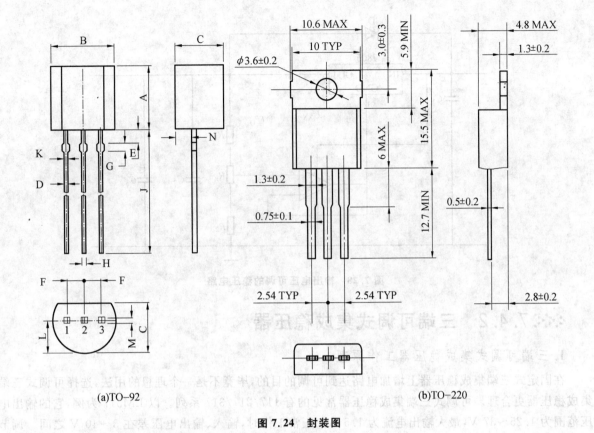

(a)TO—92　　　　　　　　　(b)TO—220

图 7.24　封装图

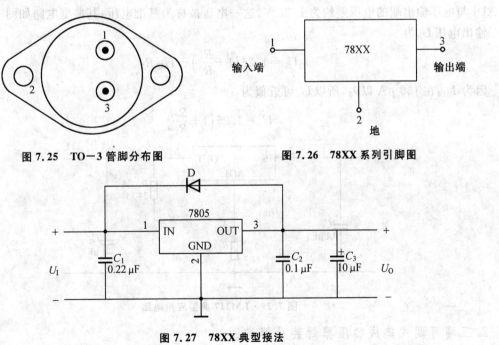

图 7.25　TO—3 管脚分布图　　　　　　图 7.26　78XX 系列引脚图

图 7.27　78XX 典型接法

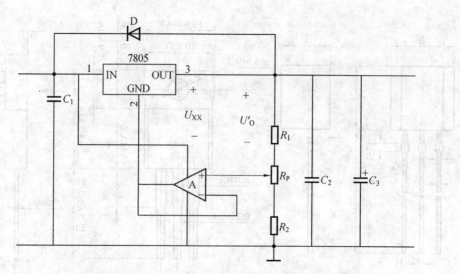

图 7.28　输出电压可调的稳压电路

7.4.2　三端可调式集成稳压器

1.三端可调式集成稳压器工作原理

在固定式三端集成稳压器上增加电路达到可调的目的,毕竟不是一个理想的用法,选择可调式三端集成稳压器更合理。可调式三端集成稳压器常见的有 117/217/317 系列。以 LM317 为例,它的输出电压范围为 1.25~37 V,最大输出电流为 1.5 A。正常工作时,输入、输出电压差在 3~40 V 之间。调节端 ADJ 与电压输出端的电压差约为 1.25 V,这一电压被称为基准电压,其典型电路如图 7.29 所示。

输出电压 U_o 为

$$U_o = 1.25\left(1 + \frac{R_2}{R_1}\right) + I_{ADJ}R_2 \tag{7.33}$$

因为 I_{ADJ} 在 100 μA 以内,所以 U_o 可近似为

$$U_o = 1.25\left(1 + \frac{R_2}{R_1}\right) \tag{7.34}$$

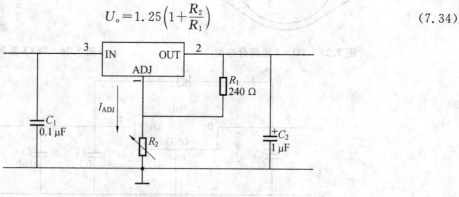

图 7.29　LM317 典型应用电路

2.三端可调式集成稳压器封装及管脚图

LM317 管脚图如图 7.30 所示,1 脚是调节端,2 脚是电压输出端,3 脚是电压输入端。

3.三端可调式集成稳压器的典型应用

与 LM317 相对应的可调式三端集成稳压器为 LM337,它是负压可调式三端集成稳压器,它的工作原理和电路结构与 LM317 相似。但需要注意的是 LM337 的管脚与 LM317 不同,它的 2 脚是输入,3 脚是输出,如图 7.31 所示。

图 7.30　LM317 管脚图

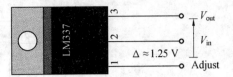

图 7.31　LM337 管脚图

将 LM317 和 LM337 一起使用，可以得到一个正、负输出可调的稳压电源输出电路，如图 7.32 所示。

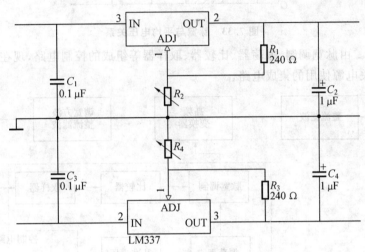

图 7.32　正负输出可调电路

7.5　开关型稳压电路

【知识导读】

直流稳压源除了线性以外，还有别的形式，开关型稳压电路效率高，在家用电器中使用广泛。它的工作原理是什么？有哪些类型的开关型稳压电路？

7.5.1　开关型稳压电路的工作原理

假设有一个直径较大的自来水管，而我们只需要较小的水流，那么可以有两种方法，一种是使用一个可调节的阀门，并将阀门开启到较小的位置，这就是线性电源的工作原理；另一种是让水管里的水流到一个"蓄水桶"里，再用小水管连接到这个桶上取水。这样就只需要控制阀门的通断频率以保证"蓄水桶"里的水量维持在合适的范围，而这就是开关电源的工作原理。

从这个角度上来说，开关电源就是针对直流输入，用开和关的频率来控制输出。如图 7.33 所示，经过开关形成的矩形脉冲，其直流平均电压 U_o 取决于矩形脉冲的宽度，脉冲越宽，其直流平均电压值就越高。据图有

$$U_o = U_m \frac{T_1}{T}$$

(7.35)

式(7.35)中，T_1 为脉宽，T 为周期。

从上面的知识中，我们可以看出，开关电源的工作原理是，先将平滑的直流电压变成开关脉冲，再通过滤波电路将开关脉冲变为平滑的直流电压输出。而通过控制开关脉冲的占空比，可以控制输出电压的值。其原理框图如图 7.34 所示，交流电压经过整流滤波后，变成带有一定脉动的直流，通过高频变换器，变成所需要的方波，再经过滤波，最后得到平滑的直流电压输出。从输出端取样后，经过与基准电压比较，再经过脉宽调制电路来控制由针对器产生的方波的占空比，最后控制高频变换器来控制输出电

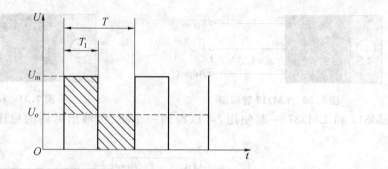

图 7.33　脉宽与平均电压关系

压,达到稳压的目的。由脉宽调制、振荡器、比较器、取样器等组成的控制电路,现在已经集成化,制成了适合各种不同的开关电源使用的集成电路。

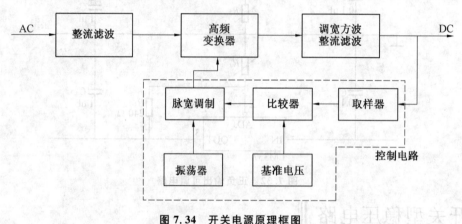

图 7.34　开关电源原理框图

✦✦✦ 7.5.2　开关电源与线性电源比较

线性电源中调整管一直在工作,而且上面需要分担一定的电压,所有这些最后都以热能的形式散发出来,因此线性电源效率低;同时因为需要加装散热器,保留足够的散热空间,所以体积大。

而开关电源的调整管因为工作在开关状态,所以功耗小,效率高;因为发热量小,所以体积小、质量轻。

开关电源的最大问题是会形成开关干扰,影响整机的工作。另外由于开关电源无工频变压器,这些干扰还会窜入电网,形成电网干扰。

目前在一些仪器中仍然使用线性电源。

✦✦✦ 7.5.3　开关型稳压电源的类型

1.串联型开关稳压电源

将图 7.36(a)的标准方波驱动信号加到图 7.35 开关管 T 的基极,则开关管就会周期性地开关,在发射极形成如图 7.36(b)所示的开关脉冲,开关周期 $T = t_{on} + t_{off}$。

在 t_{on} 期间,开关管导通,续流二极管 D 截止,由于电感 L 上的电流不能突变,所以电感 L 上的电流线性上升,如图 7.36(c)所示,并给负载供电。

在 t_{off} 期间,开关管截止,电感 L 上将产生与原来极性相反的感应电动势。续流二极管 D 导通,电感 L 中的磁能通过 D,维持给负载供电。二极管 D 因为有续流作用,所以被称为续流二极管。

通过电容 C 滤波,最后在负载上将得到如图 7.36(d)所示的带有轻微脉动的直流电压。该电路中

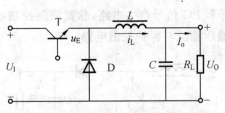

图 7.35　串联型开关稳压电源原理图

开关管 T 与负载串联,所以称为串联型开关稳压电路。

如果当 U_o 增大时能减小方波的占空比,而当 U_o 减小时能增加方波的占空比,将可以得到稳压的效果。在图 7.35 所示电路上增加取样电路,并与基准电压进行比较、放大,得到一个输出电压 u_A,如图 7.37(a)所示。当 u_A 与三角波产生器产生的三角波进行比较时,就可以得到一个方波信号,如图 7.37 (b)所示。当 u_A 增大时,方波占空比也会增大;当 u_A 减小时,方波占空比也会随之减小。而从电路图 7.38可知,当 U_F 增大时,u_A 减小,当 U_F 减小时,u_A 增大,这样就可以形成稳压的效果。其过程如下:

$$U_O \uparrow \rightarrow U_F \uparrow \rightarrow u_A \downarrow \rightarrow \tau \downarrow \rightarrow U_O \downarrow$$

这里 τ 表示占空比。

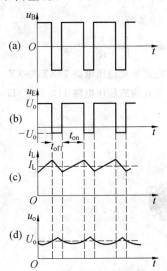

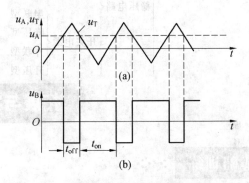

图 7.36　串联型开关电源波形图　　图 7.37　串联型开关电源脉宽调制波形图

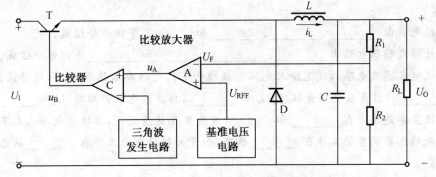

图 7.38　串联型开关稳压电源稳压原理图

2.并联型开关稳压源

并联型开关电源与串联型开关电源差别不大,只是将开关晶体管与储能电感 L 的位置进行了互换,基本工作原理相似。但是串联型是降压,而并联型能升压。该电路如图 7.39 所示,分为:整流滤波电路,高压反峰吸收电路,PS信号和PG信号产生电路,脉宽调制控制电路,辅助电源电路,主电源电路及多路直流稳压输出电路,自动稳压稳流与保护控制电路。

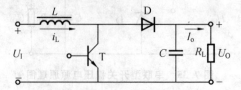

图7.39　并联型开关电源原理图

重点串联

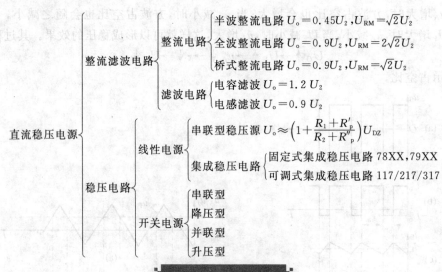

拓展与实训

▶ 基础训练

一、填空题

1.直流稳压电源由_____、_____、_____和_____等四部分组成。

2.串联型反馈式稳压电路由_____、_____、_____和_____等四部分组成。

3.桥式整流电容滤波电路的交流输入电压有效值为U_2,电路参数选择合适,则整流滤波电路的输出电压$U_\circ \approx$_____,当负载电阻开路时,$U_\circ \approx$_____,当滤波电容开路时,$U_\circ \approx$_____。

4.稳压电源主要是要求在_____和_____发生变化的情况下,其输出电压基本不变。

5.线性基础稳压器调整管工作在_____状态,而开关稳压电源工作在_____状态,所以它的效率_____。

二、选择题

1.由硅稳压二极管组成的稳压电路,只适用于(　　)的场合。

A.输出电压不变、负载电流变化较小

B.输出电压可调、负载电流不变

C.输出电压可调、负载电流变化较小

2.三端式固定输出集成稳压器在使用时,要求输入电压比输出电压绝对值至少(　　)。

A.大于 1 V　　　　B.大于 2 V　　　　C.大于 5 V

3.开关型稳压电源的效率比串联型线性直流稳压电源效率高,其主要原因是(　　)。

A.输入的电源电压较低　　　　　　B.内部电路元件较少

C.采用 LC 滤波平滑电路　　　　　　D.调整管处于开关状态

4.将交流电变成单向脉动直流电的电路称为(　　)电路。

A.变压　　　　B.整流　　　　C.滤波　　　　D.稳压

5.下列型号中是线性正电源可调输出集成稳压器的是(　　)。

A.CW7218　　　B.CW7905　　　C.CW317　　　D.CW137

三、计算题

1.图 7.40 有一直流负载电阻为 12 Ω,工作电流为 1.9 A。现用单相半波整流电容滤波电路供电,需要的交流电压为多大,并选用二极管。

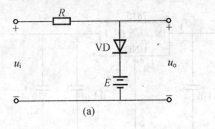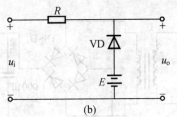

图 7.40　题 1 图

2.在输出电压 $U_o=9$ V,负载电流 $I_L=20$ mA 时,桥式整流电容滤波电路的输入电压(即变压器次级电压)应为多大?若电网频率为 50 Hz,则滤波电容应选多大?

3.一桥式整流电容滤波电路,变压器初级接工频交流电网,$R_L=50$ Ω,要求输出直流电压为 2 V,(1)求每只二极管的电流和最大反向电压;(2)选择滤波电容的容量和耐压值。

4.如图 7.41 所示电路可以输出两种整流电压。

(1)试确定 U_{O1} 及 U_{O2} 对地的极性;

(2)当次级电压有效值 $U_{21}=U_{22}=30$ V 时(注意:U_{21} 与 U_{22} 反相),求 U_{O1} 及 U_{O2} 的大小;

(3)当次级电压有效值 $U_{21}=33$ V、$U_{22}=27$ V 时,画出 U_{O1} 及 U_{O2} 的波形,并算出 U_{O1} 及 U_{O2} 的值。

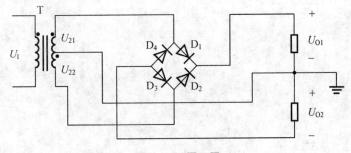

图 7.41　题 4 图

▶ 技能实训 ▷▷▷

实训　单路固定输出直流稳压电源的制作

1.训练目的

(1)掌握固定输出直流稳压器的选择和安装。

（2）掌握电源电路的布局、布线思想。

（3）掌握整流二极管等器件的检测与选择。

（4）掌握电源技术指标的测量方法。

2.训练要求

（1）能正确选择元器件。

（2）能检测元器件。

（3）能正确布局、布线、安装。

（4）能正确使用万用表、毫伏表。

3.训练内容和条件

（1）用 PROTEL 设计合理的印制电路。

（2）安装电路。

（3）测量技术指标。

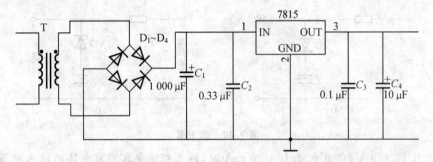

图 7.42　三端固定 15 V 稳压电路

附　录

附　录 A

A1　电子测量的基础知识

一、电子测量的内容

电子测量包括对电子技术中各种电参量进行的测量。电子测量的内容主要有：

1.电能量的测量

电能量的测量指的是对电流、电压、功率等参数的测量。

2.电子元器件参数的测量

电子元器件参数的测量指的是对电阻、电容、电感、品质因数及电子器件参数等的测量。

3.电信号特性的测量

电信号特性的测量指的是对信号的波形、周期、相位、频谱、调制度、失真度等参数的测量。

4.电子设备性能的测量

电子设备性能的测量指的是对通频带、放大倍数、选择性、衰减量、灵敏度等参数的测量。

5.特性曲线的测量

特性曲线的测量指的是对放大器幅频特性曲线与相频特性曲线等特性的测量。

二、电子测量的基本方法

一个物理量的测量，可以通过不同的方法来实现。测量方法选择的正确与否，直接关系到测量结果的可信度，也直接关系到测量的经济性和可行性。

1.直接测量

直接测量是用已标定的仪器，直接测量出某一待测未知量的方法。直接测量法的测量过程简单快速，是应用最为广泛的一种测量方法。

2.间接测量

间接测量是利用直接测量的量与被测量之间的函数关系(公式、曲线或表格)，间接得到被测量值的方法。间接测量法广泛应用于科研、实验室及工程测量中。

3.组合测量

当某项测量结果需要用多个未知参数表达时，可通过改变测量条件进行多次测量，根据函数关系列出方程组求解，从而得到未知量的值，这种测量方法为组合测量。这种测量方式比较复杂，测量时间长，但精度较高，一般适用于科学实验。

三、测量误差

测量的目的是得到真实结果，即真值。实际上，由于测量设备、测量方法、测量环境和测量人员等条件的限制，测量所得到的结果与被测量的真值之间会有差异，称为测量误差。测量误差可分为绝对误差和相对误差。

(1)绝对误差可表示为

$$\Delta X = X - A_0$$

式中，ΔX 为绝对误差；X 为测量结果；A_0 为被测量的真值。

绝对误差反映误差的大小和方向，但不能确切反映测量的准确度。为了描述测量的准确度，引入相对误差。

(2)实际相对误差是用绝对误差与被测量的实际值的百分比来表示，即

$$\gamma_A = \frac{\Delta X}{A} \times 100\%$$

(3)示值相对误差是用绝对误差与仪器的示值的百分比来表示，即

$$\gamma_X = \frac{\Delta X}{X} \times 100\%$$

按照误差产生的来源，误差可以分为仪器误差、操作误差、人身误差、环境误差和方法误差。

根据误差的性质和特点，误差又可分为系统误差、随机误差和粗大误差。在做误差分析时，要估计的是系统误差和随机误差两类。

4.常用电子测量仪器

(1)信号发生器

信号发生器是在电子测量中提供符合一定技术要求的电信号的仪器，如正弦波信号发生器、脉冲信号发生器、函数信号发生器等。

(2)电压测量仪器

电压测量仪器是用于测量信号电压的仪器，如直流电压表、低频毫伏表、高频毫伏表和数字电压表等。

(3)示波器

示波器是用于显示信号波形的仪器，如通用示波器、取样示波器和数字存储示波器等。

(4)频率测量仪器

频率测量仪器是用于测量信号频率、周期等参数的仪器，如数字频率计和数字相位计等。

(5)电子元器件测试仪器

电子元器件测试仪器主要用来测量各种电子元器件的各种电参数是否符合要求。根据测试对象的不同，可分为晶体管测试仪、集成电路测试仪和电路元件测试仪等。

(6)网络特性测试仪

网络特性测试仪主要用来测量电气网络的各种特性，如阻抗特性、频率特性和功率特性等，有阻抗测试仪、频率特性测试仪及网络分析仪等。

(7)智能仪器

智能仪器中一般包括嵌入式系统芯片或数字信号处理器及专用电路，并带有处理能力很强的智能软件。智能仪器有强大的控制和数据处理能力。

A2　数字万用表的使用

数字万用表属于通用数字仪表，它是大规模集成电路、数显技术乃至计算机技术的结晶。与旧的模拟式测量仪表相比，数字测量仪表在准确度、分辨力和测量速度等方面有着极大的优越性。表 A2.1 对模拟式万用表和数字式万用表进行了特征比较。

表 A2.1 模拟式万用表与数字式万用表的特征比较

项目	模拟式万用表	数字式万用表
原理	动圈式电流表	用电子电路构成的电压表
电压表的内阻	20 kΩ/V 量程越低内阻越低	1 V 以上量程时 1 MΩ 300 mV 量程时数千 MΩ
标尺表示	指针表示 容易了解变化过程 容易出现读数误差	数字显示 读取变化量困难 不会出现读数误差
准确度	直流电压表电流表±3% 交流电压表±4%	直流电压表(±0.1%~±0.5%) 一般比模拟式准确度高
操作	注意量程切换方法 注意极性	量程切换由仪表自动完成 反极性时用"一"号表示
电源开关	无	有

但是,作为常用测量仪表的模拟式万用表目前仍被大量使用,这是因为数字式万用表也有一些不足之处:

①对于变化量,数字显示时读取困难。而指针式仪表可以通过指针的摆动来了解变化量。

②导通实验时,近似 0 Ω 的场合和电阻很大的情况下,用数字显示时大小关系难以读取。而指针式万用表可以通过指针的偏转来了解导通状态。

③用于维修检测和修理等场合时,对测量误差要求不高。

一、数字万用表的工作原理

数字万用表是一种以测量直流电压为基础,配以各种变换器而实现多种电参量测量的电子仪表,其测量原理如图 A2.1 所示。

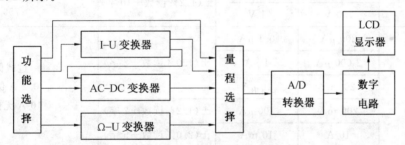

图 A2.1 数字万用表工作原理方框图

由图可见,数字万用表主要由直流数字电压表(DMV)和功能转换器构成,数字电压表是数字万用表的核心。除直流电压是由数字电压表直接测量外,各种被测量参数的大小均是通过相应物理量的变换器将被测量转换为直流电压的大小,再由直流电压表加以显示。如被测量为电阻,则通过"Ω—U"变换器将被测电阻的大小转换为直流电压的大小,然后再由直流数字电压表检测后显示出测量结果。若被测量为电流,则由"I—U"变换器将被测量电流的大小变换为直流电压的大小,经过变换后的模拟电压信号经 A/D 转换器变成数字信号,再经译码驱动电路送给 LCD 显示模块,显示测量结果。

二、数字万用表的使用方法

图 A2.2 所示为 DT830B 型数字万用表面板图,图 A2.3 所示为 F17B 型数字万用表面板图,下面以 DT830B 型数字万用表为例来说明数字万用表的使用方法。

图 A2.2　DT830B 型数字万用表面板图　　　　　图 A2.3　F17B 型数字万用表面板图

DT830B 是三位半全数字万用表,具有功能全、精度高、读数清晰准确、使用简单、小巧轻便等特点,可测直流电压、直流电流、交流电压、电阻、二极管、三极管等。表 A2.2 给出了 DT830B 型数字万用表的主要技术特性。

表 A2.2　DT830B 型数字万用表的技术特性

功能	量程	分辨率	准确度	备注
直流电压 DCV	200 mV	100 μV	±(0.5%读数+2 字)	最大输入直流电压 1 000 V
	2 000 mV	1 mV		
	20 V	10 mV		
	200 V	100 mV		
	1 000 V	1 V	±(0.8%读数+2 字)	
交流电压 ACV	200 V	100 mV	±(1.2%读数+10 字)	最大输入交流电压 750 V
	750 V	1 V		
直流电流 DCA	200 μA	0.1 μA	±(1.0%读数+2 字)	过载保护 0.2 A 保险管 10 A 无保险管
	2 000 μA	1 μA		
	20 mA	10 μA		
	200 mA	100 μA	±(1.2%读数+2 字)	
	10 A	10 mA	±(2.0%读数+5 字)	
电阻	200 Ω	100 mΩ	±(1.0%读数+2 字)	开路电压约 2.8 V
	2 000 Ω	1 Ω		
	20 kΩ	10 Ω		
	200 kΩ	100 Ω		
	2 000 kΩ	1 000 Ω	±(1.2%读数+2 字)	
二极管	二极管		测试电流约 1.5 mA	
三极管	NPN/PNP	0~1 000	U_{CE} 约 2.8 V,I_B 约 10 μA	
电池挡	1.5 V		LCD 显示电流不小于 3.8 mA	
	9 V		LCD 显示电流不小于 24 mA	

(1)测量直流电压

将功能量程选择开关拨到 DCV 区域内恰当的量程挡,红表笔插入 V·Ω 插孔,黑表笔插入 COM

插孔,然后将电源开关拨至 ON 位置,将表笔与被测电路并联,即可进行直流电压的测量。需要注意的是,V·Ω 插孔和 COM 插孔之间输入的直流电压最大不得超过 1 000 V。

（2）测量交流电压

将功能量程选择开关拨到 ACV 区域内恰当的量程挡,两表笔接法同上。将电源开关拨至 ON 位置,即可进行交流电压的测量。需要注意的是,V·Ω 插孔和 COM 插孔之间输入的交流电压最大不得超过 750 V（有效值）,且频率在 45～500 Hz 范围内。

（3）测量直流电流

将功能量程选择开关拨到 DCA 区域内恰当的量程挡,红表笔接 mA 插孔（被测电流≤200 mA）或接 10 A 插孔（被测电流＞200 mA）,黑表笔插入 COM 插孔,然后接通电源,将数字万用表串接于电路中即可进行直流电流的测量。mA 插孔和 COM 插孔之间输入的直流电流最大不得超过 200 mA;10 A 插孔和 COM 插孔之间输入的直流电流最大不得超过 10 A,持续时间不超过 15 s。

（4）测量交流电流

将功能量程选择开关拨到 ACA 区域内恰当的量程挡,其余操作与测量直流电流时相同。

（5）测量电阻

将功能量程选择开关拨到 Ω 区域内恰当的量程挡,红表笔接 Ω 插孔,黑表笔接 COM 插孔,然后接通电源,将两表笔接于被测电阻两端即可进行电阻测量。注意:不得带电测量电阻。

（6）测量二极管

将功能量程选择开关拨到二极管挡,红表笔插入 V·Ω 插孔,黑表笔插入 COM 插孔,然后接通电源,即可进行测量。测量时,红表笔接二极管正极,黑表笔接二极管负极,两表笔的开路电压为 2.8 V（典型值）,测试电流为（1.0±0.5）mA。当二极管正向接入时,锗管应显示 0.15～0.3 V,硅管应显示 0.55～0.7 V。若显示超量程符号,表示二极管内部开路;若显示为零,表示二极管内部短路。

（7）测量三极管

将功能量程选择开关拨到 NPN 或 PNP 位置（有的万用表用 h_{FE} 表示）,接通电源,测量时三极管的三个管脚分别插入 h_{FE} 插座对应的孔内即可。

（8）检查线路通断

将功能量程选择开关拨到蜂鸣器位置,红表笔插入 V·Ω 插孔,黑表笔插入 COM 插孔,然后接通电源。将表笔两端分别接于待测线路两端,若被测线路电阻低于规定值（200±10）Ω,蜂鸣器发出声音,表示线路是通的。

三、使用数字万用表的注意事项

（1）严禁在测量高电压或大电流的过程中拨动开关,以防电弧烧坏触点。

（2）测量时应注意欠压指示符号,若符号被点亮,应及时更换电池。为延长电池的使用寿命,在每次测量结束后,应立即关闭电源。

（3）测量前,若无法估计被测电压或电流的大小,应选择最高量程挡测量,然后根据显示结果选择合适的量程。

（4）严禁带电测电阻。进行电阻测量时,应手持表笔的绝缘杆,以防接入人体电阻,引起测量误差。

（5）数字万用表在进行电阻测量、检查二极管和线路通断时,红表笔接 V·Ω 插孔,带正电;黑表笔插入 COM 插孔,带负电。这种情况与模拟式万用表正好相反,使用时应特别注意。

常用电子元器件是构成电子电路的基础。了解常用元器件的电性能、规格型号、组成分类及识别方法,用简单的测试方法判断这些元器件的好坏,是选择、使用电子元器件的基础,也是组装、调试电子电路必须具备的技术技能。下面分别介绍电阻器、电容器、电感器、二极管、三极管、场效应管及晶闸管等电子元器件的基本知识。

A3 低频信号发生器

低频信号发生器是用来产生不同形状、不同频率波形的仪器。实验中常用作信号源,信号的波形、频率和幅度等可通过开关和旋钮加以调节。低频信号发生器有模拟式和数字式两种。由于低频信号发生器的型号很多,下面以 SP1641B 型函数信号发生器为例介绍。

一、SP1641B 型函数信号发生器的功能

SP1641B 型函数信号发生器/计数器属模拟式,它不仅能输出正弦波、三角波、方波等基本波形,还能输出锯齿波、脉冲波等多种非对称波形,同时对各种波形均可实现扫描功能。此外,还具有点频正弦信号、TTL 电平信号及 CMOS 电平信号输出和外测频功能等。

二、操作面板简介

SP1641B 型函数信号发生器面板如图 A3.1 所示。

①1——频率显示窗口:显示输出信号或外测频信号的频率,单位由窗口右侧所亮的指示灯确定,"kHz"或"Hz"。

②2——幅度显示窗口:显示输出信号的幅度,单位由窗口右侧所亮的指示灯确定,"V_{PP}"或"mV_{PP}"。

③3——扫描宽度调节旋钮:调节扫频输出的频率范围。在外测频时,逆时针旋到底(绿灯亮),为外输入测量信号经过低通开关进入测量系统。

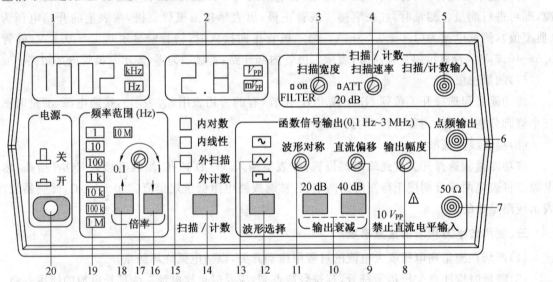

图 A3.1　SP1641B 型函数信号发生器面板图

④4——扫描速率调节旋钮:调节内扫描的时间长短。在外测频时,逆时针旋到底(绿灯亮),为外输入测量信号经过"20 dB"衰减进入测量系统。

⑤5——扫描/计数输入插座:当"扫描/计数"键功能选择在外扫描或外计数功能时,外扫描控制信号或外测频信号将由此输入。

⑥6——点频输出端:输出 100 Hz、2 V_{PP} 的标准正弦波信号。

⑦7——函数信号输出端:输出多种波形受控的函数信号,输出幅度 20 V_{PP}(1 MΩ 负载),10 V_{PP}(50 Ω 负载)。

⑧8——函数信号输出幅度调节旋钮:调节范围 20 dB。

⑨9——函数输出信号直流电平偏移调节旋钮:调节范围:$-5\sim+5$ V(50 Ω 负载),$-10\sim+10$ V

（1 MΩ 负载）。当电位器处在关闭位置（逆时针旋到底即绿灯亮）时，则为 0 电平。

⑩10——函数信号输出幅度衰减按键："20 dB"、"40 dB" 按键均未按下，信号不经衰减直接输出到插座 7。"20 dB"、"40 dB" 键分别按下，则可选择 20 dB 或 40 dB 衰减。"20 dB" 和 "40 dB" 键同时按下时为 60 dB 衰减。

⑪11——输出波形对称性调节旋钮：调节此旋钮可改变输出信号的对称性。当电位器处在关闭位置（逆时针旋到底即绿灯亮）时，则输出对称信号。

⑫12——函数信号输出波形选择按钮：可选择正弦波、三角波、方波三种波形。

⑬13——波形指示灯：可分别指示正弦波、三角波、方波。按电压波形选择按钮 12，指示灯亮，说明该波形被选定。

⑭14——"扫描/计数"按钮：可选择多种扫描方式和外测频方式。

⑮15——扫描/计数方式指示灯：显示所选择的扫描方式和外测频方式。

⑯16，18——倍率选择按钮：每按一次此按钮可递减输出频率的 1 个频段。

⑰17——频率微调旋钮：调节此旋钮可微调输出信号频率，调节基数为 0.1~1。

⑱19——频段指示灯：共 8 个。

⑲20——整机电源开关：按下按键，机内电源接通，整机工作。按键释放为关掉整机电源。

此外，在后面板上还有：电源插座（交流市电 220 V 输入插座，内置容量为 0.5 A 保险丝）；TTL/CMOS 电平调节旋钮（调节旋钮，"关"为 TTL 电平，打开则为 CMOS 电平，输出幅度可从 5 V 调节到 15 V）；TTL/CMOS 输出插座。

三、使用方法

①使用函数信号发生器之前，应对其进行自校检以判断其工作是否正常。

②函数信号输出方法。

a. 将信号输出线连接到函数信号输出插座"7"。

b. 按倍率选择按钮"16"或"18"选定输出函数信号的频段，转动频率微调旋钮"17"调整输出信号的频率，直到所需的频率值。

c. 按波形选择按钮"12"选取输出函数信号的波形，可分别获得正弦波、三角波、方波。

d. 由输出幅度衰减按键"10"和输出幅度调节旋钮"8"选定和调节输出信号的幅度到所需值。

e. 当需要输出信号携带直流电平时可转动直流偏移旋钮"9"进行调节，此旋钮若处于关闭状态，则输出信号的直流电平为 0，即输出纯交流信号。

f. 输出波形对称调节器"11"关闭时，输出信号为正弦波、三角波或占空比为 50% 的方波。转动此旋钮，可改变输出方波信号的占空比或将三角波调变为锯齿波，正弦波调变为正、负半周分别为不同角频率的正弦波形，且可移相 180°。

③正弦信号输出方法。

a. 将终端不加 50 Ω 匹配器的信号输出线连接到点频输出插座"6"。

b. 输出标准的正弦波信号，频率为 100 Hz，幅度为 $2V_{PP}$（中心电平为 0）。

④内扫描信号输出方法。

a. "扫描/计数"按钮"14"选定为"内扫描"方式。

b. 分别调节扫描宽度调节旋钮"3"和扫描速率调节旋钮"4"以获得所需的扫描信号输出。

c. 50 Ω 主函数信号输出插座"7"和 TTL/CMOS 输出插座（位于后面板）均可输出相应的内扫描的扫频信号。

⑤外扫描信号输入方法。

a. "扫描/计数"按钮"14"选定为"外扫描"方式。

b.由"扫描/计数"输入插座"5"输入相应的控制信号,即可得到相应的受控扫描信号。

⑥TTL/CMOS 电平输出方法。

a.转动后面板上的 TTL/CMOS 电平调节旋钮使其处于所需位置,以获得所需的电平。

b.将终端不加 50 Ω 匹配器的信号输出线连接到后面板 TTL/CMOS 输出插座即可输出所需的电平。

A4　模拟示波器

模拟示波器的调整与使用方法基本相同,现以 MOS－620CH/640CH 双踪示波器为例介绍如下。

一、面板简介

MOS－620CH/640CH 双踪示波器的调节旋钮、开关、按键及连接器等都位于前面板上,如图 A4.1 所示。

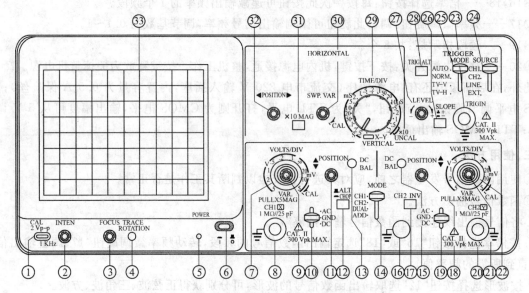

图 A4.1　MOS－620CH/640CH 双踪示波器前面板

(1)示波管操作部分

6——"POWER":主电源开关。按下此开关,其左侧的发光二极管指示灯 5 亮,表明电源已接通。

2——"INTEN":亮度调节钮。调节轨迹或亮点的亮度。

3——"FOCUS":聚焦调节钮。调节轨迹或亮点的聚焦。

4——"TRACE ROTATION":轨迹旋转。调整水平轨迹与刻度线相平行。

33——显示屏。显示信号的波形。

(2)垂直轴操作部分

7、22——"VOLTS/DIV":垂直衰减钮。调节垂直偏转灵敏度,从 5 mV/div～5 V/div,共 10 个挡位。

8——"CH1X":通道 1 被测信号输入连接器。在 X－Y 模式下,作为 X 轴输入端。

20——"CH2Y":通道 2 被测信号输入连接器。在 X－Y 模式下,作为 Y 轴输入端。

9、21——"VAR"垂直灵敏度旋钮:微调灵敏度大于或等于 1/2.5 标示值。在校正(CAL)位置时,灵敏度校正为标示值。

10、19——"AC－GND－DC":垂直系统输入耦合开关。选择被测信号进入垂直通道的耦合方式。"AC":交流耦合;"DC":直流耦合;"GND":接地。

11、18——"POSITION"：垂直位置调节旋钮。调节显示波形在荧光屏上的垂直位置。

12——"ALT"/"CHOP"：交替/断续选择按键，双踪显示时，放开此键（ALT），通道1与通道2的信号交替显示，适用于观测频率较高的信号波形；按下此键（CHOP），通道1与通道2的信号同时断续显示，适用于观测频率较低的信号波形。

13、15——"DC BAL"：CH1、CH2通道直流平衡调节旋钮。垂直系统输入耦合开关在 GND 时，在5 mV 与 10 mV 之间反复转动垂直衰减开关，调整"DC BAL"使光迹保持在零水平线上不移动。

14——"VERTICAL MODE"：垂直系统工作模式开关。CH1：通道1单独显示；CH2：通道2单独显示；DUAL：两个通道同时显示；ADD：显示通道1与通道2信号的代数或代数差（按下通道2的信号反向键"CH2 INV"时）。

17——"CH2 INV"：通道2信号反向按键。按下此键，通道2及其触发信号同时反向。

（3）触发操作部分

23——"TRIG IN"：外触发输入端子。用于输入外部触发信号。当使用该功能时，"SOURCE"开关应设置在 EXT 位置。

24——"SOURCE"：触发源选择开关。"CH1"：当垂直系统工作模式开关 14 设定在 DUAL 或 ADD 时，选择通道1作为内部触发信号源；"CH2"：当垂直系统工作模式开关 14 设定在 DUAL 或 ADD 时，选择通道2作为内部触发信号源；"LINE"：选择交流电源作为触发信号源；"EXT"：选择"TRIG IN"端子输入的外部信号作为触发信号源。

25——"TRIGGER MODE"：触发方式选择开关。"AUTO"：自动，当没有触发信号输入时，扫描处在自由模式下；"NORM"：常态，当没有触发信号输入时，踪迹处在待命状态并不显示；"TV－V"：电视场，当想要观察一场的电视信号时；"TV－H"：电视行，当想要观察一行的电视信号时。

26——"SLOPE"：触发极性选择按键。释放为"＋"，上升沿触发；按下为"－"，下降沿触发。

27——"LEVEL"：触发电平调节旋钮。显示一个同步的稳定波形，并设定一个波形的起始点。向"＋"旋转触发电平向上移，向"－"旋转触发电平向下移。

28——"TRIG.ALT"：当垂直系统工作模式开关 14 设定在 DUAL 或 ADD，且触发源选择开关 24选 CH1 或 CH2 时，按下此键，示波器会交替选择 CH1 和 CH2 作为内部触发信号源。

（4）水平轴操作部分

29——"TIME/DIV"：水平扫描速度旋钮。扫描速度从 0.2 μs/div 到 0.5 s/div 共 20 挡。当设置到 X－Y 位置时，示波器可工作在 X－Y 方式。

30——"SWP. VAR"：水平扫描微调旋钮。微调水平扫描时间，使扫描时间被校正到与面板上"TIME/DIV"指示值一致。顺时针转到底为校正位置 CAL。

31——"×10 MAG"：扫描扩展开关。按下时扫描速度扩展 10 倍。

32——"POSITION"：水平位置调节钮。调节显示波形在荧光屏上的水平位置。

（5）其他操作部分

1——"CAL"：示波器校正信号。提供幅度为 $2V_{P-P}$、频率为 1kHz 的方波信号，用于校正 10∶1 探头的补偿电容器和检测示波器垂直与水平偏转因数。

16——"GND"：示波器机箱的接地端子。

二、双踪示波器正确调整与操作

示波器的正确调整和操作对于提高测量精度和延长仪器的使用寿命十分重要。

（1）聚焦和辉度的调整

调整聚焦旋钮使扫描线尽可能细，以提高测量精度。扫描线亮度（辉度）应适当，过亮不仅会降低示波器的使用寿命，而且也会影响聚焦特性。

（2）正确选择触发源和触发方式

触发源的选择：如果观测的是单通道信号，就应选择该通道信号作为触发源；如果同时观测两个时间相关的信号，就应选择信号周期长的通道作为触发源。

触发方式的选择：首次观测被测信号时，触发方式应设置于"AUTO"，待观测到稳定信号后，调好其他设置，最后将触发方式开关置于"NORM"，以提高触发的灵敏度。当观测直流信号或小信号时，必须采用"AUTO"触发方式。

（3）正确选择输入耦合方式

根据被观测信号的性质来选择正确的输入耦合方式。一般情况下，被观测的信号为直流或脉冲信号时，应选择"DC"耦合方式；被观测的信号为交流时，应选择"AC"耦合方式。

（4）合理调整扫描速度

调节扫描速度旋钮，可以改变荧光屏上显示波形的个数。提高扫描速度，显示的波形少；降低扫描速度，显示的波形多。显示的波形不应过多，以保证时间测量的精度。

（5）波形位置和几何尺寸的调整

观测信号时，波形应尽可能处于荧光屏的中心位置，以获得较好的测量线性。正确调整垂直衰减旋钮，尽可能使波形幅度占一半以上，以提高电压测量的精度。

（6）合理操作双通道

将垂直工作方式开关设置到"DUAL"，两个通道的波形可以同时显示。为了观察到稳定的波形，可以通过"ALT/CHOP"（交替/断续）开关控制波形的显示。按下"ALT/CHOP"开关（置于 CHOP），两个通道的信号断续地显示在荧光屏上，此设定适用于观测频率较高的信号；释放"ALT/CHOP"开关（置于 ALT），两个通道的信号交替地显示在荧光屏上，此设定适用于观测频率较低的信号。在双通道显示时，还必须正确选择触发源。当 CH1、CH2 信号同步时，选择任意通道作为触发源，两个波形都能稳定显示，当 CH1、CH2 信号在时间上不相关时，应按下"TRIG. ALT"（触发交替）开关，此时每一个扫描周期，触发信号交替一次，因而两个通道的波形都会稳定显示。

值得注意的是：双通道显示时，不能同时按下"CHOP"和"TRIG. ALT"开关，因为"CHOP"信号成为触发信号而不能同步显示。利用双通道进行相位和时间对比测量时，两个通道必须采用同一同步信号触发。

（7）触发电平调整

调整触发电平旋钮可以改变扫描电路预置的阀门电平。向"＋"方向旋转时，阀门电平向正方向移动；向"－"方向旋转时，阀门电平向负方向移动；处在中间位置时，阀门电平设定在信号的平均值上。触发电平过正或过负，均不会产生扫描信号。因此，触发电平旋钮通常应保持在中间位置。

三、测量实例

（1）直流电压的测量

①将示波器垂直灵敏度旋钮置于校正位置，触发方式开关置于"AUTO"。

②将垂直系统输入耦合开关置于"GND"，此时扫描线的垂直位置即为零电压基准线，即时间基线。调节垂直位移旋钮使扫描线落于某一合适的水平刻度线。

③将被测信号接到示波器的输入端，并将垂直输入耦合开关置于"DC"。调节垂直衰减旋钮使扫描线有合适的偏移量。

④确定被测电压值。扫描线在 Y 轴的偏移量与垂直衰减旋钮对应挡位电压的乘积即为被测电压值。

⑤根据扫描线的偏移方向确定直流电压的极性。扫描线向零电压基准线上方移动时，直流电压为正极性，反之为负极性。

（2）交流电压的测量

①将示波器垂直灵敏度旋钮置于校正位置，触发方式开关置于"AUTO"。

②将垂直系统输入耦合开关置于"GND"，调节垂直位移旋钮使扫描线准确地落在水平中心线上。

③输入被测信号，并将输入耦合开关置于"AC"。调节垂直衰减旋钮和水平扫描速度旋钮使显示波形的幅度和个数合适。选择合适的触发源、触发方式和触发电平等使波形稳定显示。

④确定被测电压的峰—峰值。波形在 Y 轴方向最高与最低点之间的垂直距离（偏移量）与垂直衰减旋钮对应挡位电压的乘积即为被测电压的峰—峰值。

（3）周期的测量

①将水平扫描微调旋钮置于校正位置，并使时间基线落在水平中心刻度线上。

②输入被测信号。调节垂直衰减旋钮和水平扫描速度旋钮等，使荧光屏上稳定显示 1～2 波形。

③选择被测波形一个周期的始点和终点，并将始点移动到某一垂直刻度线上以便读数。

④确定被测信号的周期。信号波形一个周期在 X 轴方向始点与终点之间的水平距离与水平扫描速度旋钮对应挡位的时间之积即为被测信号的周期。

用示波器测量信号周期时，可以测量信号 1 个周期的时间，也可以测量 n 个周期的时间，再除以周期个数 n。后一种方法产生的误差会小一些。

（4）频率的测量

由于信号的频率与周期为倒数关系，即 $f=1/T$，因此，可以先测信号的周期，再求倒数即可得到信号的频率。

（5）相位差的测量

①将水平扫描微调旋钮、垂直灵敏度旋钮置于校正位置。

②将垂直系统工作模式开关置于"DUAL"，并使两个通道的时间基线均落在水平中心刻度线上。

③输入两路频率相同而相位不同的交流信号至 CH1 和 CH2，将垂直输入耦合开关置于"AC"。

④调节相关旋钮，使荧光屏上稳定显示出两个大小适中的波形。

⑤确定两个被测信号的相位差。

附　录　B

半导体器件型号的命名方法

一、国产半导体器件型号命名

1. 半导体器件型号由五部分组成

五个部分意义如下：

第一部分：用数字表示半导体器件有效电极数目。

第二部分：用汉语拼音字母表示半导体器件的材料和极性。

第三部分：用汉语拼音字母表示半导体器件的类型。

第四部分：用数字表示序号。

第五部分：用汉语拼音字母表示规格号。

注意　场效应器件、半导体特殊器件、复合管、PIN 型管、激光器件的型号命名只有第三、四、五部分。

2. 组成部分的符号及意义见表 B.1

表 B.1　国产半导体器件命名

第一部分		第二部分		第三部分				第四部分	第五部分
用数字表示的电极数目		用汉语拼音字母表示器件的材料和极性		用汉语拼音字母表示器件类型				用数字表示器件序号	用汉语拼音字母表示规格号
符号	意义	符号	意义	符号	意义	符号	意义		
2	二极管	A	N 型,锗材料	P	普通管	D	低频大功率管 $f_a<3\text{ MHz},P_c>1\text{ W}$		
		B	P 型,锗材料	V	微波管				
		C	N 型,硅材料	W	稳压管	A	高频大功率管 $f_a<3\text{ MHz},P_c>1\text{ W}$		
		D	P 型,硅材料	C	参量管				
3	三极管	A	PNP 型,锗材料	Z	整流管	T	半导体闸流管 (可控整流管)		
		B	NPN 型,锗材料	L	整流堆				
		C	PNP 型,硅材料	S	隧道管	Y	体效应器件		
		D	NPN 型,硅材料	N	阻尼管	B	雪崩管		
		E	化合物材料	U	光电管	J	阶跃恢复管		
				K	开关管	CS	场效应器件		
				X	低频小功率管 $f_a<3\text{ MHz},P_c<1\text{ W}$	BT	半导体特殊器件		
						FH	复合管		
				G	高频小功率管 $f_a<3\text{ MHz},P_c<1\text{ W}$	PIN	PIN 管		
						JG	激光管		

二、常用进口半导体器件型号命名(表 B.2、B.3)

表 B.2　进口半导体器件命名

国别	一	二	三	四	五	备注
日本	2	S	A. PNP 高频 B. PNP 低频 C. NPN 高频 D. NPN 低频	两位以上数字表示登记序号	A、B、C 表示对原型号的改进	不表示硅锗材料及功率大小
美国	2	N	多位数字表示登记序号			
欧洲	A 锗 B 硅	C—低频小功率 D—低频大功率 F—高频小功率 L—高频大功率 S—小功率开关 U—大功率开关	三位数字表示登记序号	B 参数分挡标志		

表 B.3　韩国三星电子三极管特性

型号	极性	功率/mW	f_T/MHz	用途
9011	NPN	400	150	高速
9012	PNP	625	80	功放
9013	NPN	625	80	功放
9014	NPN	450	150	低放
9015	PNP	450	140	低放
9016	NPN	400	600	超高频
9018	NPN	400	600	超高频
8050	NPN	1 000	100	功放
8550	PNP	1 000	100	功放

参考文献

[1] 康华光. 电子技术基础. 模拟部分[M].5 版. 北京:高等教育出版社,2006.

[2] 沈尚贤. 电子技术导论[M]. 北京:高等教育出版社,1985.

[3] 谢嘉奎. 电子线路. 线性部分[M].4 版. 北京:高等教育出版社,1999.

[4] 冯民昌. 模拟集成电路系统[M].2 版. 北京:中国铁道出版社,1998.

[5] 汪惠. 电子电路的计算机辅助分析与设计方法[M]. 北京:清华大学出版社,1996.

[6] 童诗白. 模拟电子技术基础[M]. 2 版. 北京:高等教育出版社,1988.

[7] 周良权,傅恩锡,李世馨. 模拟电子技术基础[M]. 2 版. 北京:高等教育出版社,2001.

[8] 王汝君,钱秀珍. 模拟集成电子电路[M]. 南京:东南大学出版社,1993.

[9] 廖先芸. 电子技术实践与训练[M].2 版. 北京:高等教育出版社,2005.

[10] 毕满清. 电子技术实验与课程设计[M]. 北京:机械工业出版社,2005.

[11] 杨素行. 模拟电子技术基础简明教程[M].3 版. 北京:高等教育出版社,2006.

[12] 吴运昌. 模拟集成电路原理与应用[M].广州:华南理工大学出版社,1995.

[13] 陈大钦. 电子技术基础实验[M].2 版. 北京:高等教育出版社,2003.

[14] 华成英. 电子技术[M]. 北京:中央广播电视大学出版社,1996.

[15] 胡宴如,耿苏燕. 模拟电子技术基础[M]. 北京:高等教育出版社,2004.

[16] 王尧. 电子线路实践[M]. 南京:东南大学出版社,2000.

[17] 郭培源. 电子电路及电子器件[M]. 北京:高等教育出版社,2000.

[18] 章忠全. 电子技术基础实验与课程设计[M]. 北京:中国电力出版社,1999.

[19] 黄智伟. 全国大学生电子设计竞赛训练教程[M]. 北京:电子工业出版社,2004.

责任编辑：李长波

封面设计：唐韵设计

- 电子技术
- 电路基础
- 电力电子技术
- 电工电子技术
- 模拟电子技术
- 移动通信技术
- 计算机网络与通信
- 单片机原理与接口技术
- 传感器与检测技术
- 数控加工技术与实训
- 可编程控制技术
- 数控加工与编程
- 金属材料与热处理
- 检测技术及应用
- 工程力学

- 工程制图（含习题集）
- 机械制造基础
- 机械制图与CAD
- 机械制图
- 机械制造技术
- 计算机组装与维护
- 操作系统——Linux篇
- 计算机网络安全技术
- Java程序设计技术
- Access数据库技术
- Visual Basic程序设计
- Windows Server 2003网络操作系统
- 多媒体应用技术——项目与案例教程
- 数据库应用技术——SQL Server篇

ISBN 978-7-5603-3940-5

9 787560 339405 >

定价：30.00元

『十二五』高职高专体验互动式创新规划教材

模拟电子技术实训手册

MONI DIANZI JISHU SHIXUN SHOUCE

主　审　田广东

主　编　廖艳秋　陈金如

副主编　赵再琴　汤晓燕

编　者　桂波　马安良　鞠雨霏

李玮　刘彬　廖洁

哈尔滨工业大学出版社

目录 Contents

实训项目 1　简单触摸延时开关的制作

【实训内容】

1. 内容介绍

在日常生活中,各种各样的触摸延时开关广泛应用于餐馆、医院、家庭等场所。这种开关有发光二极管指示位置,触摸后点亮灯泡,经过几十秒后灯自动熄灭,既方便使用、又节约用电。

2. 电路结构(见图实 1.1)及参数

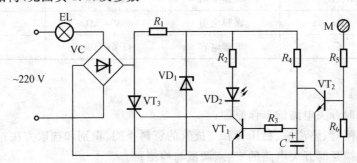

图实 1.1　电路结构

3. 基本工作原理

接通电源,220 V 交流电经过灯泡 EL、整流桥堆 VC 整流、电阻 R_1 降压、稳压管 VD_1 稳压,提供给控制电路约有 6 V 直流工作电压。在手触摸导电片 M 前,三极管 VT_2 截止,电容 C 经电阻 R_4 充电,使三极管 VT_1 导通,其集电极为低电位,晶闸管 VT_3 得不到触发电压而关闭,灯 EL 不亮。当手触摸导电片 M 时,人体感应交变电流经电阻 R_5 输入三极管 VT_2 基极,VT_2 导通,电容 C 通过 VT_2 集电极—发射极迅速放电,三极管 VT_1 失去基极偏压而截止,6 V 的直流电压经电阻 R_2 和发光二极管 VD_2 给晶闸管 VT_3 提供控制极电流,VT_3 触发导通,灯 EL 点亮。当手离开导电片 M 后,VT_2 立即截止,而电容 C 的两端电压不能突变,经 R_4 慢慢充电,直到 C 两端电压达到一定值后,三极管 VT_1 导通,晶闸管 VT_3 失去控制极触发电压(电流)而关断,灯熄灭,达到触摸开灯后延时熄灭的效果。

4．元件清单(表实 1.1)

表实 1.1　元件清单

序号	元件代号	元件名称	型号及参数	功能
1	VT_3	晶闸管	KP1A/500 V	可控开关
2	VC	整流桥堆	QL1A/500 V	整流
3	VD_1	稳压管	2CW55	
4	VD_2	发光二极管	LED702	
5	VT_1，VT_2	三极管	3DG130	
6	EL	灯泡	100 W 以内	
7	R_2、R_3	碳膜电阻	10 kΩ	
8	R_1	碳膜电阻	51 kΩ	
9	R_4、R_5	碳膜电阻	2.2 MΩ	
10	R_6	碳膜电阻	100 kΩ	
11	C	电解电容	47 μF/16 V	

【实训目的】

(1)理解延时开关电路的工作原理；

(2)学会晶闸管、整流桥、稳压管和三极管的资料查阅、识别和选取方法；

(3)掌握触摸延时开关电路的安装、调试与检测；

(4)掌握故障分析与检修。

【实训要求】

(1)熟悉电路各元件的作用；

(2)设计电路并安装印制电路板；

(3)根据电路参数进行元器件采购并检测；

(4)进行电路元器件安装；

(5)进行电路参数测试与调整；

(6)撰写电路安装调试报告。

【实训步骤】

(1)制作工具与仪器设备。

①电路焊接工具：电烙铁(20～35 W)、烙铁架、焊锡丝、松香。

②机加工工具：剪刀、剥线钳、尖嘴钳、螺丝刀、镊子。

③测试仪器仪表：万用表。

(2)利用 Protel 软件制作该项目 PCB 板。

(3)元器件识别与检测。

(4)元器件引脚清洁。

(5)元器件成形。

（6）元器件引脚处理及安装焊接。

（7）组装焊接后的整体检查。

（8）电路功能调试。

【注意事项】

对焊接后的电路进行检测，对出现的故障进行分析及排除。

（1）灯灭的延时时间由电阻 R_4 和电容 C 决定，可根据需要适当调整它们的参数值。

（2）若用手触摸导电片 M 时灯不亮，可适当减小 R_5 的阻值及增大三极管 VT_2 的 β 值（也可以用复合管）。

（3）电阻 R_3 的阻值选择要适当，阻值太大，VT_1 不易导通；阻值太小，基极电流过大会烧坏 VT_1。

（4）电阻 R_2 的阻值选择也要适当，阻值太大，晶闸管 VT_3 触发不了；阻值太小，发光二极管 VD_2 过亮。

【实训总结】

（1）了解电路的工作原理及性能分析。

（2）总结说明本实训电路中晶闸管 KP1A 的触发与关断方法，整流桥 QL1A 的引脚识别和连接方法，发光二极管 LED702 使用时限流电阻的选择，稳压管稳压工作的条件，正确触发导通和关断三极管，触发延时时间的估算等。进一步加深对常用半导体元器件的认识。

（3）对出现的故障进行分析。

（4）测量主要数据。

（5）实训体会。

实训项目 2 三极管共射放大电路的制作

【实训内容】

1.内容介绍

知道最基本的共射放大电路,理解三极管的放大作用。调整电路参数,可以观察静态工作点对放大电路放大作用的影响,电容耦合方式对电信号传输的影响作用。

2.电路结构及参数

如图实 2.1 所示为三极管共射放大电路原理图。

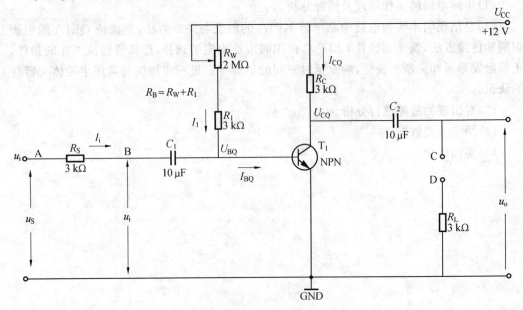

图实 2.1 三极管共射放大电路

3.元件清单

元件清单见表实 2.1。

表实 2.1 元件清单

序号	代号	元件名称	型号及参数	功能
1	R_S	碳膜电阻	3 kΩ	
2	C_1、C_2	电解电容	10 μF/25 V	耦合
3	R_W	电位器	2M	调整静态工作点
4	R_1、R_C、R_L	碳膜电阻	3 kΩ	
5	T_1	三极管	9013	放大器件

【实训目的】

知识目标：

(1)了解放大电路的分类与组成；

(2)掌握单管低频放大电路的电压放大作用；

(3)掌握单管低频放大电路的静态工作点设置情况。

能力目标：

(1)专业能力——焊接、仪表使用、识图、计算及运用知识能力。

(2)社会能力——分工合作协调能力、参与意识与责任感。

(3)方法能力——独立思维能力、解决问题能力。

【实训要求】

(1)熟悉电路各元件的作用；

(2)设计电路并安装印制电路板；

(3)根据电路参数进行元器件采购并检测；

(4)进行电路元器件安装；

(5)进行电路参数测试与调整；

(6)撰写电路制作报告。

【实训步骤】

(1)制作工具与仪器设备。

①电路焊接工具:电烙铁(20～35 W)、烙铁架、焊锡丝、松香。

②机加工工具:剪刀、剥线钳、尖嘴钳、螺丝刀、镊子。

③测试仪器仪表:万用表、示波器。

(2)利用 Protel 软件制作该项目 PCB 板。

(3)元件识别与检测。

(4)元件引脚清洁。

(5)元件成形。

(6)元件安装焊接及引脚处理。

(7)组装焊接后的整体检查。

【注意事项】

对焊接后电路进行检测,对出现的现象进行电路故障分析及排除。

【实训总结】

(1)组装三极管放大电路,用示波器的双通道输入,观察输入波形与输出波形,在输出不失真的情况下比较它们相位是否一致。

(2)在输出不失真的情况下,记录输入波形的幅值和输出波形的幅值,计算信号的放大倍数。

(3)增大输入信号的幅值,观察最大不失真输出波形。

(4)继续增大输入信号的幅值,观察出现的失真,分析失真原因,调整电路参数,消除失真。

实训项目3 占空比可调的矩形波产生电路

【实训内容】

1. 内容介绍

矩形波产生器是一种常用的信号源,广泛地应用于电子电路、自动控制系统和教学实验等领域。本次实训项目产生一个占空比可调的矩形波产生电路,其结构简单,调节方便,输出的波形稳定。

2. 电路结构(见图实3.1)及参数

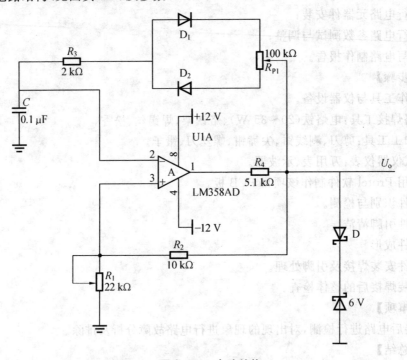

图实3.1　电路结构

此项目为占空比可调的矩形波产生电路,由反相输入的滞回比较器和简单RC积分电路组成。其振荡周期为

$$T = 2R_3 C \ln\left(1 + \frac{R_1}{R_2}\right)$$

可通过调整电阻 R_1,R_2,R_3,R_{P1} 以及电容 C 的容值来改变电路的振荡频率。此外,可通过调节电位器 R_W 来改变占空比。

3. 元件清单

占空比可调的矩形波产生电路中各元件的功能及型号见表实 3.1。

表实 3.1　元件清单

序号	元件代号	元件名称	型号及参数	功能
1	LM358	集成运放	LM358	放大
2	D_1	二极管	1N4148	限幅
3	D_2	二极管	1N4148	限幅
4	R_3	电阻	2 kΩ	负反馈
5	R_2	电阻	10 kΩ	正反馈
6	R_4	电阻	5k1	限流
7	R_1	电阻	22 kΩ	调幅度
8	R_{P1}	电位器	100 kΩ	调周期
9	D6V	稳压二极管	6 V	稳幅
10	D6V	稳压二极管	6 V	稳幅
11	C	瓷介电容	0.1 μF	产生频率

【实训目的】

(1)占空比可调的矩形波产生电路的基本工作原理;

(2)1N4148、稳压二极管、集成运放 LM358 资料查阅、识别和选取方法;

(3)占空比可调的矩形波产生电路的安装、调试与检测;

(4)故障分析与检修。

【实训要求】

(1)熟悉电路各元件的作用;

(2)设计电路并安装印制电路板;

(3)根据电路参数进行元器件采购并检测;

(4)进行电路元器件安装;

(5)进行电路参数测试与调整;

(6)撰写电路制作报告。

【实训步骤】

(1)制作工具与仪器设备。

①电路焊接工具:电烙铁(20～35W)、烙铁架、焊锡丝、松香。

②机加工工具:剪刀、剥线钳、尖嘴钳、螺丝刀、镊子。

③测试仪器仪表:万用表、示波器。

(2)元件识别与检测。

(3)元件引脚清洁。

(4)元件成形。

(5)元件安装焊接及引脚处理。

(6)组装焊接后的整体检查。

【注意事项】

对焊接后电路进行检测,对出现的现象进行电路故障分析及排除,并填入表实 3.2。

表实 3.2

参数		U_o/V	f_o/Hz	输出波形
R_1	上端			
	中间			
	下端			
R_{P1}	上端			
	中间			
	下端			

【实训总结】

(1)用万用表检测集成运放 LM358、1N4148 和稳压管是否正常。

(2)组装电路后,用示波器观察输出波形。

(3)使用信号发生器、直流稳压源、示波器、测频仪和万用表对该电路进行参数测量。

(4)观察输出波形,分别调节 R_1 和 R_{P1} 看输出波形的变化情况,并做记录。

实训项目 4 扩音机音调控制电路的制作

【实训内容】

1.内容介绍

在中、低档组合音响中,常采用 RC 负反馈式音调控制器电路,这种电路的结构比较简单,一般只能对低频段和高频段信号进行控制,如图实 4.1 所示。

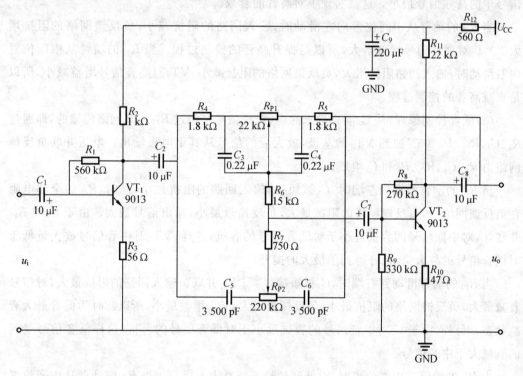

图实 4.1 电路结构

2.电路结构及参数

电路特点:图实 4.1 所示电路为 RC 负反馈式音调控制电路。图中,C_5、R_{P2} 和 C_6 是高音控制器电路,它的特征是电容 C_5、C_6 与高音控制电位器 R_{P2} 串联,同时 C_5、C_6 的容量小于 C_3、C_4。R_4、R_5、C_3、C_4 和 R_{P1} 组成低音控制器电路,这一控制器的特征是 C_3、C_4 与低音控制电位器 R_{P1} 并联,另外还有两个电阻 R_4、R_5 与 R_{P1} 串联。R_6、R_7 起隔离作用,使 R_{P1}、R_{P2} 不相互影响。

(1)高音控制原理:输入信号经 VT_1 放大后经 C_2 耦合后分成两路,高音信号经 C_5、R_{P2}、R_7 和 C_7 加到 VT_2 的基极,放大后的信号从其集电极输出,经耦合送到后级电路中。

反馈网络：VT_2 集电极和基极之间的网络是电压并联负反馈，由 C_6、R_{P2}、R_7 和 C_7 组成。

当 R_{P2} 的动臂在中间位置时，高频信号的传输及负反馈网络如同上面一样，此时对高音信号既不提升，也不衰减。

当 R_{P2} 的动臂滑动到最左端时，输入回路的输入阻抗相对动臂中间位置时减小了，更多的信号传输到 VT_2 的基极。与此同时，负反馈网络中串有 R_{P2} 的全部电阻，使电压并联负反馈网络的阻抗达到最大，负反馈量最小，VT_2 的增益最大，输出信号中的高频信号最大，这就实现了对高音的提升。

当 R_{P2} 动臂滑动到最右端时，输入回路串入了 R_{P2} 的全部电阻，使输入信号对高音信号衰减量最大。与此同时，负反馈网络中只有电容，负反馈量最大，VT_2 的增益最小，输出信号中的高频信号最小。这就实现了对高音的衰减。

当 R_{P2} 的动臂从中间位置向左滑动时，输入回路的阻抗减小，负反馈网络的阻抗增大。VT_2 对高音信号增益增大，所以是提升高音的控制过程。当 R_{P2} 的动臂从中间位置向右滑动时，输入回路阻抗增大，负反馈网络的阻抗减小，VT_2 对高音信号增益减小，所以是衰减高音的控制过程。

(2)低音控制原理：从 C_2 耦合过来的中、低音信号是经过 R_{P1} 控制网络传输的，即通过 R_4、C_3、R_{P1}、R_6 和 C_7 加到 VT_2 的基极，放大后的信号从其集电极输出。电压并联负反馈网络由 R_5、C_4、R_{P1}、R_6 和 C_7 组成。

当 R_{P1} 的动臂滑动到左端时，C_3 被短接，输入回路的阻抗最小，此时，R_{P1} 的全部电阻在负反馈网络中，负反馈网络的阻抗最大，负反馈量最小，输出信号最大。由于 C_4 与 R_{P1} 并联，C_4 对中频信号的容抗远小于对低音信号的容抗，这样，VT_2 对中音信号放大量低于对低音信号的放大量，低音得到了最大的提升。

当 R_{P1} 的动臂滑动到右端时，C_4 被短接，C_3 与 R_{P1} 并联。输入回路的阻抗最大，对信号衰减最大，负反馈网络的阻抗最小，负反馈量最大，VT_2 增益最小，所以此时为低音最大衰减状态。另外，由于 C_3 对中音信号的容抗远小于对低音信号的容抗，这样低音信号受到的衰减大于中音信号。

当 R_{P1} 的动臂在中间位置时，对低音信号不衰减也不提升。当 R_{P1} 的动臂从中间位置向左滑动时，低音受到了提升控制。当 R_{P1} 的动臂从中间位置向右滑动时，低音受到了衰减控制。

3.元件清单(表实 4.1)

表实 4.1　元件清单

序号	元件代号	元件名称	型号及参数
1	C_1、C_2、C_7、C_8	电解电容	10 μF/25 V
2	C_9	电解电容	220 μF/25 V
3	C_3、C_4	瓷介或涤纶电容	0.22 μF/63 V
4	C_5	瓷介或涤纶电容	3 500 pF
5	C_6	瓷介或涤纶电容	2 200 pF
6	R_1	碳膜电阻	560 kΩ
7	R_2	碳膜电阻	1 kΩ
8	R_3	碳膜电阻	56 Ω
9	R_4、R_5	碳膜电阻	18 kΩ
10	R_6	碳膜电阻	1.5 kΩ
11	R_7	碳膜电阻	750 Ω
12	R_8	碳膜电阻	270 kΩ
13	R_9	碳膜电阻	330 kΩ
14	R_{10}	碳膜电阻	47 Ω
15	R_{11}	碳膜电阻	22 kΩ
16	R_{12}	碳膜电阻	560 Ω
17	VT_1、VT_2	三极管	9013
18	R_{P1}	滑动电阻器	22 kΩ
19	R_{P2}	滑动电阻器	220 kΩ

【实训目的】

(1)了解扩音机音调控制电路的基本工作原理;

(2)进一步加深负反馈放大电路在实际工作中的应用;

(3)掌握扩音机音调控制电路的安装、调试与检测;

(4)学会电路故障分析与检修的方法与步骤。

【实训要求】

(1)熟悉电路各元件的作用;

(2)设计电路并安装印制电路板;

(3)根据电路参数进行元器件采购并检测;

(4)进行电路元器件安装;

(5)进行电路参数测试与调整;

(6)撰写电路制作报告。

【实训步骤】

(1)制作工具与仪器设备。

①电路焊接工具:电烙铁(20~35 W)、烙铁架、焊锡丝、松香。

②机加工工具:剪刀、剥线钳、尖嘴钳、螺丝刀、镊子。

③测试仪器仪表:万用表、示波器。

(2)利用 Protel 软件制作该项目 PCB 板。

(3)元件识别与检测。

(4)元件引脚清洁。

(5)元件成形。

(6)元件安装焊接及引脚处理。

(7)组装焊接后的整体检查。

【注意事项】

对焊接后电路进行检测,对出现的现象进行电路故障分析及排除。

【实训总结】

将组装好的扩音机音调控制电路连接在信号源与功率放大器之间,并进行调试,试听音响效果。与不加音调控制电路的功率放大电路进行效果对比,进一步理解负反馈电路的作用。

实训项目5 八音阶简易电子琴的制作

【实训内容】

1. 内容介绍

模拟电路中的 RC 正弦波振荡电路具有一定的选频特性,乐声中的各音阶频率也是以固定的声音频率为机理的。利用 RC 正弦波振荡电路可以制作一个简易电子琴。

2. 电路结构(见图实 5.1)及参数

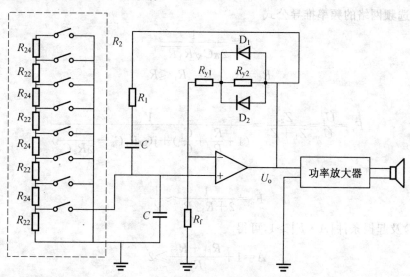

图实 5.1 八音阶简易电子琴电路

(1)基本乐理知识。

音调主要由声音的频率决定,乐音(复音)的音调更复杂些,一般可认为主要由基音的频率来决定。也即一定频率的声音对应特定的乐音。在以 C 调为基准音的八度音阶中,所对应的频率见表实 5.1。如果能够通过某种电路结构产生特定频率的波形信号,再通过扬声器转换为声音信号,就能制作出简易的乐音发生器,再结合电子琴的一般结构,就可实现电子琴的制作。

表实 5.1 C 调八音阶对应的基本频率

音阶唱名 (C 调)	dou	ruai	mi	fa	sou	la	xi	dou(高)
频率/Hz	264	297	330	352	396	440	495	528

（2）电路原理。

利用 RC 桥式振荡电路可以选出特定频率的信号。具体实现过程的关键是 RC 串并联选频网络。通过该 RC 串并联选频网络，可以选出频率稳定的正弦波信号，也可通过改变 R,C 的取值，选出不同频率的信号。八音阶简易电子琴电路图中 8 个开关对应着电子琴 8 个音阶琴键，使用时只能同时闭合一个开关。

在实际电路中，为达到起振条件 $AF>1$，常用两个二极管与电阻并联，可实现类似于热敏电阻的功效。另外需要说明的是，理论上电路的初始信号是由环境噪声及电路本身的电压提供的。实际操作时，为使现象更明显，也可通过对电路中的电容充电来实现。

另外，电路中的运算放大器芯片 LM324 工作电压要求是 ±5 V，所以还需要用 7809 稳压管、整流桥等元器件制作带负电源的电源电路，同电子琴电路一块整合到电路板上，制作成可直接使用的完整成品。

（3）参数推导。

利用选频网络的频率推导公式

$$f_0 = \frac{1}{2\pi C\sqrt{R_1 R_2}} \tag{1}$$

选定

$$R_1 \neq R_2 \quad 且 \quad R_1 \ll R_2 \tag{2}$$

由式

$$\dot{F}_u = \frac{\dot{U}_f}{\dot{U}} = \frac{Z_2}{Z_1 + Z_2} = \frac{1}{\left(1 + \frac{R_1}{R_2} + \frac{C_2}{C_1}\right) + j\left(\omega R_1 C_2 - \frac{1}{\omega R_2 C_1}\right)}$$

可得

$$\dot{F}_u = \frac{1}{2 + R_1/R_2} \approx \frac{1}{2} \tag{3}$$

则由式（1）及起振条件 $|A \cdot F| > 1$，可得

$$\dot{A} = 1 + \frac{R_{F1} + R_{F2}}{R_F} \geqslant 2$$

即

$$R_{F1} + R_{F2} \geqslant R_F \tag{4}$$

所以 R_{F1}，R_{F2} 和 R_F 的选取应满足式（2）。但实际取值时，应让 R_{F1} 略小于 R_F。R_{F2} 的取值也应适当，以满足 $|A \cdot F| = 1$，实现自激振荡。

根据式（1）、式（3）、式（4），再结合表实 5.1 的频率数据，即可确定电路中的元器件参数。需要注意的是，在确定 R_2 内部电阻值时，应该从 R_{21} 开始，逐个进行。

（4）参考参数。

根据上述方法，可得出如表实 5.2 所示的参考参数，其频率满足国际标准音 C 调频率 440 Hz。

表实 5.2　参考参数

R_{21}	R_{22}	R_{23}	R_{24}	R_{25}	R_{26}	R_{27}
12 080 Ω	1 400 Ω	2 950 Ω	3 050 Ω	4 250 Ω	2 500 Ω	4 000 Ω
R_{28}	R_1	C	R_f	R_{F1}	R_{F2}	
5 500 Ω	50 Ω	0.33 μF	9 kΩ	8 kΩ	5 kΩ	

3.元件清单(表实 5.3)

表实 5.3　元件清单

序号	元件代号	元件名称	型号及参数	功能
1	LM324	集成运放	LM324	放大
2	D_1	二极管	1N4148	限幅
3	D_2	二极管	1N4148	限幅
4	R_{F1}	电阻	8 kΩ(8.2 kΩ)	负反馈
5	R_{F2}	电阻	5 kΩ	负反馈
6	R_F	电阻	9 kΩ(10 kΩ)	负反馈
7	R_1	电阻	50 Ω(51 Ω)	调幅度
8	R_{21}	电阻	12.08 kΩ(12 kΩ)	调周期
9	R_{22}	电阻	1.4 kΩ(1.5 kΩ)	产生频率
10	R_{23}	电阻	2.95 kΩ(3 kΩ)	产生频率
11	R_{24}	电阻	3.05 kΩ(3.3 kΩ)	产生频率
12	R_{25}	电阻	4.25 kΩ(4.7 kΩ)	产生频率
13	R_{26}	电阻	2.5 kΩ(2.2 kΩ)	产生频率
14	R_{27}	电阻	4 kΩ(3.9 kΩ)	产生频率
15	R_{28}	电阻	5.5 kΩ(1.5 kΩ)	产生频率
16	C	瓷介电容	0.33 μF	产生频率
17	C	瓷介电容	0.33 μF	产生频率
18	S	按钮		

【实训目的】

(1)了解八音阶简易电子琴的基本工作原理;

(2)进一步加深负 RC 振荡电路在实际工作中的应用;

(3)掌握简易电子琴的安装、调试与检测;

(4)学会电路故障分析与检修的方法与步骤。

【实训要求】

(1)熟悉电路各元件的作用;

(2)设计电路并安装印制电路板;

（3）根据电路参数进行元器件采购并检测；

（4）进行电路元器件安装；

（5）进行电路参数测试与调整；

（6）撰写电路制作报告。

【实训步骤】

（1）制作工具与仪器设备。

①电路焊接工具：电烙铁（20～35 W）、烙铁架、焊锡丝、松香。

②机加工工具：剪刀、剥线钳、尖嘴钳、螺丝刀、镊子。

③测试仪器仪表：万用表、示波器。

（2）利用 Protel 软件制作该项目 PCB 板。

（3）元件识别与检测。

（4）元件引脚清洁。

（5）元件成形。

（6）元件安装焊接及引脚处理。

（7）组装焊接后的整体检查。

【注意事项】

对焊接后电路进行检测，对出现的现象进行电路故障分析及排除。

【实训总结】

将组装好的简易电子琴连上功率放大器和喇叭，并进行调试，采用 RC 正弦振荡电路制作的电子琴，相对于用单片机或 CPLD 等制作方法，不仅成本低廉，而且功能稳定。缺点是音色的表现并不十分理想，还需通过一定的技术手段，使发出的声音更接近电子琴的音色特点。功能拓展方面，通过增加 R_2 中并联的电阻个数和开关数可拓展此电子琴的音阶，实现 16 音阶或更多音阶的电子琴，还可加入加法器，并入麦克风信号输入电路，实现"卡拉 OK"功能。

实训项目 6 电视伴音 OTL 功率放大电路的制作

【实训内容】

1. 实验内容

（1）用万用表检查元器件，确保质量完好。

（2）在万能实训线路板（或其他电路板）上连接图实 6.1 所示电路。

（3）将电位器 R_3 置为最小值，检查无误后，接入 18 V 的直流电源电压 U_{CC}，开始调试。

① 调节输出端中点电位 U_A。调节电位器 R_3，用直流电压表测量 A 点电位，使 $U_A =$ $1/2U_{CC}$。

② 输出级静态工作点的调试。

2. 电路结构（见图实 6.1）及参数

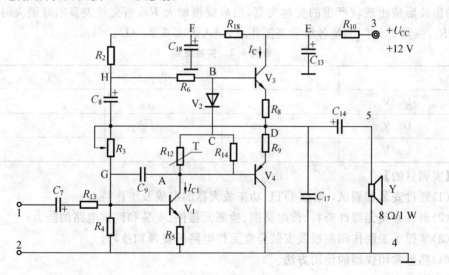

图实 6.1 OTL 功放电路图

3. 元件清单

OTL 功放电路元器件选择见表实 6.1。

表实 6.1　OTL 功放电路元器件选择

序　号	代　号	名　称	型号规格	备　注
1	R_8、R_9	电阻	RT—0.5 W—1 Ω±5%	
2	R_5	电阻	RT—0.25 W—15 Ω±5%	
3	R_{10}	电阻	RT—1 W—22 Ω±5%	
4	R_{14}	电阻	RT—0.25 W—62 Ω±5%	
5	R_{18}	电阻	RT—0.25 W—100 Ω±5%	
6	R_2	电阻	RT—0.25 W—390 Ω±5%	
7	R_6	电阻	RT—0.25 W—470 Ω±5%	
8	R_{13}	电阻	RT—0.25 W—2 kΩ±5%	
9	R_4	电阻	RT—0.25 W—5.1 Ω±5%	
10	R_{12}	热敏电阻	330 Ω	
11	R_3	微调电位器	50 kΩ	
12	C_9	电容器	100 pF	
13	C_{17}	电容器	0.047 μF	

先使 $R_3=0$，在输入端接入 $f=1$ kHz 的正弦信号 U_i。逐渐加大输入信号的幅值，此时，输出波形应出现较严重的交越失真，然后缓慢增大 R_3，当交越失真刚好消失时，停止调节 R_3，恢复 $U_i=0$，测量各级静态工作点，记入表实 6.2。（$U_A=1/2U_{CC}$）

表实 6.2　实验结果

	T_1	T_2	T_3
U_B/V			
U_C/V			
U_E/V			

【实训目的】

(1)通过安装和调试，掌握 OTL 功率放大器的组成及工作特点；

(2)训练查阅元器件资料、读电路图、检测元器件、安装和调试电路的能力；

(3)掌握手工制作印制板及安装分立元件电路的要领和技巧；

(4)熟悉常用仪器的使用方法。

【实训要求】

(1)熟悉电路各元件的作用；

(2)设计电路并安装印制电路板；

(3)根据电路参数进行元器件采购并检测；

(4)进行电路元器件安装；

(5)进行电路参数测试与调整；

(6)撰写电路制作报告。

【实训步骤】

（1）制作工具与仪器设备。

①电路焊接工具：电烙铁（20～35 W）、烙铁架、焊锡丝、松香。

②机加工工具：剪刀、剥线钳、尖嘴钳、螺丝刀、镊子。

③测试仪器仪表：万用表、示波器。

（2）利用 Protel 软件制作该项目 PCB 板。

（3）用万用表检查元器件，确保质量完好。

（4）元件引脚清洁。

（5）在万能实训线路板（或其他电路板）上连接电路。

（6）元件安装焊接及引脚处理。

（7）组装焊接后的整体检查。

（8）将电位器 R_3 置为最小值。检查无误后，接入 18 V 的直流电源电压 U_{CC}，手触摸输出级管子，若电流过大，或管子温升显著，应立即断开电源检查原因（如 R_3 开路，电路自激，或管子性能不好等）。如无异常现象，可开始调试。

①调节输出端中点电位 U_A。调节电位器 R_3，用直流电压表测量 A 点电位，使 $U_A = 1/2U_{CC}$。

②输出级静态工作点的调试。

动态调试法：先使 $R_3 = 0$，在输入端接入 $f = 1$ kHz 的正弦信号 U_i。逐渐加大输入信号的幅值，此时，输出波形应出现较严重的交越失真（注意：没有饱和和截止失真），然后缓慢增大 R_3，当交越失真刚好消失时，停止调节 R_3，恢复 $U_i = 0$，测量各级静态工作点。

【注意事项】

（1）电源不能超过 23 V，否则会烧坏电路；

（2）接电源时注意把正负电源接好，不要接反，也不要让正负电源插头相互触碰，否则会引起电路短路，甚至会烧坏电路；最好使用杜邦线接口，不仅方便，而且安全；

（3）如发生产品冒烟或者出现其他异常状况，请立即拔出电源插头；

（4）在调整 R_3 时，一是要注意旋转方向，不要调得过大，更不能开路，以免损坏输出管；

（5）输出管静态电流调好，如无特殊情况，不得随意旋动 R_3 的位置。

【实训总结】

（1）通过 OTL 功率放大器的安装和调试，了解 OTL 功率放大器的组成及工作特点；

（2）输入不同频率的波形（正弦波、三角波和方波），用示波器观察输出信号失真情况并进行分析，比较它们是否一致。

实训项目7 可调直流稳压电源的制作

【实训内容】

1. 内容介绍

在电子电路的学习中,可调直流稳压电源广泛用于各种模拟、数字电路中,它为我们的实验电路以及其他需要直流供电的电子产品提供直流电源。

2. 电路结构(见图实7.1)及参数

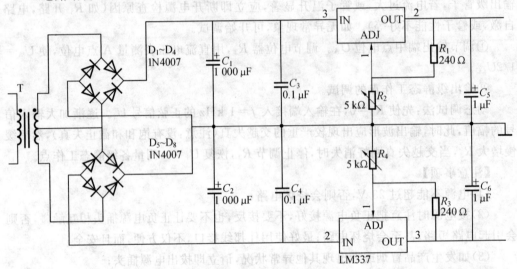

图实 7.1 电路结构

3. 元件清单(表实 7.1)

表实 7.1 元件清单

序号	元件代号	元件名称	型号及参数	功能
1	$D_1 \sim D_8$	整流二极管	1N4007	整流
2	C_1、C_2	电解电容	1 000 μF/50 V	滤波
3	C_3、C_4	瓷介电容	0.1 μF	消除干扰
4	C_5、C_6	电解电容	1 μF	消除干扰
5	R_1、R_3	电阻	240 Ω	取样
6	R_2、R_4	电位器	5 kΩ	调节
7		稳压集成电路	LM317	稳压
8		稳压集成电路	LM337	稳压
9	T	变压器	双 30 V	变压
10		散热器		散热

【实训目的】

(1)了解双 25 V 可调稳压电路的基本工作原理;

(2)了解 LM317、LM337 的资料查阅、识别和选取方法;

(3)掌握电源整机的布线与布局;

(4)掌握可调直流稳压电源的安装;

(5)掌握技术指标的测量;

(6)能进行故障分析与检修。

【实训要求】

(1)熟悉电路各元件的作用;

(2)设计电路并安装印制电路板;

(3)根据电路参数进行元器件采购并检测;

(4)进行电路元器件安装;

(5)进行电路参数测试与调整;

(6)撰写电路制作报告。

【实训步骤】

(1)制作工具与仪器设备。

①电路焊接工具:电烙铁(20~35 W)、烙铁架、焊锡丝、松香。

②机加工工具:剪刀、剥线钳、尖嘴钳、螺丝刀、镊子。

③测试仪器仪表:万用表、示波器。

(2)利用 Protel 软件制作该项目 PCB 板。

(3)元件识别与检测。

(4)元件引脚清洁。

(5)元件成形。

(6)元件安装焊接及引脚处理。

(7)组装焊接后的整体检查。

【注意事项】

对焊接后电路进行检测,对出现的现象进行电路故障分析及排除。

【实训总结】

(1)组装电路,测量输出电压并记录;

(2)测量纹波电压并记录,尝试修改电路以减小纹波电压;

(3)测量输出电阻并记录;

(4)测算输出最大功率。